本书由以下项目资助

"黑河流域生态-水文过程集成研究"重大研究计划集成项目"黑河流域上游生态水文过程耦合机理及模型研究"(91225302)

国家出版基金项目
NATIONAL PUBLICATION FOUNDATION

"十三五"国家重点出版物出版规划项目

黑河流域生态-水文过程集成研究

高寒山区生态水文过程
与耦合模拟

杨大文　郑元润　高　冰　李弘毅　于澎涛　著

科学出版社　龙门书局

北　京

内 容 简 介

本书是对"黑河流域生态-水文过程集成研究"重大研究计划集成项目"黑河流域上游生态水文过程耦合机理及模型研究"成果的全面总结和提升,主要内容包括:黑河上游山区生态水文特征与机理;高寒山区流域水文过程,尤其是积雪与融雪、冰川消融、土壤冻融等过程;高寒山区流域分布式生态水文模型的构建与验证;基于分布式生态水文模型的黑河上游生态水文模拟与预测,包括对过去 50 年冻土生态水文过程的模拟和未来 50 年冻土生态水文过程的预测;基于数值模拟结果的黑河上游冻土退化的生态水文效应分析等。

本书可供从事流域生态水文学研究的学者、相关专业的研究生,以及从事流域生态管理和水资源管理的工程师和技术人员参考。

审图号:GS(2019)5275 号

图书在版编目(CIP)数据

高寒山区生态水文过程与耦合模拟 / 杨大文等著 . —北京:龙门书局,2020.1

(黑河流域生态-水文过程集成研究)

"十三五"国家重点出版物出版规划项目 国家出版基金项目

ISBN 978-7-5088-5648-3

Ⅰ. ①高… Ⅱ. ①杨… Ⅲ. ①黑河-流域-区域水文学-研究
Ⅳ. ①P344.24

中国版本图书馆 CIP 数据核字 (2019) 第 213845 号

责任编辑:李晓娟 刘 超 / 责任校对:樊雅琼
责任印制:肖 兴 / 封面设计:黄华斌

科学出版社 龍門書局 出版

北京东黄城根北街 16 号
邮政编码:100717
http://www.sciencep.com

中国科学院印刷厂 印刷
科学出版社发行 各地新华书店经销

*

2020 年 1 月第 一 版 开本:787×1092 1/16
2020 年 1 月第一次印刷 印张:15 1/4 插页:2
字数:352 000

定价:178.00 元

(如有印装质量问题,我社负责调换)

《高寒山区生态水文过程与耦合模拟》
撰写委员会

主　笔　杨大文

成　员　郑元润　高　冰　李弘毅　于澎涛

王彦辉　张艳林　王旭峰

总　　序

20世纪后半叶以来，陆地表层系统研究成为地球系统中重要的研究领域。流域是自然界的基本单元，又具有陆地表层系统所有的复杂性，是适合开展陆地表层地球系统科学实践的绝佳单元，流域科学是流域尺度上的地球系统科学。流域内，水是主线。水资源短缺所引发的生产、生活和生态等问题引起国际社会的高度重视；与此同时，以流域为研究对象的流域科学也日益受到关注，研究的重点逐渐转向以流域为单元的生态–水文过程集成研究。

我国的内陆河流域占全国陆地面积1/3，集中分布在西北干旱区。水资源短缺、生态环境恶化问题日益严峻，引起政府和学术界的极大关注。十几年来，国家先后投入巨资进行生态环境治理，缓解经济社会发展的水资源需求与生态环境保护间日益激化的矛盾。水资源是联系经济发展和生态环境建设的纽带，理解水资源问题是解决水与生态之间矛盾的核心。面对区域发展对科学的需求和学科自身发展的需要，开展内陆河流域生态–水文过程集成研究，旨在从水–生态–经济的角度为管好水、用好水提供科学依据。

国家自然科学基金重大研究计划，是为了利于集成不同学科背景、不同学术思想和不同层次的项目，形成具有统一目标的项目群，给予相对长期的资助；重大研究计划坚持在顶层设计下自由申请，针对核心科学问题，以提高我国基础研究在具有重要科学意义的研究方向上的自主创新、源头创新能力。流域生态–水文过程集成研究面临认识复杂系统、实现尺度转换和模拟人–自然系统协同演进等困难，这些困难的核心是方法论的困难。为了解决这些困难，更好地理解和预测流域复杂系统的行为，同时服务于流域可持续发展，国家自然科学基金2010年度重大研究计划"黑河流域生态–水文过程集成研究"（以下简称黑河计划）启动，执行期为2011~2018年。

该重大研究计划以我国黑河流域为典型研究区，从系统论思维角度出发，探讨我国干旱区内陆河流域生态–水–经济的相互联系。通过黑河计划集成研究，建立我国内陆河流域科学观测–试验、数据–模拟研究平台，认识内陆河流域生态系统与水文系统相互作用的过程和机理，提高内陆河流域水–生态–经济系统演变的综合分析与预测预报能力，为国家内陆河流域水安全、生态安全以及经济的可持续发展提供基础理论和科技支撑，形成干旱区内陆河流域研究的方法、技术体系，使我国流域生态水文研究进入国际先进行列。

为实现上述科学目标，黑河计划集中多学科的队伍和研究手段，建立了联结观测、试验、模拟、情景分析以及决策支持等科学研究各个环节的"以水为中心的过程模拟集成研究平台"。该平台以流域为单元，以生态-水文过程的分布式模拟为核心，重视生态、大气、水文及人文等过程特征尺度的数据转换和同化以及不确定性问题的处理。按模型驱动数据集、参数数据集及验证数据集建设的要求，布设野外地面观测和遥感观测，开展典型流域的地空同步实验。依托该平台，围绕以下四个方面的核心科学问题开展交叉研究：①干旱环境下植物水分利用效率及其对水分胁迫的适应机制；②地表-地下水相互作用机理及其生态水文效应；③不同尺度生态-水文过程机理与尺度转换方法；④气候变化和人类活动影响下流域生态-水文过程的响应机制。

黑河计划强化顶层设计，突出集成特点；在充分发挥指导专家组作用的基础上特邀项目跟踪专家，实施过程管理；建立数据平台，推动数据共享；对有创新苗头的项目和关键项目给予延续资助，培养新的生长点；重视学术交流，开展"国际集成"。完成的项目，涵盖了地球科学的地理学、地质学、地球化学、大气科学以及生命科学的植物学、生态学、微生物学、分子生物学等学科与研究领域，充分体现了重大研究计划多学科、交叉与融合的协同攻关特色。

经过连续八年的攻关，黑河计划在生态水文观测科学数据、流域生态-水文过程耦合机理、地表水-地下水耦合模型、植物对水分胁迫的适应机制、绿洲系统的水资源利用效率、荒漠植被的生态需水及气候变化和人类活动对水资源演变的影响机制等方面，都取得了突破性的进展，正在搭起整体和还原方法之间的桥梁，构建起一个兼顾硬集成和软集成，既考虑自然系统又考虑人文系统，并在实践上可操作的研究方法体系，同时产出了一批国际瞩目的研究成果，在国际同行中产生了较大的影响。

该系列丛书就是在这些成果的基础上，进一步集成、凝练、提升形成的。

作为地学领域中第一个内陆河方面的国家自然科学基金重大研究计划，黑河计划不仅培育了一支致力于中国内陆河流域环境和生态科学研究队伍，取得了丰硕的科研成果，也探索出了与这一新型科研组织形式相适应的管理模式。这要感谢黑河计划各项目组、科学指导与评估专家组及为此付出辛勤劳动的管理团队。在此，谨向他们表示诚挚的谢意！

2018 年 9 月

序

黑河上游山区径流对保障气候干旱的中下游地区经济社会发展和生态安全具有决定性作用。黑河上游地处高寒山区，常年有冰川、积雪和冻土分布，冰冻圈水文过程特征显著；加之地形复杂和植被多样，各种生态过程与水文过程的相互作用极为复杂，是开展高寒山区生态水文研究的理想场所。黑河计划集成项目"黑河流域上游生态水文过程耦合机理及模型研究"（91225302），旨在理解黑河上游山区生态水文过程特点、掌握径流形成规律、发展分布式流域生态水文耦合模型、提高出山径流的模拟和预测能力，实现"黑河流域生态−水文过程集成研究"重大科学计划拟定的核心科学目标。

在杨大文教授带领下，该项目开展了卓有成效的研究工作。在项目执行的 4 年间，开展了大量补充野外调查及室内样品测试与分析，丰富了黑河上游集成研究的基础数据；编制了《黑河流域上游干流区植被图（1∶10 万）》，分析了物候参数动态及其与气候变化的关系；在单株−坡面−小流域尺度上，辨识了关键生态水文过程；基于流域地形地貌特征及植被格局，耦合冻土−生态−水文过程，构建了适合高寒山区的分布式流域生态水文模型；依据钻孔、样地通量观测、小流域试验、遥感反演和长期水文观测等多源数据，采用多种指标在多个时空尺度上综合验证了模型；模拟和预测了过去 50 年及未来 50 年黑河上游冻土、生态、水文过程的变化，分析了冻土变化趋势及其生态水文效应。该项目成功研制了具有自主知识产权的分布式流域生态水文模型（geomorphology based eco-hydrological model，GBEHM），提出了黑河上游冻土退化对生态水文影响的新认识，形成了黑河计划的亮点成果之一。国家自然科学基金委员会组织的验收专家组对该项目综合评价为"优"。

《高寒山区生态水文过程与耦合模拟》一书全面总结了集成项目"黑河流域上游生态水文过程耦合机理及模型研究"成果，对推动我国流域生态水文学发展和生态水文学在流域水资源管理中的应用都具有重要意义。

2019 年 8 月

前　言

我们有幸参加"黑河流域生态–水文过程集成研究"重大研究计划，并承担了集成项目"黑河流域上游生态水文过程耦合机理及模型研究"（91225302），衷心感谢黑河计划专家组的信任、国家自然科学基金的资助，以及其他黑河计划项目提供的数据支持。

集成项目"黑河流域上游生态水文过程耦合机理及模型研究"的研究任务包括：①流域生态水文过程特征辨识与集成模型总体设计；②流域生态水文模型构建；③黑河上游生态水文模拟与预测。研究目标是：辨析黑河上游的关键生态水文过程，构建黑河流域上游分布式生态水文模型，定量评估气候变化及人类活动对黑河出山径流的影响，提升径流预报能力。在项目执行过程中，开展了上游山区野外补充调查和室内样品测试与分析，为集成研究提供了基础数据；编制了《黑河流域上游干流区植被图（1∶10万）》，给出了群系水平上的流域植被空间格局，分析了物候参数动态及其与气候变化的关系；辨识了单株–坡面–小流域尺度的关键生态水文过程；基于流域地形地貌及植被格局，耦合冻土–生态–水文过程，构建了高寒山区分布式生态水文模型；依据钻孔、样地通量观测、小流域试验、遥感反演和长期水文观测等多源数据，采用多种指标在不同时空尺度上综合验证了模型；模拟和预测了过去50年及未来50年黑河上游冻土、生态、水文过程的变化，分析了冻土变化趋势及其生态水文效应。通过本项目研究，在黑河上游植被格局、典型植被结构动态、关键生态水文过程、气候变化和人类活动的生态水文影响及分布式流域生态水文模型等方面有了深入认识和新的发展，达到了预定的研究目标；同时，项目研究成果为实现黑河计划的总体目标"建立耦合生态、水文和社会经济的流域集成模型，提升对内陆河流域水资源形成及其转化机制的认知水平和可持续性的调控能力"提供了有力支撑。

本书全面总结了集成项目"黑河流域上游生态水文过程耦合机理及模型研究"成果，借此与同行分享我们的研究成果和经验，促进流域生态水文学的发展。受项目研究时间和作者水平限制，书中难免有诸多不足之处，还望读者批评指正。

本书由杨大文主笔，郑元润、高冰、李弘毅、于澎涛、王彦辉、张艳林、王旭峰共同编写，具体分工如下：第1章由王彦辉和杨大文共同负责，第2章由郑元润负责，第3章由于澎涛负责，第4章由李弘毅负责，第5～10章由杨大文、高冰共同负责，张艳林和王旭峰参与了第6章、第7章的编写，第11章由杨大文负责。此外，来自项目单位的博士和硕士研究生参与了部分研究工作，他们的研究成果纳入了本书中。周继华参与了第 2 章的编写，张雷、王彬、万艳芳、李晓青、任璐参与了第 3 章的编写，秦越、王宇涵、郑冠恒、生名扬、王泰华参与了第 5 ~ 10 章的编写。感谢以上研究生对本书的贡献。

作 者

2019 年 7 月

目　　录

第1章 高寒山区生态水文特征及问题

高寒山区通常是指海拔 1500m 以上的山区。广义上的高寒山区泛指具有海拔较高、气温低、昼夜温差大等特征的山区，以及因生长期短和有效积温低只能适生较耐寒植物的山区。狭义上的高寒山区是指那些因海拔高而常年低温和存在冻土层的山区。在我国，高寒山区多分布在黑龙江北部、甘肃、内蒙古及云南的部分地区，以及青藏高原等地。

位于青藏高原东北缘、青海省东北部与甘肃省西部的祁连山就属于高寒山区，它由多条西北—东南走向的平行山脉和宽谷组成，位于 94°E~104°E、36°N~40°N，东起乌鞘岭，西至当金山口，南靠柴达木盆地，北临河西走廊，东西长约为 800km，南北宽 200~400km（尤联元和杨景春，2013）。以青海湖和哈拉湖为界，祁连山可划分为东（武威—拉脊山）、中（酒泉—德令哈）、西（鹰咀山—大柴旦）三段。祁连山地势由东北向西南逐渐升高，山峰海拔多为 4000~5000m，最高峰疏勒南山的团结峰海拔为 5826m（王宗太等，1981）。祁连山雪线以上终年积雪，形成顾长而宽阔的冰川地貌。山间谷地和河谷宽广，水草丰美，是重要的农牧场区，面积占山地总面积的 1/3 以上，海拔多为 3000~3500m。发源于祁连山的河流有疏勒河、党河、黑河、大通河等，以及哈拉湖和青海湖流域诸河。祁连山的北侧与南侧均有明显的断裂，使山区和周边地形区的海拔高度具有显著差异，其中北坡与河西走廊的相对高度在 2000m 以上，南坡与柴达木盆地的相对高度仅 1000 多米。

祁连山不仅是西北地区的重要水源地，而且是丝绸之路所经过的河西走廊的重要屏障，合理保护和利用祁连山高寒山区生态系统，对维持区域可持续发展至关重要。祁连山特殊的高寒山区气候和地貌类型，造就了特殊的植被景观和土壤分布，产生了特殊的生态和水文过程，并因此具备了颇具特色的高寒山区生态水文特征。深入理解这些高寒山区生态水文特征、水文功能形成和利用中的问题，对准确预测未来气候变化和人为活动影响下的祁连山区生态水文响应、制订科学有效的应对措施和适应性管理政策都十分必要。

1.1 生态水文特征

生态水文学的主要内容是研究、理解和利用流域生态系统中植被与水的相互作用，主要体现在各类植被的空间分布和系统结构动态变化（即生态过程）与水文过程（包括降雨径流和植被对水分的利用等）的相互作用等方面。在祁连山区生态水文研究中，可将主要受大气环流影响和相对稳定的气候特征、长期稳定不变的地貌特征视为祁连山生态系统的背景；在气候、母岩、植被和地形长期共同作用下形成的土壤，其特征（如类型、厚度、质地、结构等）相对稳定，但受植被利用与恢复影响后的土壤特征也在不同程度上发生变化，因此土壤动态变化也可归结为生态过程。相比之下，在水、热、养分、人为利用等因素强烈影响下的植被特征较快变化（生态过程），以及受气象条件及植被、地形、土壤等影响的水文过程，则是祁连山区生态水文学研究的主要对象。因此，开展这些研究首要任务是了解研究区生态水文基本特征。

1.1.1 寒旱双重胁迫的生态水文垂直分异性

祁连山区属典型的高原大陆型气候区，西段受西风环流控制，东段受东南季风和翻越青藏高原的西南季风的影响，气候指标有明显的空间差异和典型的垂直变化。对祁连山地区 20 个气象站 1960～2006 年气象资料的分析表明，气温、降水指标均与地理位置的相关性显著。祁连山地区年均气温在 5.0℃ 左右，最低为野牛沟（-3.0℃），最高为敦煌（9.6℃），相差 12.6℃；就祁连山北坡河西走廊而言，从东到西，年均气温和季节气温均逐渐升高，气温日较差和年较差也逐渐增大；随海拔升高，年均气温和季节气温逐渐降低，气温日较差和年较差先减小再增大，如石羊河（武威、古浪、乌鞘岭）、黑河（高台、张掖、祁连）和疏勒河流域（安西、玉门镇）的年均气温随海拔升高的递减率分别为 0.52℃/100m、0.49℃/100m、0.51℃/100m，且存在季节差异，夏季最大，春季次之，冬季最小；祁连山区年均气温大致在海拔 3000m 以上时降到 0℃。祁连山地区年降水量空间差异较大，从东到西、由南向北均逐渐减少，最高为高山河谷的门源（513mm），最少为河西走廊的敦煌（39mm）；同处在浅山地带且海拔相近的古浪、民乐、肃南、肃北的年降水量分别为 360mm、338mm、256mm 和 140mm；石羊河、黑河、疏勒河流域的年降水量分别为 184mm、115mm 和 50mm。降水的年内分配不均，主要集中在夏季，如石羊河、黑河、疏勒河流域的夏季降水占全年比例分别为 55%、60%、60%，降水的夏季集中度和年际变幅也从东到西逐渐增大。年降水量随海拔升高逐渐增加，在石羊河、黑河、疏勒河流域的递增率分别为 13.54mm/100m、20.91mm/100m、3.94mm/100m，但超过一定高度后又减少；高山区年降水量在 400～800mm，因高寒低温，每年约 15% 的降水形式为降雪，在 4500m 以上为终年积雪，5000m 以上发育有现代冰川。山区冰雪融水是许多河流的重要补给水源（贾文雄，2010）。

祁连山区具有明显的植被气候垂直带谱，其山前低山一般为荒漠气候，年均气温在 6℃ 左右，年均降水量约 150mm；中山下部属半干旱草原气候，年均气温为 2～5℃，年均降水量 250～300mm；中山上部为半湿润森林草原气候，年均气温为 0～1℃，年均降水量为 400～500mm；亚高山和高山属寒冷湿润气候，年均气温 -5℃ 左右，年均降水量约 800mm。祁连山区植被分布受随海拔变化的气温和降水的双重限制，如只有在年内最热月平均气温分别大于 10℃ 和 6℃ 时，才能生长乔木林和灌木林；依经验公式计算的乔木林年蒸散发耗水量在祁连山东段海拔 2010m、中段海拔 2271m 区域分别为 394mm 和 336mm，其随海拔升高以 10.1mm/100m 和 9.9mm/100m 的速率递减；灌木林的年蒸散发耗水量为乔木林的 1/3～2/3，只有在某个海拔的年降水量满足蒸散发耗水需求且满足热量条件时，才能生长乔木林或灌木林，因此乔木林生长的下限海拔在 2600m 左右（陈昌毓，1989）。

在东、西部和南北坡，祁连山区的植被垂直带谱不尽相同，东段北坡自下而上为荒漠带（只有草原化荒漠亚带）—山地草原带—山地森林草原带—高山灌丛草甸带—高山亚冰雪稀疏植被带；东段南坡为草原带—山地森林草原带—高山灌丛草甸带—高山亚冰雪稀疏植被带；在西段北坡为荒漠带—山地草原带—高山草原带—高山亚冰雪稀疏植被带；西段南坡为荒漠带—高山草原带（限荒漠草原亚带）—高山亚冰雪稀疏植被带。土壤类型的空间分布受气候和植被双重影响，也有明显垂直分带特征。在东段北坡自下而上为灰钙土带—山地栗钙土带—山地黑土（阳坡）、山地森林灰褐土（阴坡）带—高山草甸土（阳坡）和高山灌丛草甸土（阴坡）带—高山寒漠土带；东段南坡为灰钙土带—山地栗钙土（阳坡）、山地森林灰褐土（阴坡）带—高山草甸土（阳坡）和高山灌丛草甸土（阴坡—）带—高山寒漠土带；西段北坡为棕荒漠土带—山地灰钙土带—山地栗钙土带—高山寒漠土带；西段南坡为灰棕荒漠土带—高山棕钙土带—高山寒漠土带。

在祁连山北坡中部基于对气候、植被和土壤特征的定位观测，张虎等（2001）分析了气象要素的垂直变化特征。随海拔增高，大气中水汽和尘埃减少，透明度增加，故太阳辐射增强，但因 4～12 月山上云雨较多，日照时间和总辐射量反而低于山脚。气温随海拔升高大体呈线性降低，平均递减率为 0.58℃/100m，其中夏季气温递减率较小（0.52℃/100m），其他月份较大（0.53～0.60℃/100m）；积温随海拔升高而减少，大于 0℃ 和大于 10℃ 的积温的递减率分别为 149.3℃/100m、168.8℃/100m，且初日和终日间隔期平均减少比率为 7d/100m。祁连山林区降水较多，年降水量一般为 400mm 左右，寺大隆林区可达 539.7mm（1983 年）；降水变率在 0.60 左右，降水集中在 5～9 月，占全年总量的 89.7%；年降水量随海拔升高而增加，平均每 100m 增加 4.3%，但海拔超过 3600m 时因山顶风大而出现下降趋势。随海拔升高，年蒸发量减少，相对湿度增加而绝对湿度下降，如海拔 1680m 的龙渠和 2700m 的寺大隆在 1985～1988 年的平均年降水量分别为 182.0mm 和 433.6mm，年降水日数为 75d 和 114d，水面蒸发量为 1575.5mm 和 1081.7mm，相对湿度是 51% 和 60%，绝对湿度是 6.2% 和 5.7%。针对祁连山北坡中部林区的复杂地形和山地气候，根据温度、降水等主要气候指标，并参照生物学原理，张虎等（2001）划分出 5 个垂直气候带（表1-1）。

1.1.2 冰川积雪冻土影响下的生态水文过程

祁连山的水系呈辐射-格状分布，其辐射中心位于 38°20′N、99°E 附近的托来河（北大河）和布哈河的源头。由此沿毛毛山一线，再沿大通山至青海南山东段一线为内流、外流水系的分界线，此线东南侧的黄河支流庄浪河、大通河等属外流水系，西北侧的黑河、托来河、疏勒河、党河等属河西走廊内流水系，哈尔腾河、鱼卡河、塔塔棱河、阿让郭勒河等属柴达木盆地的内流水系，还有青海湖、哈拉湖两个独立的内流水系。上述各河多发源于高山冰川，其基流补给以冰川和积雪融水为主，这种现象在春季尤其明显；河流流量年际变化较小，而季节和日变化较大。

祁连山区的现代冰川主要分布在中、西段，其下限在北坡为 4100～4300m，南坡为 4300～4500m，且西部较东部高 200～300m；雪线一般介于海拔 4500～5000m，从东向西

表 1-1　祁连山北坡中部林区的垂直气候带

垂直气候带	坡向	海拔范围/m	气候特征	主要土壤类型	主要植被特征	备注
山地荒漠草原气候带		1700~2100	夏热冬冷，气候干燥，年均气温为5.0~7.5℃，7月平均气温为19.0~23.0℃，1月平均气温为-8.5~-5.0℃，≥10℃积温为1905~2410℃，无霜期>150d，年降水量为160~230mm，相对湿度约为51%	低山黄褐土、山地栗钙土	热量丰富但水分不足，严重干旱限制着植被的分布与生长	地势较平坦
山地草原气候带	阳坡	2100~2500	冬冷夏凉，气候湿润，年均气温为2.0~5.0℃，7月平均气温为14.0~19.0℃，1月平均气温为-11.0~-8.5℃，≥10℃积温为1060~1905℃，无霜期120~150d，年降水量为230~330mm，相对湿度约为56%	山地灰褐土和山地栗钙土	植被稀疏，主要有甘青锦鸡儿（Caragana tangutica）、克氏针茅（Stipa krylovii）、冷蒿（Artemisia frigida）、芨芨草（Achnatherum splendens）等	山地荒漠草原
	阴坡	2100~2400				山地（典型）草原
山地森林草原气候带	阳坡	2500~3400	冬长寒冷，多云雾，年均气温为-1.5~2.0℃，7月平均气温为6.0~14.0℃，1月平均气温为-15.0~-11.0℃，≥10℃积温为500~1060℃，无霜期90~120d，年降水量为330~540mm，相对湿度约为60%	山地灰褐土和灌丛草甸土	主要树种为青海云杉（Picea crassifolia），其次为祁连圆柏（Sabina przewalskii），零星分布红桦（Betula albosinensis）、山杨（Populus davidiana）、青杨（Populus cathayana）和白榆（Ulmus pumila）等；灌木主要有鬼箭锦鸡儿（Caragana jubata）、金露梅（Dasiphora fruticosa）、吉拉柳（Salix gilashanica）等	森林主要分布带
	阴坡	2400~3300				

续表

垂直气候带	坡向	海拔范围/m	气候特征	主要土壤类型	主要植被特征	备注
亚高山灌丛草甸气候带	阳坡	3400～3900	长年严寒，年均气温<-1.5℃，7月平均气温<6.0℃，1月平均气温<-15℃，≥10℃积温<500℃，年降水量<400mm，几乎全年有霜，风力较大	亚高山灌丛草甸土和高山草甸土	金露梅等灌丛及嵩草类（Artemisia spp.）、紫花针茅（Stipa purpurea）等	
	阴坡	3300～3800			落叶灌丛，主要有鬼箭锦鸡儿、吉拉柳、忍冬（Lonicera spp.）、高山绣线菊（Spiraea alpina）等	该带下限散生有青海云杉和祁连圆柏
高山亚冰雪稀疏植被气候带	阳坡	>3900		高山草甸土和高山寒漠土	主要生长稀疏垫状植被，呈石质荒漠景观	多裸岩，土层很薄，永久冻土
	阴坡	>3800				

升高。祁连山区海拔4000m以上面积占山地总面积的30%，而冰川面积仅占海拔4000m以上山地面积的1.29%，表明祁连山区冰川发育地形条件较差。根据修订的祁连山区第一次冰川编目数据（1956~1983年）和第二次冰川编目数据（2005~2010年）（孙美平等，2015），第一次编目时有冰川3000条，面积为2014.96km²；现有冰川2684条，面积为（1597.81±70.30）km²，冰储量约84.48km³。其中，甘肃和青海各有冰川1492条和1192条，面积分别为760.96km²和836.85km²。祁连山区冰川以面积<1.0km²和1~5km²为主，平均中值面积的海拔为4972.7m，海拔自东向西由4483.8m升至5234.1m。冰川的流域分布方面，疏勒河流域冰川面积和储量最大，其次是哈尔腾河流域，巴音郭勒河流域最少，黑河流域有冰川375条，面积为78.33km²，但每条冰川平均面积仅为0.21km²。在1961~2010年，祁连山区夏季气温上升明显，大部分区域气温增速超过0.2℃/10a，其中黑河流域夏季各月增温最大；年降水量呈自东向西逐渐增加趋势，但主要集中在夏季的冰川消融期，其影响远不能比拟气温升高对冰川平衡的影响，而这两方面因素也导致了冰川面积普遍减少。20世纪60年代以来，祁连山冰川面积和冰储量分别减少420.81km²（减少20.88%）和21.63km³（减少20.26%），面积<1.0km²的冰川急剧萎缩是主因，海拔4000m以下的冰川都已完全消失，海拔4350~5100m的冰川面积减少量占总损失的84.24%，其中东段冰川退缩较快，中西段冰川面积减少较慢。对黑河流域，1960~2010年冰川面积减少138.90km²，减少率为3.6%，平均每年减少2.78km²，属强烈退缩型（别强等，2013）。

祁连山的高峻地形为冰川和季节性积雪提供了冷储存的有利条件（曾群柱等，1985），年均气温0℃等温线的海拔为2680m（野牛沟）至3250m（大雪山），年均气温-10℃等温线的海拔为4260m（托赖、祁连）至4670m（大雪山），海拔4100m以上降水终年以固态降水为主，在9月底至次年4月底海拔2700m以上有条件形成季节积雪，然因冬春降水少和空气干燥及蒸发强，在海拔3100m（东部）至3600m（中部）以下冬季难形成稳定雪盖。由气象卫星影像得知，祁连山积雪主要分布在黑河以东、青海湖以北，中心在冷龙岭；哈拉湖—党河南山一带次之。祁连山降雪主要发生在4~5月，尤其是冷龙岭，这是因时值高原西风撤退，南来的暖湿气流绕高原东侧北上与柴达木盆地西面过来的干冷气流相遇在青海湖、共和盆地、玉树一带而形成了一条切变线；6月下旬至8月下旬在海拔4200m以上多为降雪；9~10月在蒙古高压控制下的少量降雪能得以保存；但除冰川粒雪盆区域外的所有积雪都在当年夏天融化殆尽；多年平均的累计积雪日数在祁连山东、中、西段分别为80d、60d和45d，均随气温升高在减小（王兴，2008）；这造成了祁连山区河流水源的复杂情况，即同一条河流在不同地段、时期的雨水径流、融雪水、冰川融水和地下水的补给比例各不相同，总趋势是冰雪融水补给比例随海拔和纬度升高而增大。在春分（3月下旬）以后，随气温回升，积雪从低向高逐渐融化，同时海拔3500m以下地区的降雪迅速融化；在5月和6月的0℃等温线可上升到3800m和4500m，平均位置在4200m，雪盖面积大为缩小，河流补给逐步由融雪转为雨水和冰川融水。每年4~6月是河西走廊农业灌溉用水最紧张季节，对河西地区主要河流水文测站1973~1982年3月下旬至6月下旬的径流变化分析表明，融雪径流占年总流量比例有自东向西的减少趋势，减少的比例石羊河水系为 21.9%，黑河水系为 20.0%，疏勒河水系为 15.4%，平均为 19.1%；春季融雪径流占年总径流的比例年际变化较大，原因是 3~6 月降水变率大；融雪径流量占 3 月下旬至 6 月下旬总径流的比例在海拔较高的河流中较大，总趋势也是自东向西递减，减少的比例石羊河水系为 78.6%，黑河水系为 77.8%，疏勒河水系为 55.9%，平均为 72.6%。综合来看，融雪径流是影响 3 月下旬至 6 月下旬祁连山区河流水文情势的主要因素。

根据中国冻土区划（周幼吾等，2000），祁连山区属青藏高原大区的阿尔金山-祁连山冻土亚区，多年冻土及季节冻土都非常发育，其多年冻土的分布、厚度和温度主要受海拔、坡向、积雪、植被、土壤含水量等多因素影响。例如，黑河流域上游山区，去除冰川和湖泊后的多年冻土区面积、多年冻土面积分别为 1.54 万 km^2、1.25 万 km^2，约占流域上游面积的 56.0%、45.6%（曹斌，2018）；模拟计算的季节冻土最大冻结深度可超过 2.5m（Peng et al.，2016）。祁连山区多年冻土下界在阳坡约为海拔 3650m，在有泥炭覆盖区域的阴坡约在海拔 3400m；在黑河干流源头西支，2011 年 6~8 月调查的多年冻土下界为海拔 3650~3700m，活动层厚度由海拔 4132m 处的 1.6m 增加到多年冻土下界处的约 4.0m，多年冻土厚度对应由 100m 以上减至 0m（王庆峰等，2013）。祁连山区许多河流都发源于高寒冰雪冻土带，是这些河流的主要产流区，如在黑河流域山区，其产流量占出山口径流量的 80% 以上。

寒区冰冻圈对全球变化极其敏感，随全球变暖已发生一系列变化，诸如冰川萎缩、冻土退化、积雪减少、河川径流量及生态环境变化等，理解相关水文过程是科学利用寒区水资源及进行生态环境保护的关键所在。冻土影响着区域水热环境，冰川和积雪融水及降水都要在冻土影响下进行再分配，因而冻土水文是寒区生态水文研究的核心和关键环节（程根伟等，2017）。相对非冻土区，冻土区水文过程有其特殊性（阳勇和陈仁升，2011）。首先，冻土发挥着隔水或半隔水层作用，降低了渗透性能，改变了土壤含水量和热量状态及蒸散过程，影响积雪储存和消融过程。其次，冻土还具有调蓄流域储水及改变流域年内和年际产汇流过程的功能，从而影响流域水资源数量。活动层的季节性冻融也会影响到冻土区大多数水文过程，如冻土层在春季融水期阻碍下渗和增加径流，在夏季降水过程中因融化加深而增加土壤蓄水能力和削弱产流量与洪峰，使部分地区春季洪峰可高于夏季洪峰。气候变暖导致的活动层加厚、地下冰融化及多年冻土退化，对地表径流形成、地表水-地下水交换、地-气水热交换乃至区域天气及气候系统都有极大影响，土壤有机碳和泥炭会加速分解释放温室气体，冻土退化和活动层加厚还会导致植被群落（如灌木数量和分布面积增加）和其水文影响的变化。

1.1.3 干旱条件下的生态水文特征

在祁连山（及黑河流域）这样的干旱区（内陆河流域），水资源缺乏限制着各类产业发展，人口增长和经济发展及水资源过度利用导致植被和土地退化、生物多样性丧失、沙尘暴和其他灾害加重等问题。要预防和缓解这些问题，就需理解干旱条件下的生态水文特征。尽管相关研究已取得明显进展，但对旱区特有的一些生态水文特征的认识仍然不足

（Li et al.，2018）。在降水观测数据方面，如何校正多种因素［风、蒸散和润湿（黏着）损失等］导致的实测降水的低估；如何降低因时空异质性大和测量站点稀少导致的流域平均降水量估计的不确定性及其对径流模拟的影响；如何准确把握小尺度降水特别是局地对流性降水等，尚需深入研究。在蒸散估算方面，因旱区潜热通量小且空间异质性强，在土地覆盖（植被特征）不均一条件下的蒸散建模和干旱胁迫下的湍流通量参数化等问题上仍具挑战性。在植被水文影响方面，旱区常见的植被斑块分布对水文过程的复杂作用还很少研究，在流域水文模型也难以刻画。在祁连山区和黑河流域，气候变化（尤其气温升高）影响很大，气温升高导致的一系列水文和生态过程响应尤其需要格外重视。

在祁连山区和黑河流域，曾进行过较多的植被结构影响水文特征和水文过程方面的研究，如表明森林土壤的孔隙度、持水量、入渗性能大于灌丛和草地，土壤特征随植被覆盖度增大而改善（刘贤德等，2009）；山地春季积雪分布除随海拔升高而增大和阴坡大于阳坡外，还受植被类型及林分郁闭度（覆盖度）等结构特征影响，灌木林内积雪厚度可达青海云杉林的数倍，而青海云杉林内积雪可为草地的数倍，林内积雪则随林分郁闭度增大而减小，在林中空地和林缘较多（王金叶等，2001）；青海云杉林冠层截留量随单次降水量增加而增大，并受林冠最大截持容量限制而渐趋饱和，年降水量 300~600mm 时的年截留率一般为 25%~35%；青海云杉林的林分日蒸腾、林下日蒸散随潜在蒸散增加呈抛物线形、渐趋饱和的指数形增大，均随可利用土壤水分增加呈渐趋饱和的指数形增大，随林冠层叶面积指数增加呈渐趋饱和的指数形增大、先迅速降低后渐趋平缓的指数形衰减，耦合这 3 个因子作用后可进行很好的预测（杨文娟，2018）。在青海云杉林覆盖率为 38.5% 的排露沟小流域，基于水量平衡分析了青海云杉林对各水文过程和小流域产流的影响，在海拔 2700m 处，1994~2002 年及 2003~2008 年的年均降水量分别为 374.1mm 和 407.1mm 条件下，林地年产流分别为 -14.3mm 和 11.6mm，前者消耗了全流域产流的 5.9% 用于支撑林木生存，后者仅为全流域总产流贡献了 3.5%，可以认为森林产流贡献率很低（He，et al.，2012）。

在祁连山区水热条件影响植被空间分布方面，以往的研究结果主要体现在极明显的植被和土壤垂直分布带谱［自下而上的植被带为荒漠草原带、山地草原带、山地森林草原带、高山灌丛草甸带、高山草甸植被带和高山垫状植被带；对应主要土壤类型为山地灰钙土、山地栗钙土、山地黑钙土、灰褐土、亚高山草原土（寒钙土）、亚高山草甸土（寒毡土）、高山草原土（寒冻钙土）、高山灌丛草甸土（泥炭土型寒冻毡土）、高山草甸土（寒冻毡土）、寒漠土等］，但在更细空间尺度上的研究很少。在大野口流域研究表明，海拔（降水、气温）、坡向、坡位、坡度、土壤厚度等综合影响着青海云杉林空间分布（杨文娟，2018），其中海拔和坡向是关键因子，密林（郁闭度>0.3）的潜在核心分布区及包括疏林的森林潜在分布区分别位于海拔 2636~3303m 和 2603~3326m 及坡向（正北为零，顺时针为正）为 -74.4°~61.2° 和 -162.6°~147.1°，对应海拔上边界的年均气温阈值分别为 -2.59℃ 和 -2.73℃，对应海拔下边界的年均降水量阈值分别为 378.1mm 和 372.3mm；森林分布条件还需满足土层厚度≥40cm；在海拔<2800m、2800~2900m 和>2900m 时，森林分别分布在下坡、中下坡和整个坡面上；依次增加考虑海拔、坡向、土层厚度、坡位影响后，青海云杉林空间分布预测准确率大幅提高。此外，青海云杉林的树高、胸径、蓄积量等结构特征除受林龄、密度影响外，也受海拔、坡向等立地特征影响，间接体现着水分、温度、养分的限制作用。

1.1.4 内陆河的重要水源地

在西北干旱内陆区，水资源是制约社会经济发展和生态平衡的关键，如作为河西走廊地区重要水源地的祁连山区，其出山径流孕育了河西地区的大片绿洲，使其成为我国重要粮食生产基地。因此祁连山水源提供功能的变化，会直接影响甚至决定着当地的水资源安全、生态安全、粮食安全以及区域社会经济可持续发展。

河西走廊东起乌鞘岭，西至甘新交界，南部以高耸的祁连山与青海省相邻，北侧以低缓的北山与内蒙古自治区接壤，面积约占甘肃省总面积的 60%，其南部降水丰富、植被良好，作为水源地的祁连山区面积达 9.12 万 km²；中部走廊平原区的海拔变化在 1000 ~ 1500m，相间分布着绿洲、戈壁、沙漠等地貌单元，地势平坦，降水稀少，光热充足，是主要灌溉农业区和水耗散区，面积为 5.91 万 km²；北部的山地海拔变化在 1500 ~ 2200m，干燥缺水、植被稀疏、风蚀强烈，属荒漠天然牧场，面积为 6.99 万 km²。

祁连山区南部水系主要汇入青海柴达木盆地，北部水系则汇入河西走廊地区。北部水系总面积约为 70 720km²，自西向东为疏勒河、黑河、石羊河三大流域的上游山区。这些河流将祁连山北坡分为东、中、西三段，其面积分别为 32 480km²、26 840km²、11 500km²。区内年均降水量为 200 ~ 600mm，年均水面蒸发量为 500 ~ 1300mm，年均气温为 -5 ~ 15℃。石羊河源于祁连山东段的冷龙岭，消失于巴丹吉林沙漠和腾格里沙漠之间的民勤盆地北部，总面积约为 4.16 万 km²，整个水系由黄羊河、杂木河、西营河等 8 条小河流组成；黑河源于南部祁连山腹地，是我国西北第二大内陆河，流入内蒙古额济纳旗境，最后注入居延海，全长 821km，流域面积约为 14.3 万 km²；疏勒河流域发源于祁连山脉西段托来南山与疏勒南山之间，消没于新疆东部边境的盐沼之中，干流流域面积为 4.13 万 km²。整个祁连山北部年径流量大于 300 万 m³ 的主要河流有 58 条，其中年径流量 10 亿 m³ 以上的有两条（黑河、昌马河）、1 亿 ~ 10 亿 m³ 的有 13 条，0.1 亿 ~ 1.0 亿 m³ 的有 25 条，0.03 亿 ~ 0.10 亿 m³ 的有 18 条。由于缺乏河流水文站资料，王旭升（2016）依据流域水文相似性估计了祁连山北部年均出山径流总量，为（78.3±6.0）亿 m³，其中石羊河、黑河、疏勒河流域分别为（22.3±1.8）亿 m³、（39.1±2.9）亿 m³、（16.9±1.3）亿 m³。祁连山区提供的水资源包括降水、冰雪水、地表水和地下水等形式。大气降水是总补给来源，其在高山区凝结成雪与冰就成为冰雪水；在中低山区和丘陵区，其部分形成地表径流直接补给河流，部分入渗后成为山区地下水，最终通过深切的水文网排泄到沟谷成为地表水；在走廊平原地区，出山河水大量入渗后又成为地下水。

丁宏伟等（2006）分析了河西走廊的水资源特征及变化特点。作为祁连山区固体水库的冰川、积雪、冻土，有多年调节河川径流的作用，在河西走廊三大流域的冰川每年雪冰融水约 10 亿 m³，占河西走廊地表水资源的 14%；但因 20 世纪 50 年代以来气候变暖，祁连山区冰川、积雪、冻土普遍融化和退缩,虽近期增加了河流流量,但未来将导致河流流量减少和不稳定。为河西走廊提供地表水资源的河流均源于祁连山,其流量在山区随流程增加而增大,一般在出山口处最大,但进入走廊平原后则由于蒸发、渗漏和沿途引用而急剧减少,余水进入下游尾闾区后殁于沙漠(荒漠)。祁连山区多年平均年出山径流量为71.29 亿 m³,东段河流以降水补给为主(80% 以上),冰雪融水补给仅占 3% ~ 10%,因此河流水量年际丰枯变化剧烈;西段河流的冰雪融水和地下水补给所占比例较大,其中雪冰融水比例为 25% ~ 34%,部分河流达 40% 以上,因此流量年内分配较平稳。走廊平原的年地下水补给量多年平均为 42.42 亿 m³,其中石羊河、黑河、疏勒河流域分别为 8.21 亿 m³、21.63 亿 m³、12.57 亿 m³;地下水接受出山的河(洪)水及引灌河水(渠系、田间)的垂向入渗率占 87.2%。50 年代以来,河西走廊出山径流整体比较稳定,其中石羊河流域呈下降趋势,黑河流域相对稳定,疏勒河流域呈上升趋势;有关计算表明,由于引用河水量不断增加和渠系利用率不断提高以及灌溉定额不断降低,走廊平原的年地下水补给量自 50 年代中期的 56.54 亿 m³ 减少至 90 年代末期的 39.35 亿 m³,平均每 10 年减少约3.44 亿 m³,其中石羊河流域减幅达 42.9%,黑河流域为 41.3%,疏勒河流域基本保持稳定(丁宏伟等,2006)。为弥补地表水量不足,多年连续超采地下水,导致地下水位不断下降,如民勤盆地由 50 年代的地下 1 ~ 2m 下降到 21 世纪初的地下 30m 左右,地下水矿化度也随之上升,导致荒漠植被枯死和退化,加速了局部沙漠化和土地荒漠化。

河西走廊地区从行政区划上分属武威、金昌、张掖、酒泉、嘉峪关 5 市,辖有 19 个农牧业县(区),2004 年全区总人口为 478 万人,其中含农业人口 356 万人;有灌溉面积65.6 万 hm²,是甘肃省的主要粮油棉生产基地(丁宏伟等,2006)。河西走廊人均水资源量远低于全国人均水平,走廊平原地带年降水量仅 30 ~ 150mm,且集中分布于夏季,区域生产生活用水几乎完全依赖山区来水。随着人口和耕地增加及工农业和生活用水增加,水资源开发利用强度不断增大,如 1949 ~ 1992 年该区人口增加了 3.3 倍,耕地增加了 1.9倍,水库由 2 座增至 142 座,蓄水量达 10.5 亿 m³,1993 年开采地下水 12 亿 m³,机井数和开采量仍在增加,使河西走廊地表和地下水资源的利用率都远超世界干旱区平均水平。

祁连山是河西走廊的生态屏障和水源地,在保障河西走廊可持续发展方面举足轻重。近几十年来不断增强的气温升高和人为干扰影响,使得祁连山的冰川退缩、植被退化、生态环境恶化,对山区与河西走廊地区的生态安全、供水安全、粮食安全及可持续发展均构成了巨大威胁。需在理解生态水文规律加强预测能力的基础上,有针对性地科学加强祁连山的生态保护与建设,这对构建人与自然和谐相处的河西走廊、实现"山水林田湖草"生命共同体的科学管理、促进甘肃乃至西北地区的经济社会可持续发展都至关重要。

1.2 气候变化与人为影响下的区域生态水文问题

1.2.1 冰川消融

在高寒山区流域,冰川融化是流域关键水文过程,冰川融化径流是重要的水资源来源。在气候变暖的背景下，全球冰川消融普遍加剧。冰川主要分为大陆冰川（冰盖冰川）和山岳冰川两类。其中，在大陆高寒山区流域，冰川的形式主要为山岳冰川，通常分布在高寒山区的山顶以及山坡处（莫杰和彭娜娜，2018）。

我国的冰川主要分布在西藏、新疆、青海和甘肃四个省区，青藏高原是我国冰川的最主要分布区。作为世界"第三极"，青藏高原地区分布有 36 793 条现代冰川，冰川总面积约为 50 000km²，总冰储量约为 4500km³，占中国冰川总数的 80%，冰川总面积的 84% 和冰储量的 82%（姚檀栋和姚治君，2010）。自 20 世纪 80 年代以来，由于气候不断变暖，大多数冰川处于强烈退缩状态，且退缩幅度正在加剧（Yao et al.，2010）。基于全国第 1次、第 2 次冰川编目数据，青藏高原冰川面积在近 50 年退缩了 23%（吴立宗，2004；Wei et al.，2004）。王祎婷等（2010）在藏南喜马拉雅山脉中段纳木那尼地区的研究表明，1976～2001 年该地区冰川储量减少了 3.06km³，有着较为强烈的消耗。总之，基于遥感和地面实测的储量变化的研究均表明，近几十年来青藏高原的冰川消融强度在增大，储量在减少（李志国，2012）。

1.2.2 冻土退化

冻土现象是指温度低于 0℃ 的含有水分的土壤或岩石冻结的现象。冻土包括多年冻土和季节性冻土，是陆地冰冻圈的主要组成部分之一。冻土对于地表与地下的水热交换、生态水文过程，以及陆地和大气间的碳交换都具有重要意义，也对寒区基础工程建设有着广泛影响。近年来受到全球气候变化尤其是升温的影响，北极、亚北极及中纬度高山多年冻土区发生了显著变化。冻土作为气候变化的敏感指示器，在气候变化研究中受到研究者的高度关注（Pavlov，1994；Lemke et al.，2007；张廷军，2012）。

随着气候变暖加剧，全球高纬度和高海拔地区的冻土开始出现退化。例如，在俄罗斯北部分布有较为广泛的多年冻土区，多年冻土温度变化范围为 -11～-1℃（Romanovsky et al.，2010）。有研究表明，1983～2009 年，欧亚大陆北部部分观测点地表以下 10m 处的多年冻土年平均地温增加 0.3～1.0℃，多年冻土平均温度升高了 1～2℃（Oberman，2008；Romanovsky et al.，2010）。有观测表明，西伯利亚东部多年冻土温度自 20 世纪 80 年代后期至 2009 年，温度升高约 1.5℃（Romanovsky et al.，2010）。在阿拉斯加北部的观测实验表明，20m 深度处的多年冻土温度在 70 年代末至 80 年代初升高了约 3℃，但是在 80 年代初至 90 年代末升温幅度明显，平均升高 1.5～2.5℃（Osterkamp，2007）。在阿拉斯加中部地区，多年冻土的升温速率总体较小，1985～2000 年的升高值为 0.3～0.6℃（Osterkamp，2007）。在加拿大西北部的马更些三角洲地区，有研究表明多年冻土温度升高了约 2℃（Smith et al.，2010）。在加拿大东部的高纬度苔原区，观测表明 15m 深的多年冻土年平均温度在过去 30 年升高了约 1.5℃（Smith et al.，2010）。在 80 年代至 90 年代，有研究表明加拿大魁北克北部多年冻土温度出现了降低（Allard et al.，1995），但是在 1993～2008 年多年冻土温度升高约 2℃（Smith et al.，2010）。

我国的多年冻土覆盖面积 20 世纪 70 年代后期以来下降了 18.6%，其中，青藏高原的多年冻土面积由 20 世纪 70 年代的 $1.50 \times 10^6 km^2$ 缩减为 2012 年的 $1.05 \times 10^6 km^2$ （Cheng and Jin，2013）。冻土退化具有时空变异性，在时间维度上，青藏高原冻土在 1976~1985 年相对稳定，区域性的冻土退化从 1986~1995 年开始，退化速度不断加快；空间维度上，青藏高原东部和东北部的边缘地区的冻土退化速度比青藏高原中部要快（Jin et al.，2011）。地温的升高是冻土退化的重要原因之一，1980~2007 年青藏高原年均地表温度每 10 年上升 0.6℃，高于气温上升的速度，且冬季地温升高趋势更加明显（Wu et al.，2013）。冻土退化表现在多年冻土范围缩小、活动层增厚、季节性冻土最大冻结深度减小等方面，青藏公路沿线的活动层厚度在 1995~2007 年平均每年增厚 7.5cm（Wu and Zhang，2010）。

冻土的退化具有多种表现形式，包括多年冻土退化为季节性冻土、多年冻土活动层增厚、季节性冻土最大冻结深度减小、冻土融化日数增加、开始融化的日期提前、开始冻结的日期推后等方面（Jin and Li，2009；Wu and Zhang，2008，2010；吴吉春等，2009；张中琼和吴青柏，2012；罗贤等，2017）。在青藏公路沿线工程的钻孔观测数据表明，当地冻土的存在形式基本为多年冻土，在 1995~2007 年，该地区多年冻土的活动层厚度以平均 7.5cm/a 的速率快速增加，不同区域的多年冻土下界的高程在过去 20 年内升高了 25~80m（Wu and Zhang，2010；Cheng and Wu，2007）。吴吉春等（2009）基于青藏高原几个典型地区的钻孔观测数据进行分析，发现青藏高原多年冻土退化表现为多年冻结层不断消融直至冻结层完全消失，而冻结层消融的形式在不同地区有所不同，主要分为自上而下消融和自下而上消融两种形式。上述基于钻孔观测数据的研究表明了青藏高原不同地区的冻土退化具有不同的速率和表现形式。

1.2.3 融雪提前

在高寒山区流域，地表和地下径流中的很大比例来自积雪融化，积雪分布和融雪过程是寒区水文过程的重要组成部分，是出山径流的主要来源之一。

我国积雪分布的范围大，积雪空间分布极不平衡，主要分布于西部和北部的山区，如东北的大小兴安岭以北及长白山地区、新疆的天山和阿勒泰地区、青藏高原的藏东南及其边缘地区。相对于新疆与东北等积雪区，位于青藏高原高海拔地区的积雪受到多种因素的影响，有着截然不同的分布和变化特征。这种分布是由青藏高原的气候背景决定的。青藏高原东西两侧都处于高原边缘的多雨区，西侧的帕米尔高原是西风带的上升运动区，降水较多，进而形成多雪；暖湿气流于东侧横断山脉北上，造成东侧多雪的环流背景。藏北高原与柴达木盆地深居高原内陆腹地，尽管海拔高，但远离水汽来源，冬季降水量小，降雪量和积雪量也较少。藏南谷地海拔相对低，冬季受雅鲁藏布江下沉热低压控制，降水稀少，也是高原积雪较少的地区。

总体而言，青藏高原积雪表现为周围山地，尤其是东西侧山地多雪与广大腹地少雪的空间分布特征。积雪集中分布在兴都库什山、帕米尔高原、喜马拉雅山的西部、念青唐古拉山、唐古拉山的东部、他念他翁山以及横断山西部等地区。以这些山为中心的四周以及沙鲁里山、大雪山、阿尼玛卿山、祁连山、昆仑山、喜马拉雅山的南部也有比较丰富的积雪。但是广袤的藏北高原、藏南各地以及柴达木盆地积雪很少。积雪稳定区面积占青藏高原总面积的71.4%，常年积雪分布面积约占整个青藏高原的13.3%（孙燕华等，2014）。

在气温升高的背景下，寒区流域融雪发生改变，主要表现形式为融雪提前。喜马拉雅山区诸河流域高达60%的径流来自融雪（Jeelani et al.，2012）。气候变暖会加速融雪过程，改变高寒地区径流的季节分布规律。因此，在气候变化背景下，定量评估融雪过程对径流的贡献是研究的重点。联合国政府间气候变化专门委员会（Intergovernmental Panel on Climate Change，IPCC）报告指出，青藏高原地区温升幅度可达每年0.08℃，使得部分流域春季径流增加，夏季减少（Jeelani et al.，2012）。未来情景估计，气候变暖持续几十年后，很多高寒地区在旱季将无水可用（Barnett et al.，2005），而印度部分地区已经出现显著的融雪提前、径流减少的现象（Immerzeel et al.，2009）。

1.2.4 植被退化

气候变化通过水分和温度等要素的变化，从而影响了植被的分布与生长。在寒区流域，气温升高背景下冰冻圈的变化同样导致植被的变化，主要表现为植被的退化。在北美阿拉斯加地区和俄罗斯西伯利亚东部的寒区流域，显著的气温升高和多年冻土退化导致土壤水分处于饱和，成熟乔木根区长期处于浸水状态，树干液流量和叶面蒸腾量均随多年冻土的退化而出现了降低，进而导致成熟树木的生长受到抑制（Cable et al.，2014；Iijima et al.，2014）。不同于北极地区富冰冻土退化导致土壤含水量上升，青藏高原的冻土退化使浅层土壤水含量下降，从而使适应寒冷环境的根系较短的植物难以生存（Jin et al.，2009）。但青藏高原植被变化不仅仅表现出简单的退化趋势，通过在疏勒河流域的观测发现，浅层土壤水含量和植被覆盖率会随着冻土退化的阶段出现先上升后下降的现象，并在此过程中完成了优势物种的演替（Chen et al.，2012）。Zhang等（2013）通过分析卫星遥感得到的归一化植被指数（normalized difference vegetation index，NDVI）数据，认为1982～2011年青藏高原植被生长季开始日期（start of the growing season，SOS）出现了明显的提前，平均每年提前1.04d。

植树造林、人工灌溉、放牧等过程同样会导致流域植被的变化。在高寒山区流域，人为影响通常较小，以放牧为主。以往研究表明，适度放牧可以去除顶端组织和衰老组织，对于植被多样性有着积极的影响；然而过度放牧不利于植被多样性的维持，会导致植被退化（于丰源等，2018）。刘雪明和聂学敏（2012）在青海湖的研究认为，过度的放牧显著降低了高寒草地植被盖度、高度和生物量。赵哈林等（2004）在内蒙古科尔沁草地的研究结果表明，家畜反复的踩踏会导致植物盖度、高度以及生物量显著下降。总体来说，不同地区的研究均表明过度放牧会使得植被呈现退化趋势。受过度放牧等人类活动的影响，高寒草原生境发生变化，以草地沙漠化为主的各种草地退化过程不断加剧。

1.2.5 径流变化

在气候变化的背景下，不同生态水文要素的变化最终导致了河川径流的变化。气候变化主要通过降水变化和气温变化影响径流的变化。一般来说，降水的时空变化会影响流域产汇流的时空变化，进而导致河川径流年内分配的变化等。气温变化会通过影响流域的潜在蒸散发、冰川消融、冻土变化以及积雪融化等要素，进而影响流域的径流变化。

在过去几十年间，由于不同流域气候要素变化不同以及流域自身条件不同，径流产生了不同的变化趋势。例如，在我国青藏高原地区，由于气候变化，尤其是气温持续升高，青藏高原各流域的河川径流量有着不同的变化趋势。位于青藏高原东部的黄河源地区和长江源地区，近年来河川径流量呈现显著的减少趋势（Zheng et al.，2009；Yang et al.，2011；Cheng and Jin，2013；Qiu，2012）；而在青藏高原北部的塔里木河源区，以及青藏高原东北部的祁连山区，近年来河川径流量却具有增加趋势（程国栋和金会军，2013）。除青藏高原地区以外，北极高纬度地区的育空河、叶尼塞河、我国天山玛纳斯河等都观测到冬季径流增加趋势（Yang et al.，2004；刘景时等，2006；Walvoord and Striegl，2007），表明了气候变化对寒区流域径流的影响。

在气候变化背景下，不同流域的径流呈现了不同的变化趋势。在寒区流域，冰川、冻土、积雪、植被等各个生态水文要素的变化均会对径流产生影响。为合理预测未来气候情景下流域河川径流变化趋势，需要明晰各个生态水文要素对于气候变化的响应，以及各个生态水文要素的变化对流域水文过程的影响。

1.2.6　供水安全

气候变化通过降水、气温等要素的变化，对流域生态水文要素产生影响，进而对河川径流、地下水等产生影响，最终影响了流域的供水情况。人类活动通过水利工程影响流域（或跨流域）的水资源分配，从而影响不同流域的供水情况。

气候变化主要通过降水变化影响流域的水资源。降水的变化影响流域径流和地下水的时空变化，从而影响水资源的供给。在年尺度，降水的年内变化会影响季节水资源分配。气温变化同样影响流域的水资源变化，且气温变化的影响在寒区，尤其是主要依赖于冰川积雪融水补给径流的流域影响更为显著（王建和李硕，2005）。气温升高会导致冰川融化加剧、冻土退化、融雪提前以及潜在蒸散发增加等，从而综合影响了流域的水量平衡。

气候变化除了影响流域水资源供给以外，也通过影响人类和生态的需水来影响供水安全。例如，降水和气温的变化会影响植被生长的变化以及植被对水分需求的变化，进而导致供水要求的变化（冯婧，2014）。在干旱及半干旱地区，气温上升会导致植被需水量增加，而农作物需水量的增大会导致水资源分配压力的增大（Loë et al.，2001）。除了农作物以外，研究表明气候变化也会影响人们工业用水和生活用水的需求。例如，气温升高会降低工业冷却水的冷却效率，进而增加需水量（向毓意等，1999；冯婧，2014）；气温升高会导致一些地区人们高峰生活用水量的增加等（Wit and Stankiewicz，2006）。相对于对农业需水的影响，气候变化对工业和生活需水的影响较小。

1.3 认识流域水资源变化及综合管理的生态水文耦合途径

1.3.1 区域水资源安全管理的科技需求

我国西北地区严重缺水，是制约区域社会经济发展的首要原因，自然生态用水与各行业用水的矛盾以及上下游水资源需求的强烈冲突，导致该地区环境不断恶化。在这一地区，以植被空间格局和结构动态为主的生态过程与径流形成、蒸散消耗等水文过程的相互作用格外突出。为了科学指导流域的水、土资源综合管理，亟待深入理解生态水文过程耦合机理、发展分布式流域生态水文模型、准确量化和预报多因素共同作用下的错综复杂的流域径流形成规律。

1.3.2 生态水文耦合研究的重要性

气候变化会影响流域冰川、冻土、积雪、植被、径流、蒸发等各个生态水文要素。这些生态水文要素的变化并非独立的，不同生态水文要素之间会有相互影响。例如，冰冻圈过程（冰川、冻土、积雪）的变化会增加影响流域的径流和土壤水分等水文过程；流域土壤水分等水文过程的变化会影响植被的生长；而流域生态过程的变化也会进一步反馈至水文过程。

冰冻圈过程的变化（包括冰川变化、冻土变化以及融雪变化）对流域水文过程有重要影响。冰川变化对水文过程的影响主要为冰川融水补给地表径流，汇入河流、湖泊、湿地等，除此以外也会有一部分补给壤中流，进而对河流等水体产生影响（Yang et al., 2007；姚檀栋和姚治君，2010）。在气候变暖背景下，冰川消融加快。从趋势上看，短期内冰川退缩将使河流水量增加，受冰川融水补给比较大的湖泊面积扩张、水位上升（李治国，2012）。而随着冰川持续退缩，冰川融水将会减少。此时以冰川融水为主要补给来源的河流，特别是中小河流将面临干涸的威胁（姚檀栋和施雅风，1988，2010）。研究表明，不同流域冰川覆盖面积比例不同，冰川变化对水文过程的影响有所差异。例如，雅鲁藏布江和狮泉河的冰川丰富地区，冰川融化能够有效补给河川径流，尤其是枯季径流和中小支流径流，使其在未来数十年保持增加趋势（Su et al., 2016；姚檀栋和姚治君，2010；姚檀栋等，2013）。在长江源区及黄河源区，冰川融水主要补给源区径流，冰川融水所形成的径流洪峰通常出现在 7～8 月，随着未来气候变暖，冰川融化加剧，未来几十年冰川融水径流洪峰可能会提前（姚檀栋等，2013）。

融雪水资源是我国高寒山区水资源的重要来源。在我国西北内陆河流域，以及青藏高原诸河流域，融雪径流对水文过程有着举足轻重的影响。位于内陆河流域的干旱山区，融雪水资源的作用更为显著。西北内陆地区主要的河流有塔里木河、伊犁河和额尔齐斯河、黑河、疏勒河以及青海湖水系诸河等。这些河流的特点是流量小，多为季节性河流，河流的补给以冰川、积雪融水和降雨为主。黑河、疏勒河以及青海湖水系诸河融雪水资源补给的比例相对较小，而塔里木河、伊犁河以及额尔齐斯河，融雪是当地水资源的主要来源。昆仑山北坡的河流由于处在我国最干燥的地区，这里 2500m 以下的山地基本上不产生径流，河流以高山冰雪融水补给为主（熊怡等，1982）。西南诸河区主要包括雅鲁藏布江、羌塘高原内陆河、澜沧江、怒江以及元江等流域。该地区多高山高原、坡陡流急、河网密度大、气候湿润、雨量充沛（林三益等，1999）。雅鲁藏布江及其支流，冰雪融水补给比例可占到径流的 27%（Immerzeel et al.，2010）。在气温升高的背景下，融雪提前普遍会影响河川径流量和径流的年内分配过程。

冻土退化对水文过程的影响通过改变产汇流机制，直接或间接体现在年径流量、径流季节分配和径流成分等方面的变化。作为不透水层，它的存在导致河川径流的成分中，有较多的地表直接径流和较少的地下径流（Woo et al.，2008）。随着温度升高，冻土退化会增加地下水含水层的渗透性，增加土壤蓄水容量，进而可能导致地表径流的减少和基流的增加（Bense et al.，2012；Lawrence et al.，2015）。北极地区的育空河、叶尼塞河、我国天山玛纳斯河等都观测到冬季径流增加趋势（Yang and Ye，2004；刘景时等，2006；Walvoord and Striegl，2007）。此外，流域地下水库的库容增加，也会导致流域冬季退水过程更为缓慢，径流年内分配更趋均匀。牛丽等（2011）通过对西北地区疏勒河、黑河、石羊河等流域上游径流与流域负积温的时间序列分析，证实了冬季退水过程减缓与冻土退化之间的联系，这一趋势在中国东北的海拉尔河也得到了证实（陆胤昊等，2013）。此外，冻土退化可能会导致地下水位下降，湖泊面积变化（Cheng and Wu，2007）。Cuo 等（2015）在青藏高原的研究认为，冻土退化会导致地表水文循环出现增快趋势。Qiu（2012）在长江流域的研究认为，冻土退化会导致长江源径流减少。

冻土退化同样会对植被生长造成影响。季节性冻土和多年冻土活动层冻融周期的变化可能会影响植被的物候。关于青藏高原返青期变化趋势的争议，也说明目前利用遥感数据分析植被物候存在进一步完善的空间。生长季开始日期的变化不仅受春季气温变化的影响，也受春季降水的制约，气温和降水的变化都会影响浅层土壤的含水量，进而影响了冻土区植被的物候变化（Zhang et al.，2015）。目前对土壤冻融循环的变化与植被物候之间的关系，还需要进一步研究进行解释与分析。

植被的变化会进一步影响水文过程的变化。复杂的植被结构直接影响降水截持、入渗、蒸散、产流等水文过程（杨大文等，2010；Wang et al.，2011）；同时植被结构动态也受水分等众多环境因素驱动。此外，植被变化也可以影响流域的土壤冻融过程（Wang et al.，2009），周剑等（2008）利用 SHAW 模型分析长江源左冒孔流域的冻土变化，结果表明在植被覆盖度较低的地区，土壤冻降响应时间越早，活动层全剖面土壤水分冻降响应历时越短，多年冻土区高寒草甸草地具有良好的保温能力和较高的保水能力；Zhou 等（2013）采用 CoupModel 对唐古拉站土壤水热特征进行模拟，发现土壤的有机层越深，活动层厚度越小，因此有机碳层同样起到了阻止冻土退化的作用。植被盖度对土壤冻融过程的影响可能与土地类型有关，在长江源左冒孔流域，高山沼泽的植被盖度下降会导致表层土壤含水量下降，春季融化开始时间延迟，而在高山草甸地区，情况则恰好相反，在草甸和沼泽产流、冠层截留等水文过程也有明显差异（Wang et al., 2012）。

在气候变化下，流域的冰冻圈、水文、植被过程的变化有复杂的相互作用。为明晰气候变化下各个生态水文要素的变化趋势以及变化机理，开展生态水文耦合研究，厘清生态水文各个要素之间的相互影响机理十分重要。

1.3.3 生态水文耦合研究的关键科学问题

生态水文耦合研究的关键科学问题包括以下 4 个方面。

（1）植被格局、植被结构动态过程与水文过程的耦合机理

植被格局、植被结构动态过程和水文过程具有不同的时间和空间尺度，三者之间的耦合机理至今仍大多是以定性或统计描述为主，缺乏机理性定量表征方法。关于流域生态水文过程集成研究的关键科学问题之一在于揭示植被格局、植被结构动态过程与水文过程的耦合机理，并建立这种耦合机理的数学物理表达或描述方法。

（2）土壤冻融过程与生态水文过程的相互作用机理

以往的研究表明，植被覆盖对冻土具有保护作用，同时冻土退化导致表层土壤水分降低影响植被生长。但是，上述现象背后的物理机制尚不是十分清楚。例如，冻土变化如何通过改变土壤温度和水分来影响植被生长？植被变化后又如何改变地表能量分配和影响蒸散发过程？而且地表能量分配变化如何进一步影响土壤中的水热交换，导致土壤温度和水分发生怎样的变化？需要从地形和植被对地表能量分配和土壤水分-能量交换的影响，以及土壤水分-能量交换对土壤冻融过程和冻结深度的影响两个方面进行深入研究，阐释不同冻土区的水分和温度沿深度的分布特征及其季节变化规律，认识气候变化下土壤水分和温度的变化趋势及其对植被物候、生长过程及蒸散发的影响，系统阐释土壤冻融过程与生态水文过程的相互作用机理。

（3）冻土变化对流域径流的影响机制

在多年冻土区，土壤温度升高导致多年冻土活动层增厚，春季土壤解冻日期提前，进而影响降雨（或融雪）下渗过程，从而影响地表产流过程。季节性冻土区的年最大冻结深度减小、融化速度加快，导致土壤蓄水能力增加，从而影响蓄满产流过程和壤中流的比例。当多年冻土区冻土层厚度减小或多年冻土退化为季节性冻土时，冻土层下水与冻结层上水及地表水之间的水力联系和水量交换增强，从而影响地表和地下径流的比例。以往的研究大多采用相关分析和推理分析，缺乏对冻土区产流机制及其变化的定量描述。因此，量化冻土变化对流域径流影响是预测未来气候变化对高寒山区流域水资源影响的关键问题和科学基础。

（4）冰雪冻土过程、动态植被过程及产汇流过程的耦合模拟方法

由于寒区流域生态水文过程的高度复杂性，目前还没有一种模型能适用于该地区，对冰雪冻土过程、动态植被过程及产汇流过程进行动态耦合模拟。提出能够刻画下垫面空间异质性、植被格局和水文特征之间联系的分布式模型结构，刻画冰雪冻土过程、动态植被过程及产汇流过程之间的动态耦合和反馈机制，发展适应高寒山区生态水文过程的分布式生态水文耦合模拟方法是开展高寒山区生态水文变化和水资源预测的关键。

1.3.4 黑河上游的相关生态水文研究背景

黑河是我国第二大内陆河，位置处于青藏高原东北部，发源于祁连山北坡。黑河从上游祁连山区出山后，流经作为中国北部到中亚的最重要的贸易、军事路线和中国西北部重要粮食生产区的河西走廊（Zhang et al.，2016），最后止于居延海。黑河流域中下游的社会经济发展和生态系统维持所需的水资源严重依赖于上游山区的径流（程国栋等，2006）。黑河上游山区地形复杂，土地覆被类型多样（康尔泗，2008），各种生态过程与水文过程的相互作用极为复杂，且受气候变化影响显著，是开展干旱地区生态水文研究的理想场所。

黑河上游位于祁连山北坡，海拔为1700～5000m（图1-1）。黑河上游流域的流域面积为10 009km²，产流占黑河全流域产流的近70%，因此上游出山径流对于下游的生态和经济具有重要影响（Yang et al.，2015；Gao et al.，2016）。在21世纪初的10年中，黑河上游的年均出山径流量约为18亿m³。

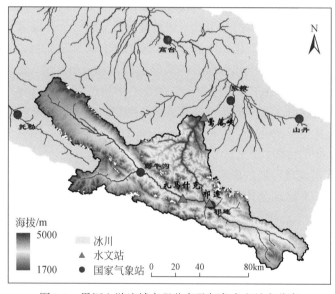

图1-1 黑河上游流域高程分布及气象水文站点分布

黑河上游流域的年降水量为200～700mm，年平均气温为-9～5℃，降水和气温具有显著的空间变异性（张杰和李栋梁；2004；王宁练等，2009；李海燕等，2009；蓝永超等，2015）。海拔变化对降水和气温有显著的影响，其中降水量随着海拔的升高而增加，而温度随着海拔的升高而降低（Wang et al.，2017）。降水和气温的空间变异性也导致流域土地利用类型和植被类型的显著空间变异性（Gao et al.，2016；丁松爽和苏培玺，2010）。流域的低海拔地区相对干旱，主要分布着季节性冻土。随着海拔和降水量的增加，水资源更加丰富，植被类型的丰富程度和植被覆盖度也随之增加。海拔在 2800~3600m 的区域是流域植被最丰富的区域（Gao et al., 2016）。随着海拔的继续升高，气温下降导致植被逐渐稀疏。海拔 3600~3900m 的范围是多年冻土和季节性冻土分布的过渡带（Gao et al., 2018）。海拔 4000m 以上的地区主要分布多年冻土，此外，在山顶附近存在着一些冰川。总体来说，黑河流域多年冻土与季节性冻土面积基本各占流域面积的一半左右，其中多年冻土比例更多一些。近几十年来，随着气温的升高，黑河上游流域的冰川和冻土已明显退化（Gao et al., 2018）。根据中国第二次冰川库存数据集，到 2010 年，冰川总面积约为 80km^2，相关水储量约为 5 亿 m^3（Liu et al., 2014）。由于黑河上游冰川面积不足流域面积的 1%，冰川径流的贡献较小，冰川径流的变化对流域总径流变化影响并不显著。由于黑河上游流域广泛分布着冻土，且为多年冻土和季节性冻土的交界区（王庆峰等，2013），对气候变化十分敏感（Cuo et al., 2015）。因此黑河上游流域被认为是研究中国寒冷干旱地区水文和水资源的典型区域（宁宝英等，2008）。

在黑河流域及上游祁连山区，已有很好的生态水文研究积累（程国栋等，2010），开展了大量森林植被水文影响观测（王金叶等，2004），但受地点所限并极少考虑环境驱动，多为单因素、单过程的经验关系研究，还未提炼出可靠的模型参数，仍需加强多过程同步长期监测和一些重要过程的补测，综合分析大尺度植被格局对流域水文的复杂影响。依托于"黑河流域遥感–地面观测同步试验"，采用涡动相关法并应用大孔径闪烁仪等，对不同下垫面蒸散进行了定位观测（李新等，2010）。杨永民等（2008）应用 SBES 模型和MODIS 遥感数据估算了上游蒸散发量。周剑等（2008）研究认为黑河上游夏季和冬季日蒸散发量最大可达 6mm 和 0.37mm。不同研究对蒸散发量的估计差别较大，有待进一步系统研究和综合分析。关于黑河上游山区土壤水分的研究，牛云等（2002）和刘贤德等（2009）测定了林地、灌丛和草地的土壤水文特征和垂直分布，发现土壤冻结可增加土壤蓄水量，抑制土壤蒸发并形成冻结层上水及冻结层土壤中流。王维真等（2009）在黑河上游阿柔草场分析了冻融期间的土壤水分变化和运移特征。赵军等（2009）利用 MODIS 遥感数据产品，采用了热惯量法反演了黑河流域土壤含水量。

黑河上游出山径流受到降水、冰川、积雪和冻土融水等影响（杨明金和张勃，2010；沈永平等，2001）。张立杰和赵文智（2008）在祁连山排露沟研究表明径流主要由降水形成。胡兴林（2003）发现莺落峡径流量的年际变化较小，总体趋势是波动中缓慢增大，这可能与黑河上游气候的暖湿化及温度升高造成的冰雪及冻土融化有关（王钧和蒙吉军，2008；蓝永超等，2008）；但温度升高会导致蒸散发量增加从而具有削弱径流增加的作用（李林等，2006）。康尔泗等（2006）认为，山区植被带的产流量对出山径流贡献较小。在气候变化背景下，祁连山区的林线、雪线及冻土线均明显上升（曹玲等，2003；张瑞江等，2010；陈仁升等，2007）。加之人类活动的影响，森林面积减小、草地面积略增（张钰等，2004）。这些气候变化、人类利用和植被格局与结构的水文影响，仍需开展深入的研究。

黑河上游山区的水文模型应用研究已很多，但大多是国外模型的应用或改进，包括TOPModel、新安江模型、SWAT、VIC、TOPOG 等（李新等，2010；Yu et al., 2010；陈仁升等，2010）。此外，也有一些国内开发的模型或在国外模型上的改进，如贾仰文等（2006）开发的 WEP-Heihe 模型考虑了地表地下水相互作用和人工侧支循环，陈仁升等（2006）开发的 DWHC 模型增加了一维冻融过程的模拟，预留了与中尺度大气模型的嵌套接口，Wang 等（2010）开发的 WEBDHM 模型集成了流域水文模型 GBHM 和陆面过程模型 SiB2，包括了对土壤冻融过程在内的地表能量、水分及碳循环过程的模拟。由于黑河上游地形地貌复杂、植被格局多样，在构建能准确描述冰冻圈水文过程和高寒山区植被格局及植被动态结构、反映生态和水文之间的相互作用并能有效预测出山径流过程的生态水文模型上仍无显著进展，仍是一项具高度挑战性的工作。

1.3.5 本书研究的目的

在黑河上游山区开展研究，旨在理解生态水文过程特点、掌握径流形成规律、发展分布式流域生态水文耦合模型，提高出山径流的模拟和预测能力，促进干旱区生态水文学研究，提高流域水土资源可持续利用的科学管理水平，实现"黑河流域生态-水文过程集成研究"重大科学计划拟定的核心科学目标。

本书研究的科学目标是：在黑河上游已有生态水文过程观测、机理和模型研究等成果的基础上，辨析黑河上游的关键生态水文过程，构建黑河流域上游分布式生态水文模型，定量评估气候变化及人类活动对黑河出山径流的影响。

第2章 | 黑河上游高寒山区植被格局及其模拟

2.1 黑河山区植被分布

2.1.1 黑河山区植被概况

　　受山地气候垂直地带性的影响，黑河上游区域植被呈现垂直地带性分布。根据《中华人民共和国植被图（1∶1 000 000）》（简称《中国植被》）（中国科学院中国植被图编辑委员会，2007），研究区共有 7 个植被型组、8 个植被型、19 个群系（图2-1，表2-1）。低海拔区（1600～2400m）主要是荒漠，其上（2400～2800m）是草原，主要由针茅属植物组成，针叶林位于 2400～3200m 的阴坡，灌丛草甸分布在 3200～4000m，海拔 4000m 以上为高山稀疏植被，主要由风毛菊属植物构成。冰川分布于一些高山顶部。

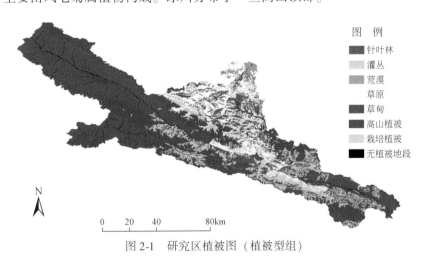

图2-1　研究区植被图（植被型组）

表2-1　研究区植被分类单位

植被型组	植被型	群系
针叶林（1）	寒温带和温带山地针叶林（1）	青海云杉林（1）
灌丛（2）	温带落叶阔叶灌丛（2）	肋果沙棘灌丛（2）
灌丛（2）	亚高山落叶阔叶灌丛（3）	吉拉柳灌丛（3）
灌丛（2）	亚高山落叶阔叶灌丛（3）	毛枝山居柳灌丛（4）

植被型组	植被型	群系
灌丛（2）	亚高山落叶阔叶灌丛（3）	毛枝山居柳、金露梅灌丛（5）
灌丛（2）	亚高山落叶阔叶灌丛（3）	金露梅灌丛（6）
荒漠（3）	温带半灌木、矮半灌木荒漠（4）	合头草荒漠（7）
草原（4）	温带丛生禾草典型草原（5）	克氏针茅草原（8）
草原（4）	温带丛生禾草典型草原（5）	疏花针茅草原（9）
草原（4）	温带丛生禾草典型草原（5）	短花针茅、长芒草草原（10）
草原（4）	高寒禾草、薹草草原（6）	紫花针茅草原（11）
草甸（5）	高寒嵩草、杂类草草甸（6）	小嵩草高寒草甸（12）
草甸（5）	高寒嵩草、杂类草草甸（6）	矮嵩草高寒草甸（13）
草甸（5）	高寒嵩草、杂类草草甸（6）	细叶嵩草高寒草甸（14）
草甸（5）	高寒嵩草、杂类草草甸（6）	西藏嵩草、薹草沼泽化高寒草甸（15）
草甸（5）	高寒嵩草、杂类草草甸（6）	垂穗披碱草、垂穗鹅观草（16）
高山植被（6）	高山稀疏植被（7）	水母雪莲、风毛菊稀疏植被（17）
高山植被（6）	高山稀疏植被（7）	风毛菊、红景天、垂头菊稀疏植被（18）
栽培植被（7）	一年一熟短生育期耐寒作物（无果树）(8)	青稞、春小麦、马铃薯、圆根、豌豆、油菜（19）
无植被地段（8）	无植被地段（9）	冰川积雪（20）

依据《中国植被》中对群系的介绍，研究区主要群系特征如下。

（1）青海云杉林（*Picea crassifolia* forest）

青海云杉林是青海东北部山区山地针叶林类型的主要群系之一，在研究区主要分布于祁连县城附近及肃南裕固族自治县（简称肃南县），一般出现在海拔 2400～3400m 的阴坡和半阴坡，常常与分布在阳坡和半阳坡的草原复合分布，构成山地森林、草原垂直带。青海云杉林分布区气候为山地森林草原气候，年平均温度低于 1℃，最热月平均温度为 12℃，最冷月平均温度为-12℃，年降水量为 400～500mm，大部分集中在生长季节（5～10 月）。年蒸发量约为 1000mm。分布区土壤为半湿润的山地灰褐土，土层薄、质地粗，以粉砂壤为主，pH 为 7 左右，有机质含量中等。

青海云杉林在种类组成上并不丰富，约有 110 种。群落结构可以分为 4 层：乔木层、灌木层、草本层和苔藓层。青海云杉是构成乔木层的唯一建群种，它是一种高大常绿乔木，最高可达 25～30m，最大胸高直径 80～100cm，树龄 60 年达到生长高峰，一般 120 年后开始腐心，为耐阴性中等的树种，郁闭度达 0.5～0.8。灌木层一般不发育，但在青海云杉林分布的上限由于气候寒冷，乔木层稀疏，灌木层得到发育，盖度可达 40%～50%，主要优势种有鬼箭锦鸡儿（*Caragana jubata*），下限由于气候干燥，灌木层较为发育，盖度为 30%～40%。主要优势种有甘青锦鸡儿（*C. tangutica*）、红花锦鸡儿（*C. rosea*）等。草本层盖度为 10%～40%，苔藓层盖度为 40%～90%。青海云杉林是祁连山地区主要的水源涵养林，同时也是主要用材林，近年已禁止砍伐。

（2） 肋果沙棘灌丛 （*Hippophae neurocarpa* scrub）

肋果沙棘灌丛在青藏高原东部边坡地带时有出现。研究区东支有零星分布，主要出现在上游谷地的砂砾质阶地和高河漫滩。肋果沙棘高 0.5 ~ 1m，分盖度为 30% ~ 40%。伴生的灌木主要有柳（*Salix* spp.）、直穗小檗（*Berberis dasystachya*）、西北沼委陵菜（*Comarum salesovianum*）、达乌里水柏枝（*Myricaria dahurica*）、沙棘（*Hippophae rhamnoides*）等。草本层稀疏而分布不均匀，主要种类有马蔺（*Iris lactea* var. *chinensis*）、火绒草（*Leontopodium* spp.）、马先蒿（*Pedicularis* spp.）、鹅绒委陵菜（*Potentilla anserina*）、披碱草（*Elymus dahuricus*）、平车前（*Plantago depressa*）、大丁草（*Leibnitzia anandria*）、角盘兰（*Herminium* spp.）、梅花草（*Parnassia palustris*）、花锚（*Halenia corniculata*）、湿生扁蕾（*Gentianopsis paludosa*）、甘青铁线莲（*Clematis tangutica*）、龙胆（*Gentiana* spp.）等。

（3） 吉拉柳灌丛 （*Salix gilashanica* scrub）

吉拉柳灌丛分布在祁连山中段和东段，海拔 3300 ~ 3750m 的阴坡半阴坡，气候寒冷，土壤为高山灌丛草甸土。

群落外貌整齐，生长茂盛，盖度达 80% ~ 90%，结构简单，分为灌木、草本、苔藓三层。灌木层盖度为 40% ~ 50%，建群种为吉拉柳，伴生种有高山绣线菊（*Spiraea alpina*）、金露梅（*Potentilla fruticosa*）、窄叶鲜卑花（*Sibirasa angustata*）等。草本层盖度为 30% ~ 40%，种类比较多，多为高山草甸成分，如珠芽蓼（*Ploygonum viviparum*）、球花蓼（*P. sphaerostachyum*）等。苔藓层发育中等，盖度为 50%，厚约为 10cm。

（4） 毛枝山居柳灌丛 （*Salix oritrepha* scrub）

本类型为青藏高原所特有，主要分布在青海和甘肃海拔 2960 ~ 4500m 的阴坡、半阴坡。分布区气候寒冷，土壤为高山灌丛草甸土。

群落高度为 0.8 ~ 1.2m，在海拔较高处的山地垭口成匍匐状，形成密集的群落，盖度达 80% ~ 90%。其中毛枝山居柳（*S. oritrepha*）占优势，盖度占 40% ~ 50%，伴生种有鬼箭锦鸡儿、金露梅等，盖度为 20% ~ 80%。草本层高为 10 ~ 20cm，盖度为 25% ~ 70%。伴生种有线叶嵩草（*Kobresia capilliflia*）、珠芽蓼（*P. viviparum*）等。

（5） 毛枝山居柳、金露梅灌丛 （*Salix oritrepha*，*Potentilla fruticosa* scurb）

在坡度较陡、土层较薄，特别是邻近半阳坡地段，往往出现毛枝山居柳与金露梅共优势群落，群落趋于稀疏，其他种类成分数量也下降。

（6） 金露梅灌丛 （*Potentilla fruticose* scrub）

金露梅灌丛广泛分布于青藏高原东部地区。海拔在祁连山东部为 3000 ~ 3700m，一般分布在阴坡、半阴坡和河谷，少量见于阳坡。分布区土壤主要为高山灌丛草甸土。

群落外貌呈灰绿色或灰褐色，植物生长发育一般良好，群落覆盖度为 60% ~ 80%，可分为灌木、草本两层。灌木层盖度为 40% ~ 50%，金露梅呈簇丛状，高为 50 ~ 100cm，是灌木层主要成分，常见伴生种有高山绣线菊、鬼箭锦鸡儿、毛枝山居柳等。草本盖度为 50% ~ 70%，种类较丰富，多为高山草甸成分，如常见的矮嵩草（*K. humilis*）、线叶嵩草、小嵩草（*K. pygmaea*）等。

（7） 合头草荒漠 （*Sympegma regelii* desert）

本类型是荒漠地区分布最广的类型之一。从兰州黄河以西，直至新疆、青海和内蒙古西部都有分布，研究区主要分布于接近莺落峡出山口低海拔处。建群种合头草生态幅很大，常见于覆有黄土的丘陵、砾质、石质的剥蚀残丘和干燥的石质坡地，以及山前冲积洪积平原。分布区土壤为灰钙土、棕钙土、石膏灰棕荒漠土和棕色荒漠土。

合头草的生态幅较宽，生命力强，在不同的生境中，形成不同的群落类型。在表土为黄土的生境，合头草常与尖叶盐爪爪（*Kalidium cuspidatum*）、星毛短舌菊（*Brachanthemum pulvinatum*）、多根葱（*Allium polyrrhizum*）、珍珠猪毛菜（*Salsola passerina*）、沙生针茅（*Stipa glareosa*）等构成群落。在地表以砾石或石质为主的剥蚀残丘、石质山地和冲积扇，合头草常与珍珠猪毛菜、红砂（*Reaumuria soongorica*）、短叶假木贼（*Anabasis breviflora*）组成群落或者单独形成群落。

（8）克氏针茅草原（*Stipa krylovii* steppe）

以克氏针茅为建群种构成的草原在我国境内的内蒙古高原，松辽平原的西半部，黄土高原的中西部以及荒漠区的山地，如贺兰山、祁连山、阿尔金山、天山、阿尔泰山都有分布，成为荒漠山地植被垂直带谱的一个重要组成部分，居于暖温型草原与高寒草原之间过渡位置，研究区主要分布于肃南县。所处地形有山间盆地、台地、山坡和坡麓。土壤为山地普通栗钙土。

克氏针茅草原的种类组成比较简单，反映了典型草原的特色。克氏针茅草原群落高度在30cm以下，生殖枝可达50~60cm，投影盖度最大不超过55%，一般仅为35%~40%。一般可分为上下两个亚层，上层由克氏针茅及少量高杂类草组成，下层由糙隐子草（*Cleistogenes squarrosa*）、寸草苔（*Carex duriuscula*）等组成。

（9）疏花针茅草原（*Stipa penicillata* steppe）

疏花针茅是一种寒旱生的密丛型禾草。由疏花针茅形成的山地草原群落，分布在祁连山西部、阿尔金山东部和天山北坡玛纳斯河上游，研究区主要分布于中部东西支汇合位置附近，海拔为2260~3400m，土壤类型为亚高山干寒草原棕灰色土与山地栗钙土。

群落盖度为30%~50%，草层高为15cm左右。疏花针茅为优势种，其他伴生植物有羊茅（*Feasuca ovina*）、紫花针茅（*S. purpurea*）、冰草（*Agropyron cristatum*）、薹草（*C. spp.*）等。具有向高寒草原过渡的性质。

（10）短花针茅、长芒草草原（*Stipa breviflora*，*S. bungeana* steppe）

短花针茅和长芒草为共优势种的草原是暖温型干草原向荒漠草原的一种过渡类型，研究区主要分布于肃南县海拔较低处。所处海拔高度在祁连山2200~2400m处。所处地形为山间盆地、山麓坡地和山坡，土壤为普通灰钙土、淡栗钙土。

群落中以短花针茅和长芒草为优势，群落结构一般为单层，叶层高5~10cm，穗高20~30cm，总盖度30%~45%。

（11）紫花针茅草原（*Stipa purpurea* alpine steppe）

紫花针茅草原是我国西部高原高山带的一个重要群系，是一种非常耐寒的旱生密丛禾草。研究区主要分布于肃南县及东支部分地区。在祁连山分布于海拔3300~4500m处。其生境有干旱山坡、山麓洪积、冲积扇，半阴坡、湖盆外缘、河谷高阶地、湖滨平原和高原夷平面。分布地区气候寒冷干旱，一般年平均气温为0~4.4℃，极端最低气温−32.6℃，极端最高气温 23.3℃，无大于 10℃的积温，年降水量为 150 ~ 300mm。一般土层较薄，多为砂质，含水量少，土壤通常发育原始，结构性差，石灰反应较强，主要为高山草原土，个别高海拔地区也出现淋溶高山草原土，但仅在底层有弱的钙积。

紫花针茅草原群落高为 20 ~ 30cm，盖度为 30% ~ 80%，其中紫花针茅分盖度可达 15% ~ 45%。常见的伴生种有羽柱针茅（*S. subsessiliflora* var. *basiplumosa*）、羊茅（*F. ovina*）等。

（12）小嵩草高寒草甸（*Kobresia pygmaea* alpine meadow）

小嵩草高寒草甸是我国高寒草甸中最主要的群落类型，广泛分布于青藏高原东南部寒冷半湿润区域的高山和高原，是高寒灌丛草甸高原地带主要的地带性典型景观群落之一，并在高原半干旱区南部的高山带阴坡有较多发育，是研究区分布面积最大的群系，主要分布于祁连县。分布区气候的基本特点是寒冷半湿润，常占据山坡、高原面、浑圆低山、排水良好的宽谷和阶地，分布海拔因地而异，主要分布在 4200 ~ 5000m，在青海多分布在 3200 ~ 4700m，在甘肃分布在 3200 ~ 3800m。分布区土壤为高山草甸土，土层较薄，表层多有厚约 10cm 的密集草根层，富含有机质，呈中性至微酸性。

群落的种类组成较为丰富，多为中生高山草类，覆盖度为 70% ~ 95%，小嵩草分盖度为 60% ~ 80%，草层低矮，多数种类株高仅 3 ~ 8cm，一般无层次分化，小嵩草在群落中的优势明显。草层低矮，群落组成比较丰富，伴生植物种类较多，且各地有所不同，常见的有矮嵩草、线叶嵩草等。

（13）矮嵩草高寒草甸（*Kobresia humilis* alpine meadow）

矮嵩草高寒草甸是高寒草甸的一种重要类型，研究区主要分布于西支托来山附近。但其分布区域和分布面积均远不及小嵩草草甸广泛。通常占据山地的阴坡、半阳坡和阴坡、浑圆低山、山前洪积扇和排水良好的阶地、宽谷及滩地。分布区海拔在 3000 ~ 4500m，少数地方达 5000m，呈现东低西高、北低南高的趋势。气候寒冷半湿润，土壤较疏松，草根层发育稍弱，属高山草甸土。

群落发育较好，群落盖度为 60% ~ 95%。结构简单，无层次分化，草层高 5 ~ 10cm。矮嵩草占绝对优势，分盖度 40% ~ 65%。常见伴生植物主要有小嵩草、线叶嵩草、喜马拉雅嵩草（*K. royleana*）等。

（14）细叶嵩草高寒草甸（*Kobresia filifolia* alpine meadow）

细叶嵩草高寒草甸主要见于新疆天山北坡和准噶尔西部山地的亚高山带与高山带，研究区主要分布于祁连县。群落组成中高山杂类草较多，多为高寒草甸常见种类。

（15）西藏嵩草、薹草沼泽化高寒草甸（*Kobresia schoenoides*，*Carex* spp. swamp alpine meadow）

这种草甸是沼泽化高寒草甸的主要群落类型之一，广泛分布于青藏高原的东北部。通常多占据排水不良、土壤过湿、土壤通透性较差的河滩、湖滨、山谷等低凹地段，在山麓潜水溢出带、高山平缓的鞍部溢口和高山冰雪带下缘也有分布。分布海拔为 3000 ~ 4800m，研究区主要分布于东西支源头附近。分布地地表常发育有"塔头"状草丘和热融凹地，低处多有季节性浅薄积水。土壤为沼泽草甸土。

群落外貌整齐、暗绿色，与分布在地势较高、排水良好而外貌黄绿色的其他嵩草草甸群落极易区分和识别。群落生长发育良好，覆盖度为60%~95%。草层较高，一般在15~30cm。通常西藏嵩草（*K. schoenoides*）可以形成单优势群落，但在有些地区与其他薹草（*Carex* spp.）形成共建群落。常见伴生植物主要有矮嵩草、甘肃嵩草（*K. kansuensis*）等。

（16）垂穗披碱草、垂穗鹅观草（*Elymus nutans，Roegneria nutans* alpine meadow）

垂穗披碱草、垂穗鹅观草草甸主要分布于青藏高原东部半湿润地区范围内，研究区主要分布于祁连县阿柔乡，分布面积不大，位于海拔3400~4200m相对温暖的向阳宽谷、阶地、丘陵低山下部缓坡和山麓，牲畜冬圈附近和多年弃耕地。分布地土壤相对深厚肥沃，水分适中，地表几无草根层结构。

群落的种类组成简单，垂穗披碱草的建群作用稳定，常可形成单优势群落。群落一般高大繁茂，草层高为30~40cm。群落的伴生植物主要有异针茅（*S. aliena*）、老芒麦（*Elymus sibiricus*）等。

（17）水母雪莲、风毛菊稀疏植被（*Saussurea medusa，Saussurea* spp. sparse vegetation）

水母雪莲、风毛菊稀疏植被在祁连山主要出现于北坡，其海拔在东段为3900~4300m，西段为4100~4500m，中段为4000~4300m，并可沿岩屑流石线降至海拔3200m。分布区土壤为高山寒漠土。

群落盖度小，地下部分不密闭，植株之间基本没有任何相互联系，群落结构简单，植物非常稀疏，盖度仅为5%~20%。在群落中除水母雪莲外尚有多种风毛菊，如栎叶风毛菊（*S. quercifolia*）、东方风毛菊（*S. orientalis*）、大雪兔子（*S. leucoma*）等。

（18）风毛菊、红景天、垂头菊稀疏植被（*Saussurea* spp.，*Rhodiola rosea*，*Cremanthodium* spp. sparse vegetation）

风毛菊、红景天、垂头菊稀疏植被占据海拔4500~5000m的丘状山顶、高山顶部，处于现代积雪线以下的季节性融冻区，积雪每年达10个月左右，昼夜温差大、风大、日照强烈。土壤为细砂土。

这里的风毛菊主要有水母雪莲（*S. medusa*）、绵头雪莲花（*S. laniceps*）、栎叶雪莲花（*S. quercifolia*）、苞叶风毛菊（*S. obovallata*）。红景天属的植物除红景天（*Rhodiola rosea*）外，尚有四裂红景天（*Rh. quadrifida*）、风尾七（*Rh. dumulosa*）。垂头菊属的植物有紫茎垂头菊（*Cremanthodium smithianum*）、矮垂头菊（*C. humile*）等。植株高为3~10cm，最高不超过30cm。

（19）青稞、春小麦、马铃薯、圆根、豌豆、油菜（Spring barley, spring wheat, potatoes, turnip, pea, rapeseed）

本类型主要分布在祁连县城附近及以下沿河谷地。分布区域的年平均气温为4.7~7.1℃，最热月平均气温为11~13℃，大于10℃的积温700~1400℃，平均极端最低气温为-20~-10℃，无霜期为120~176d，年降水量为200~600mm。

在祁连山主要种植青稞（*Hordeum vulgara* var. nudum）和油菜（白菜型的 *Brassica campestris* 和芥菜型的 *B. juncea*）。

2.1.2　黑河上游山区植被制图

植被图（vegetation map）是以反映植物群落为主要对象的专题地图，是植被生态学研究的重要内容。它是一个地区植被研究成果的具体表现和全面概括，是国家和地区的基础资源数据，广泛应用于植被与环境关系研究、植被动态监测、土地利用规划、环境管理、自然保护区及农林业管理等领域（田连恕，1993；Pedrotti，2013）。

植被制图中的植被分类受到不同学派的影响，根据制图目的和工作方法的不同，一般将植被图分为两大类，即综合性植被图和专门性（或应用性）植被图。综合性植被图在比例尺允许范围内反映区域全部植被类型，主要为研究和认识植被而编制，具有广泛的参考和应用价值，包括现实植被图、潜在植被图、复原植被图等；专门性植被图为了一定的生产目的或其他具体用途而编制，可以认为是综合性植被图的派生图，常用的有土地利用图、植物资源图等。植被图中最重要的是现实植被图，例如目前最常用的中国植被分布基础数据《中华人民共和国植被图（1∶1 000 000）》（简称1∶100 万中国植被图）就是现实植被图（中国科学院中国植被图编辑委员会，2007）。

植被制图早期主要基于野外调查及文献资料综述，并组合辅助资料（如地形图等）分析，制图效率较低，耗费时间长、存在时滞、费用较高，对于野外调查未到达区域精度无法保证（Xie et al.，2008）。随着 3S 技术的发展，遥感（remote sensing，RS）、地理信息系统（geographical information system，GIS）等在制图学中得到了广泛应用，制图精度得到大幅提高。遥感提供了将制图结果外推的可能性，尤其对于难于到达的区域（Domac and Süzen，2006）。用于植被制图的常用遥感传感器包括 Landsat、MODIS、AVHRR、SPOT，以及随着技术发展而出现的高空间分辨率传感器 IKONOS、QuickBird 等。高光谱数据可以提供更多的植被信息，但目前仅用于小尺度植被制图，在区域尺度制图中很少使用。传感器的选择应基于制图目的、经费、精度要求等。Landsat 系列卫星具有时间序列长和免费等优点，因而在区域尺度植被制图中得到广泛应用，Google Earth（http://earth.google.com/）影像是卫星影像与航拍数据的结合，整合了 QuickBird、IKONOS、Landsat 等卫星影像资料，在较小尺度制图工作中受到研究者的重视。

我国的植被制图工作始于 20 世纪 50 年代，全国性的植被图有 1980 年出版的《中华人民共和国植被图（1∶400 万）》，2007 年出版的 1∶100 万中国植被图及数字化版本，同时还有大量的区域性植被制图工作。目前最常用的中国植被分布基础数据 1∶100 万中国植被图是我国大尺度研究最常用的植被图，对于数据缺乏的西部地区是可获得的精度最高的植被图，但它为小比例尺植被图，在区域及较小尺度研究时其精度较低，无法满足相关研究需求。

在黑河流域，已经开展了一些基于遥感的生态区划、土地利用以及特定植被类型等的制图工作（韩涛，2002；胡孟春和马荣华，2003；Zhao et al.，2006；巩杰等，2014），但仍缺乏流域高精度植被图。编制《黑河流域上游干流区植被图（1∶10 万）》，可为构建流域生态水文综合模型提供更精确的植被数据，也可为后续生态、环境、水资源研究及管理提供基础数据（程国栋等，2014）。

1. 制图方法

以地面观察数据为主、综合各类遥感数据、1∶100 万中国植被图、气候、地形、地貌、土壤数据进行交叉验证，编制 1∶10 万黑河流域植被图。

（1）文献数据收集与分析

A. 数据收集

收集的资料主要包括：2007 年 1∶100 万中国植被图（中国科学院中国植被图编辑委员会，2007）；1988 年黑河流域 1∶100 万草场分布数据集；黑河流域生态–水文过程集成研究重大科学计划（黑河计划）中的生态水文样带调查数据（3 条主样带、1 条副样带）(冯起等，2013)；各类发表文献中有植被分布记录的数据；2012 年完成的 1∶10 万黑河流域土地利用图；中国第二次冰川编目数据；2010 年黑河流域道路数据；2008 年 1∶100 万黑河流域行政边界数据；2009 年黑河流域居民点数据；2009 年 1∶10 万河流数据；30m 分辨率的 ASTER GDEM 数字高程；气候数据；土壤数据；遥感影像资料［15m 分辨率 Landsat 系列影像，包括 2000～2014 年可用的多季节影像（http：//www. gscloud. cn/）；Google Earth 影像，部分区域分辨率可达到 1m，最低分辨率为 30～100m，（http：//earth. google. com/）］。数据中未单独指明来源的下载自寒区旱区科学数据中心（http：//westdc. westgis. ac. cn/）。

B. 数据分析

1）遥感影像处理。下载黑河流域 2000～2014 年多季节 15m 分辨率 Landsat 影像（数据云量不超过 10%），所有下载的遥感影像经过地形图几何校正后镶嵌而成。主要步骤包括：波段组合，地形图几何配准（采用多项式几何校正方法），再经过投影变换、数字镶嵌等处理工作。利用均方根误差法评价单景影像几何配准精度，利用采样法评价数字镶嵌影像精度，完成黑河流域遥感影像数字镶嵌图，包括 30m 分辨率波段 7 个（Landsat8），15m 分辨率波段 1 个。

2）植被分布数据矢量化。分析整理生态水文样带数据和植被分布文献资料数据，获取植物群落的地理坐标，在 ArcGIS 10.0 中，通过坐标对植物群落信息进行数字化处理，包括类型、地理坐标、海拔、地名、优势种等属性。

3）数据评估分析。对比分析 1∶100 万中国植被图，生态水文样带数据、植被文献数据、Google earth 数据、Landsat 数据、数字高程，再根据 1∶10 万黑河流域植被制图需求，确定需要进行野外补充调查的区域。

（2）野外调查

分别于 2013 年 4 月、6 月、7 月，2014 年 8 月、9 月及 2015 年 6～8 月进行了植被调查，多次对群落边界进行踏查，并对关键地段和主要群落类型进行了样方调查。采用样方法，对拟定的野外补充调查区域的植物群落进行调查，样方大小分别为：乔木 20m×20m、灌木 5m×5m、草本植物 1m×1m。记录样地基本状况和群落特征，包括样地经纬度、海拔、生境、地貌和土壤等属性，以及植物种类、多度等。

（3）数据整合

整合植被分布文献数据、黑河计划生态水文样带调查数据、野外补充调查数据，形成系统的植物群落分布地面观察数据。

（4）植被图编制

A. 分类标准、图例单位和系统

采用 1∶100 万中国植被图的分类标准、图例单位和系统，包括植被型组、植被型、群系、亚群系 4 个单位。对于在原图中本区域分类单位进行进一步确认，根据野外实地考察，添加原图中因分布区域过小未表示的类型及因区域环境变化而新出现的类型。

在比例尺和分辨率方面，主要底图的分辨率为 30m，TM 数据的分辨率为 15m 和 30m，Google Earth 数据分辨率最高为 1m，最低为 30~100m。综合考虑，本图的分辨率可达到 30m。

B. 制图原则

研究区海拔垂直变化剧烈，植被变化明显。采用地面观察数据、遥感影像、坡向、海拔、土壤、气候等资料相结合的方法制图。在具体制图时根据区域大小采用子流域边界及海拔等作为区域划分依据，并进一步分为子区域进行制图。对于植被类型的边界划分采用分层分类法，一次分析提取一种植被类型的信息，并消去已经提取的类型，将所剩的待分植被逐步减少，降低已分植被对剩余区域分类时产生的影响。对于无地面观察资料区域的制图，采用目视解译遥感影像，结合 1∶100 万中国植被图、地形、地貌、土壤、气候等资料综合判别的方法制图。根据制图精度，图斑面积应大于或等于 1000m²，对于面积小于 1000m² 的图斑，通过与其相邻图斑融合表现。

C. 植被图编制方法

根据地面观察数据，确定植物群落和特殊地物在遥感影像中的具体位置，判读其在遥感影像上所显示的形状、色调及纹理特征，建立目视解译标志。使用 30m 地形图、Landsat 高精度遥感影像、Google Earth、冰川数据，以及前述各类数据，提取全流域易于识别的地物，主要包括冰川、居民地、河流和湖泊等地物，以及青海云杉、栽培植被等植物群落。

海拔、坡向是决定黑河上游植被分布的主要因子。在黑河上游海拔、坡向特征分析的基础上，将分为 25 个区间的海拔图和分为 5 类的坡向图叠加，生成 178 853 个斑块的黑河上游干流海拔坡向图，将其作为植物群落制图单元。除上面已经完成制图的部分植物群落和特殊地物外，优先根据地面观察资料确定每个单元的植物群落类型。在无地面观察数据的区域，结合 1∶100 万中国植被图、Landsat 数据，Google Earth 影像、气候、土壤数据等逐一对植物群落分布单元进行分析，确定每一个单元的植物群落类型，形成初步的黑河上游植被图。

对于初步形成的植被图，再一次利用现有资料，包括 1∶100 万中国植被图、1988 年黑河流域 1∶100 万草场分布数据集、2012 年 1∶10 万黑河流域土地利用图、2010 年黑河流域道路数据、2009 年黑河流域居民点数据、2009 年 1∶10 万河流数据、地形数据、黑河计划气候数据、土壤数据、遥感影像资料进行一致性检查，确保 1∶10 万黑河流域植被图与气候、土壤、地形、现有相关图件和遥感资料逻辑相符。

2. 制图结果分析

《黑河流域上游干流区植被图（1∶10 万）》包含 7 个植被型组、8 个植被型、19 个群系（亚群系）。与1:100万中国植被图相比，1:10万黑河流域植被图增加了一个群系，为青稞、春小麦、马铃薯、圆根、豌豆、油菜，它隶属于栽培植被（植被型组）中一年一熟短生育期耐寒作物（无果树）(植被型)。

通过与《中华人民共和国植被图（1:1 000 000）》［图2-2（a）］对比，1:10万黑河流域植被图［图2-2（b）］更好地反映了区域植被分布特征和植物群落分布边界，群系和亚群系斑块数目从98个增加到3885个。其主要优势体现在：①大量野外调查数据为主与遥感影像目视解译相结合的方法，保证了植被图的准确性和精度；②与传统植被制图相比，采用高分辨率遥感数据，相对准确地提取和确定了植物群落边界；③黑河上游地形地貌复杂，采用坡向和海拔作为控制因素之一，使植被图与自然条件更为吻合；④与纯遥感反演形成的植被图相比，制图准确性更高。

图 例

■	针叶林
	灌丛
	荒漠
	草原
	草甸
	高山植被
	栽培植被
■	无植被地段

(a) 1:100万中国植被图图斑 (b) 1:10万黑河流域植被图图斑

图2-2　新旧植被分布对比

由于制图资料限制，1:10万黑河流域植被图仍存在一些局限性。由于种种原因，野外考察不能覆盖所有区域，对于影像难以区分的未考察区域，植被分类存在一定不确定性。植被制图的首要任务为确定植被的空间及分布，但大多数植被边界实际上是模糊的、缓慢变化的（Küchler and Zonneveld, 1988）。对于野外考察及遥感影像容易区分边界的类型，制图精度较高；而对于边界不明显、具有大范围过渡带的类型，制图精度较低。主要依据目视解译处理遥感影像，目视解译虽然费时，但在有一定经验基础上精度高于常用的监督分类和非监督分类。制图过程中，对研究区采用分区分类法和分层分类法增加了一定工作量，减少了不同类型间的相互干扰，提升了分类精度。

2.1.3　黑河山区植被格局及其影响因子

在自然界中，植物群落的空间分布是由不同尺度的环境因素（气候、地形地貌、土壤和土地利用）、空间因素（物种和群落间相对位置）和生物因素（生态位、扩散能力、协同与竞争）共同作用的结果。在大尺度上，气候要素是决定植被群落分布格局及其功能特性的最主要因素，在中小尺度上，尤其在山区，地形等因素影响着太阳辐射和降水的再分配、土壤发育等，往往是局部生境温湿度的良好指示，对植被分布有决定性作用（周广胜和王玉辉；2003）。研究区地形变化剧烈，气候数据分辨率较低，因此主要分析了区域植被型组的分布与海拔、坡度、坡向的关系。使用的数据主要为《黑河流域上游干流区植被图（1：10 万）》及 30m 分辨率的 ASTER GDEM 地形数据。

在研究区内，7 种植被型组及其所占面积比为针叶林 6.33%、灌丛 15.97%、荒漠 0.92%、草原 11.15%、草甸 43.87%、高山植被 19.62%、栽培植被为 0.48%、其他无植被地段（冰川、水系等）为 1.66%。

1. 植被与海拔关系

海拔对植被分布的影响主要表现为由于海拔升高引起水热条件的变化。随着海拔升高，平均温度逐渐降低，降水的分布呈现单峰型变化，高海拔区域辐射强烈、空气稀薄、风速大等因素也对植被有一定影响。

海拔分布图使用 ASTER GDEM 数据，黑河上游海拔分布范围为 1668 ~ 5062m，采用 400m 间隔，由低到高分为 1668 ~ 2000m、2000 ~ 2400m、2400 ~ 2800m、2800 ~ 3200m、3200 ~ 3600m、3600 ~ 4000m、4000 ~ 4400m、4400 ~ 5062m 共 8 个梯度（图 2-3）。统计结果显示海拔 89.64% 集中于 2800 ~ 4400m，23.1% 分布于 3200 ~ 3600m（表 2-2）。

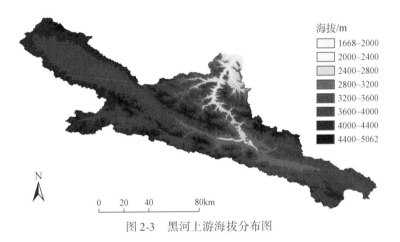

图 2-3 黑河上游海拔分布图

表 **2-2** 黑河上游海拔分布

海拔梯度	海拔范围/m	所占比例/%	海拔梯度	海拔范围/m	所占比例/%
1	1668 ~ 2000	0.20	5	3200 ~ 3600	23.10
2	2000 ~ 2400	1.35	6	3600 ~ 4000	32.68
3	2400 ~ 2800	3.95	7	4000 ~ 4400	22.80
4	2800 ~ 3200	11.06	8	4400 ~ 5062	4.86

将植被图与海拔分级图叠加后统计可以得到植被的主要分布海拔区间。针叶林主要分布在 2800 ~ 3600m，灌丛主要分布在 3200 ~ 4000m，荒漠位于 2800m 以下，草原分布在 2400 ~ 4000m 较广区间，草甸主要分布在 3200 ~ 4400m，高山植被主要分布在 3600m 以上区间，栽培植被位于 2400 ~ 3200m（图 2-4）。在各海拔梯度内，海拔 2000m 以下主要为

荒漠，2000～2400m 为荒漠和草原，2400～3200m 为草原和针叶林，3200～3600m 为草甸和灌丛，3600～4000m 为草甸，4000～4400m 为高山植被和草甸、4400m 以上以高山植被为主（图 2-5）。

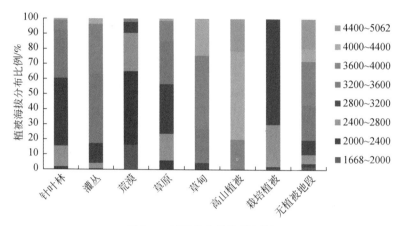

图 2-4　植被分布的海拔区间

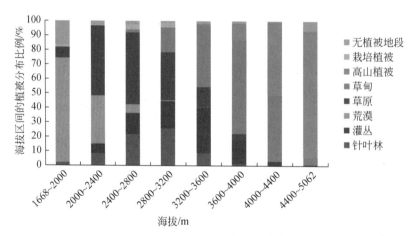

图 2-5　海拔区间内的植被分布

2. 植被与坡向的关系

坡向对植被的影响主要通过影响光照条件实现，阳坡光照强度大、光照时间长；阴坡光照强度弱、光照时间短。光照强度和时间的差异造成阳坡地表温度、温度变幅、水分蒸发等高于或大于阴坡，空气湿度和土壤含水量低于阴坡，植被通过长期适应在不同坡向上的分布产生了差异。

根据与正北方向的角度将坡向重新分为 5 类，包括平地、阴坡（0°～45°，315°～360°）、半阴坡（45°～90°，270°～315°）、半阳坡（90°～135°，225°～270°）、阳坡（135°～225°），除平地极少外，其他坡向面积相近，各约为 25%（图 2-6，表 2-3）。

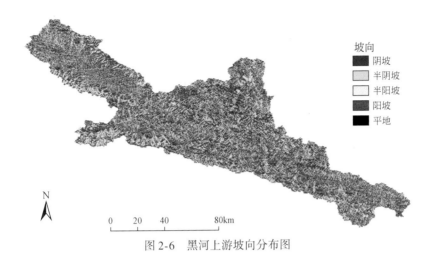

图 2-6　黑河上游坡向分布图

表 2-3　黑河上游坡向分布

坡向梯度	坡向范围	所占比例/%	坡向梯度	坡向范围	所占比例/%
阴坡	0°~45°，315°~360°	25.72	阳坡	135°~225°	24.56
半阴坡	45°~90°，270°~315°	25.29	平地		0.15
半阳坡	90°~135°，225°~270°	24.28			

　　将植被图层与坡向图层叠加分析各植被类型分布规律可知，针叶林80%以上分布于阴坡半阳坡，灌丛60%以上分布于阴坡半阴坡，草原60%以上分布于阳坡半阳坡，其他植被在各个坡向上分布差异较小（图2-7）。各个坡向上植被的分布比例与植被面积比相似，针叶林、灌木、草原所占面积比有与前述面积变化相似规律（图2-8）。

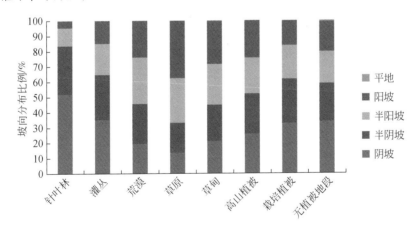

图 2-7　植被在不同坡向的分布差异

3. 植被与坡度的关系

坡度对植被的影响主要通过影响土壤性质实现，不同坡度单位面积太阳辐射不同，土

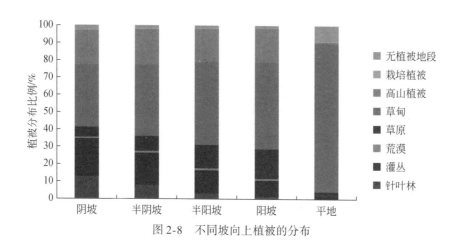

图 2-8　不同坡向上植被的分布

壤与水分流失不同。坡度大的区域土层薄、水分少、容易产生水土流失及滑坡等，坡度小的区域土层较厚，水分含量较多。相比于海拔和坡向，坡度是影响植被分布的次要因素。

参考森林调查标准将坡度分为 6 级，1 级（0°～5°）为平坡；2 级（5°～15°）为缓坡；3 级（15°～25°）为斜坡；4 级（25°～35°）为陡坡；5 级（35°～45°）为急坡；6 级（45°～78°）为险坡。上游除东西支干流为宽阔河谷外，大多数地区为山地，5°以下区域不足 20%，15°以上区域面积超过 50%（图 2-9，表 2-4）。

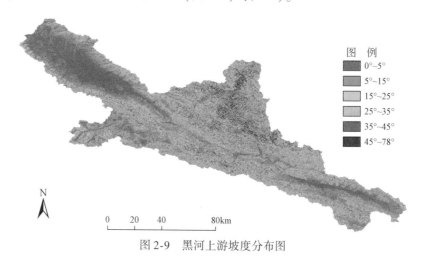

图 2-9　黑河上游坡度分布图

表 2-4　黑河上游坡度分布

坡度梯度	坡度范围	所占比例/%	坡度梯度	坡度范围	所占比例/%
1	0°～5°	13.36	4	25°～35°	18.17
2	5°～15°	31.53	5	35°～45°	9.24
3	15°～25°	25.61	6	>45°	2.09

根据统计结果，针叶林多分布于坡度相对大的区域，灌丛和草甸多分布于坡度相对较小处，可能与该位置水分较多有关，栽培植被大多分布于小于 15° 的区域（图 2-10）。在 0°~5° 的区域草甸的分布达到 80% 以上，随着坡度增加草甸占比减少，针叶林和草原占比增加（图 2-11）。

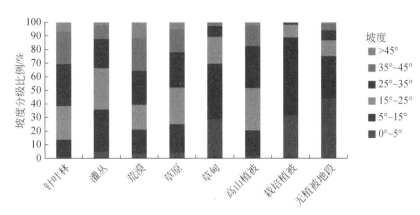

图 2-10　植被在不同坡度处的分布差异

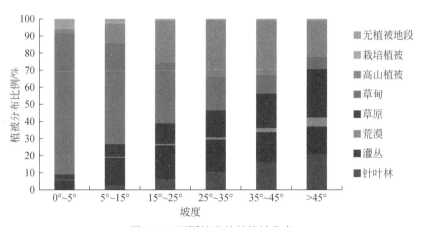

图 2-11　不同坡度处的植被分布

2.2　黑河山区的植被分布模拟

2.2.1　植被分布模型及其在高寒山区的适用性

植被图提供植物群落和物种空间分布的重要基础信息，并可为资源管理、生物多样性保护、生态系统服务评价提供重要参考（Newell and Leathwick，2005；Ohmann et al.，2014）。

预测植被制图是使用模型映射环境变量来确定植被的地理分布的一种科学方法（Franklin，1995）。如同 Franklin（2010）所描述，机器学习方法不受数据分布的影响，不需要预先假设数据的分布类型，相比于传统的植被制图方法可以得到更真实的结果。这类新的方法包括支持向量机（support vector machines，SVM）、人工神经网络（artificial neural networks，ANN）、分类树（classification trees，CT）、随机森林（random forest，RF）等（Hastie et al.，2009）。预测植被制图有希望解决传统植被制图和图像分类的一些缺点并综合两者的优点，得到更精确的植被图（Cawsey et al.，2002；Newell and Leathwick，2005；Franklin，2010）。

生态模型的发展极大促进了对生态系统及其与其他相关系统关系的理解。生态学模型的主要基础是生态学知识、数据和建模方法，基于合理的生态学理论，使用恰当的数据和方法可以更好促进我们对生态系统过去、现状的研究和对未来的预测。植被分布模型研究的精度主要受使用的模型及数据所影响。

植被分布模型根据模型建立的基础分为统计模型和机理模型。早期的植被分布模型基于统计学相关性，建立植被与气候等环境因子的关系，多为统计模型，如气候–植被分类的 Holdridge 模型（Holdridge，1947）、Troll 和 Paffen 分类方案、Whittaker 分类方案（周广胜和王玉辉，2003）。随着生态学等学科研究的深入，对影响植物光合、蒸腾、生长与更新演替等机理过程有了越来越多的认识，逐步发展了一系列机理模型模拟植被的分布，如 BIOME 系列模型（Prentice et al.，1992；倪健，2002）、DOLY 模型（Woodward，1987）、MAPSS 模型（Neilson et al.，1992）。

随着统计学及计算机科学的发展，新的统计方法与机器学习等方法不断涌现，极大促进了其他学科的发展，受益于此，生态模型方法也更加丰富。前述的植被模型如 Holdridge 模型、BIOME 模型、LPJ 模型等大多用于大尺度研究，而对于景观尺度的植被分布模拟则精度较低、近些年发展的基于统计和机器学习的方法较好解决了景观尺度植被分布模拟问题。应用这些方法的模型可以分为三类：回归模型、机器学习模型、基于距离或者专家系统的模型（Franklin，2010）。

回归模型主要有广义线性模型（generalized linear model，GLM）、广义加法模型（generalized additive models，GAM）、多元适应性回归样条（multivariate adaptive regression splines，MARS）等。广义线性模型为常规正态线性模型的推广，它不需要响应变量必须服从正态分布，响应变量可以服从指数分布族中的任何概率分布，如二项分布、伽马分布和负二项分布等，同时允许数据结构中存在非线性和非常数方差。因此，广义线性模型比经典的高斯分布模型更加灵活，能更好地分析生态学中的相关关系。在广义线性模型中，由预测变量的组合构成线性预测值并通过联系函数与响应变量的期望值联系起来。广义加法模型为广义线性模型的非参数化扩展，它用平滑函数来代替广义线性模型中的回归系数，通过联系函数建立响应变量的均值与预测变量的平滑函数之间的关系。它比广义线性模型更灵活，能处理响应变量和预测变量之间的高度非线性和非单调相关关系。

机器学习模型可用于解决监督分类问题，部分机器学习模型为黑箱模型，精度较高，但是无法获得直观的相关关系。主要的机器学习模型有：分类树、随机森林、神经网络模型、最大熵模型（maximum entropy model，MAXENT）。分类树是一种非参数化的分类技术，它不需要预先假设因变量和自变量之间的关系，而是根据因变量，利用递归划分法，将由自变量定义的空间划分为尽可能同质的类别（Hastie et al.，2009）。每一次划分都由自变量的一次最佳划分值来完成，将数据分成两部分，重复此过程，直到数据不可再分。分类回归树算法由树生长和树剪枝二个步骤组成。随机森林利用 bootstrap 重抽样方法从原始样本中抽取一定量样本，对每个 bootstrap 样本进行决策树建模，然后综合多个决策树的预测结果，通过投票得出最终预测结果（Gislason et al.，2006；Hastie et al.，2009）。大量的理论和实证研究表明随机森林具有很高的预测准确率，对异常值和噪声不敏感，且不易出现过拟合。支持向量机的原理是寻找一个满足分类要求的最优分类超平面，使得该超平面在保证分类精度的同时使超平面两侧的空白区域最大化，理论上能够实现对线性可分数据的最优分类（Cortes and Vapnik，1995）。近些年的模型研究表明随机森林和支持向量机是解决分类问题的精度较高的方法。

基于距离或专家系统的方法主要有生物气候分室模型及基于专家打分的系统等。生物气候分室模型（bioclimatic envelope model，BEM）认为每个植物种只能在某个特定的气候因子如温度和湿度限定范围内生存，这个范围决定了该物种的气候分室，反映了物种温度（能量需求、冷/热耐受性）和水分平衡（与蒸腾需求相关的降雨量和时间）的限制作用，如果某个地区的气候特征超出这个范围，那么该物种便无法在此处生长（Busby，1991）。理论上如果一个植物种的气候空间存在并被正确参数化，可用来评价该植物种的现状分布范围，并预测其未来的潜在和最佳分布范围，但是该方法忽略了气候变量之间可能的相互作用、气候变量作用的等同性，并对外部干扰敏感，限制了该模型的使用（王娟和倪健，2006）。专家系统精度较高，但是需要对研究区有丰富经验的专家进行评价和打分等来进一步分析植被的分布，因此其应用也受到限制。

植被分布模型中使用的数据主要包括植被数据和环境数据。植被数据需要足够的样本用于模型的训练和验证，而且应考虑样本的代表性和尺度问题。环境数据主要包括气候数据、地形数据和遥感数据等。气候数据主要包括温度、降水、太阳辐射等数据。气候变量的季节性及极值等也对植被分布有很大影响。地形因子主要包括海拔、坡度、坡向等因子和基于这些因子计算的小环境因子如地形、湿度、辐射等。土壤因子和地质因子也对一些类型的分布有很大影响。遥感数据为对植被和地表特征的观测，并非植被分布的环境，但反映了植被对不同光谱的辐射反射特征，不同植被因组成物种的不同而具有不同的光谱特征，为遥感植被判别提供了理论基础。自 20 世纪 60 年代遥感技术出现以来，出现了大量的航空以及卫星传感器。遥感图像的主要差异体现在光谱和空间分辨率、辐照和时空特征等方面。目前在植被制图中使用较多的遥感影像主要来自 Landsat、SPOT、MODIS、AVHRR、IKONOS、QuickBird 等遥感数据。

分布于高山的植被比分布于温暖的低海拔区域的植被对气候变化更加敏感，同时高山区域庇护所很少，因而高山区域植被制图及分布研究非常必要（Zimmermann and Kienast，1999；Mark et al.，2000）。环境梯度的迅速变化、微地形的差异、海拔的剧烈变化使得精确的高山区域植被制图非常困难。在高山区域，植被的分布主要受水分和温度的控制，太阳辐射和风也会影响植被的分布。尽管气候在高山区域控制着植被的分布，但气候受地形影响，且局地小气候测量非常困难，因此在植被分布模拟中，地形作为气候的替代变量广泛使用。相比于湿润区域，干旱区高山植被制图更加复杂。典型的干旱区高山植被在低海拔区域为荒漠，随着海拔上升出现草原、森林、灌丛、草甸、高山植被等，直到山顶的冰川，在几十千米的水平距离内出现剧烈的植被变化。对于高山植被发展可靠和精确的植被制图方法非常必要，尤其对于不发达和偏远的区域。相比于基于大量野外调查的制图方法，基于遥感、地形等多源数据的植被分布模型可以在较快的时间得到一定精度的植被分布图。

2.2.2　黑河上游山区的植被分布模拟

黑河流域上游所在的祁连山位于青藏高原东北缘、青海省东北部与甘肃省西部，区域植被为典型的干旱区高山植被，是对高度异质性植被分布模拟的理想研究区。

1. 使用数据

（1）地形和气候数据

ASTER GDEM 地形数据（30m 分辨率）下载自寒区旱区科学数据中心（http://westdc. westgis. ac. cn/），由 ASTER GDEM 地形数据得到海拔，使用 ArcGIS 10.0 的 spatial analysis 工具计算坡向和坡度。它们是植被分布模型中广泛使用的地形变量。

气候数据为 1km 分辨率的 WorldClim 数据（Hijmans et al., 2005）（http://www. worldclim. org/），在 ArcGIS 10.0 中使用最邻近法重采样为 30m×30m 分辨率。下载的数据包括年均温、最热月平均温度、最冷月平均温度、年降水量。这些气候变量对植被分布有重要影响（Franklin, 2010），在植被模型中经常被用作生物气候限制因子（Sitch et al., 2003）。

（2）植被数据

用于模型训练和精度评价的植被数据来自以下几个方面：在 2013 年 4 月、2013 年 7 月、2014 年 9 月开展的野外植被调查数据，黑河生态水文样带数据（冯起等，2013），寒区旱区科学数据中心中黑河植被分布相关数据（http://westdc. westgis. ac. cn/），发表文献中的植被样点数据等。这些数据包含样点经纬度、海拔、植被覆盖度、物种组成和丰富度、植被高度等信息。搜集到的数据总共覆盖了 1220 个植被样点，其中 1007 个样点用于训练模型，213 个样点用于模型精度评价。每一个群系包含 51~60 个植被样点数据；每一个植被型组使用该植被型组内所有群系的植被样点数据，植被型组包含 51~260 个数据点。研究区植被型只比植被型组多一个，该植被型（高寒草原）使用遥感数据难于和同属于草原植被型组中的温性草原区分。因此我们使用了两个分类等级，即植被型组和群系来进行植被判别和模拟研究。使用 1:100 万中国植被图作为验证图用于模型精度评价。

（3）光谱和地理空间数据

夏季（2013 年 7 月）、秋季（2013 年 10 月初）、冬季（2014 年 1 月）的 Landsat 8 OLI 影像数据（WRS-2 path 133，row 34；WRS-2 path 133，row 33；WRS-2 path 134，row 31）下载自美国地质勘探局（United States Geological Survey，USGS）网站（http://

www. usgs. gov／）和地理空间数据云（http：//www. gscloud. cn/）。图像预处理包括地理校正、辐射校正、FLASSH 大气校正及图像裁剪镶嵌等，预处理工具为 ENVI 5.1。使用的7 个波段属性见表 2-5。

表 2-5　**Landsat 8 OLI 传感器的波段特征**

波段	类型	波长/μm	分辨率/m
1	蓝色波段（Coastal）	0.433 ~ 0.453	30
2	蓝绿波段（Blue）	0.450 ~ 0.515	30
3	绿波段（Green）	0.525 ~ 0.600	30
4	红波段（Red）	0.630 ~ 0.680	30
5	近红外波段（NIR）	0.845 ~ 0.885	30
6	短波红外波段 1（SWIR1）	1.560 ~ 1.660	30
7	短波红外波段 2（SWIR2）	2.100 ~ 2.300	30

植被光谱反射为植被、环境因子、阴影、土壤颜色和湿度的复杂混合结果。研究表明光谱植被指数相比于单个光谱波段可以更好地反映植被类型和物候等信息（Bannari et al.，1995）。光谱植被指数广泛应用于植被和土地覆盖分类，是遥感在生态学应用的核心（Cohen and Goward，2004）。光谱植被指数可用于植被分类并可以对植被生物物理特征进行持续观测和估算。最常用的植被指数为归一化植被指数（normalized differential vegetation index，NDVI）。本研究使用了 14 个植被指数用于寻找区分植被的最优指数。使用的植被指数如下。

1）比值植被指数（ratio vegetation index，RVI）（Pearson and Miller，1972），绿色健康植被覆盖地区的 RVI 远大于 1，而无植被覆盖的地面（裸土、人工建筑、水体、植被枯死或严重虫害的地面）的 RVI 在 1 附近。植被的 RVI 通常大于 2。当植被盖度较高时，RVI 对植被十分敏感；当植被覆盖度<50% 时，敏感性显著降低。RVI 是绿色植物的灵敏指示参数，与叶面积指数（leaf area index，LAI）、叶生物量、叶绿素含量相关性高，可用于检测和估算植物生物量。

$$RVI = \frac{NIR}{Red} \tag{2-1}$$

式中，RVI 为比值植被指数；NIR 为近红外波段反照率；Red 为红波段反照率。波段信息见表 2-5。

2）亮度指数（brightness index，BI）为穗帽变换后的第一分量，反映了土壤的亮度信息（Crist et al.，1986）。

$$BI = 0.2909\,Blue + 0.2493\,Green + 0.4806\,Red + 0.5568\,NIR + 0.4438\,SWIR1 + 0.1706\,SWIR2 \tag{2-2}$$

式中，BI 为亮度指数；Blue 为蓝绿波段反照率；Green 为绿波段反照率；Red 为红波段反照率；NIR 为近红外波段反照率；SWIR1 为短波红外波段 1 反照率；SWIR2 为短波红外波段 2 反照率。波段信息见表 2-5。

3）绿度植被指数（green vegetation index，GVI）为穗帽变换后的第二分量，主要反映了来自植被的信息（Crist et al.，1986）。

$$GVI = -0.2728Blue - 0.2174Green - 0.5508Red + 0.7221NIR + 0.0733SWIR1 - 0.1648SWIR2$$

$$(2-3)$$

式中，GVI 为绿度植被指数；Blue 为蓝绿波段反照率；Green 为绿波段反照率；Red 为红波段反照率；NIR 为近红外波段反照率；SWIR1 为短波红外波段 1 反照率；SWIR2 为短波红外波段 2 反照率。波段信息见表 2-5。

4）湿度指数（wetness index，WI）为穗帽变换后的第三分量，与土壤特征及湿度相关（Crist et al.，1986）。

$$WI = 0.1446Blue + 0.1761Green + 0.3322Red + 0.3396NIR - 0.6210SWIR1 - 0.4186SWIR2$$

$$(2-4)$$

式中，WI 为湿度指数；Blue 为蓝绿波段反照率；Green 为绿波段反照率；Red 为红波段反照率；NIR 为近红外波段反照率；SWIR1 为短波红外波段 1 反照率；SWIR2 为短波红外波段 2 反照率。波段信息见表 2-5。

5）差值植被指数（differenced vegetation index，DVI），对土壤背景的变化极为敏感，当植被覆盖度大于 80% 时对植被的敏感度下降，适用于植被发育早期和中期以及低覆盖、中覆盖度植被检测（Clevers，1986）。

$$DVI = NIR - Red \qquad (2-5)$$

式中，DVI 为差值植被指数；Red 为红波段反照率；NIR 为近红外波段反照率。波段信息见表 2-5。

6）绿度比值（green ratio，GR）用于美国草原植被的区分（Price et al.，2002）。

$$GR = \frac{NIR}{Green} \qquad (2-6)$$

式中，GR 为绿度比值；Green 为绿波段反照率；NIR 为近红外波段反照率。波段信息见表 2-5。

7）近红外比值（MIR ratio，MIR）用于美国草原植被的区分（Price et al.，2002）。

$$MIR = \frac{NIR}{SWIR1} \qquad (2-7)$$

式中，MIR 为近红外比值；NIR 为近红外波段反照率；SWIR1 为短波红外波段 1 反照率。波段信息见表 2-5。

8）土壤校正植被指数（soil adjusted vegetation index，SAVI）在用于区分植被时降低了土壤背景的影响，改善了植被指数与叶面积的线性关系（Huete，1988）。

$$SAVI = \frac{1.5 (NIR - Red)}{NIR + Red + 0.5} \qquad (2-8)$$

式中，SAVI 为绿度植被指数；Red 为红波段反照率；NIR 为近红外波段反照率。波段信息见表 2-5。

9）优化土壤校正植被指数（optimization of soil-adjusted vegetation index，OSAVI）降低了土壤背景的影响，改善了植被指数与叶面积的线性关系，与土壤校正植被指数的差异在于采用了不同的土壤线常数（Rondeaux et al.，1996）。

$$OSAVI = \frac{1.16\ (NIR-Red)}{NIR+Red+0.16} \tag{2-9}$$

式中，OSAVI 为优化土壤校正植被指数；Red 为红波段反照率；NIR 为近红外波段反照率。波段信息见表 2-5。

10）大气阻抗植被指数（atmospherically resistant vegetation index，ARVI）是对 NDVI 的改进，使用蓝绿波段矫正大气散射的影响，常用于大气气溶胶浓度高的区域（Kaufman and Tanre，1992）。

$$ARVI = \frac{NIR-\ (2Red-Blue)}{NIR+\ (2Red-Blue)} \tag{2-10}$$

式中，ARVI 为大气阻抗植被指数；Blue 为蓝绿波段反照率；Red 为红波段反照率；NIR 为近红外波段反照率。波段信息见表 2-5。

11）归一化植被指数（NDVI）（Rouse Jr，1974），用于检测植被生长状态、植被覆盖度和消除部分辐射误差等，取值范围为 $-1 \leq NDVI \leq 1$，负值表示地面覆盖为云、水、雪等，对可见光高反射，0 表示有岩石或裸土等，NIR 和 Red 近似相等；正值表示有植被覆盖，且随覆盖度增大而增大。NDVI 用非线性拉伸的方式增强了 NIR 和 Red 的反射率的对比度。NDVI 对高植被区具有较低的灵敏度。

$$NDVI = \frac{NIR-Red}{NIR+Red} \tag{2-11}$$

式中，NDVI 为归一化植被指数；Red 为红波段反照率；NIR 为近红外波段反照率。波段信息见表 2-5。

12）增强植被指数（enhanced vegetation index，EVI）通过加入蓝绿波段以增强植被信号，矫正了土壤背景和气溶胶散射的影响，常用于植被覆盖度高的区域（Huete et al.，2002）。

$$EVI = 2.5 \frac{NIR-Red}{NIR+6\times Red-7.5\times Blue+1} \tag{2-12}$$

式中，EVI 为增强植被指数；Blue 为蓝绿波段反照率；Red 为红波段反照率；NIR 为近红外波段反照率。波段信息见表 2-5。

13）归一化耕作指数（normalized difference tillage index，NDTI）对土壤类型和土壤湿度较敏感，能去除探测器扫描角度引起的噪声，对传统耕作区能够有效监测枯枝落叶层的覆盖信息（Van Deventer et al.，1997）。

$$NDTI = \frac{SWIR1-SWIR2}{SWIR1+SWIR2} \tag{2-13}$$

式中，NDTI 为归一化耕作指数；SWIR1 为短波红外波段 1 反照率；SWIR2 为短波红外波段 2 反照率。波段信息见表 2-5。

14）归一化衰败植被指数（normalized difference senescent vegetation index，NDSVI），利用了短波红外波段对植被的含水量敏感的特点，当植被衰败枯落时，该指数随着含水量的减小而增大（Marsett et al.，2006）。

$$NDSVI = \frac{SWIR1 - Red}{SWIR1 + Red} \tag{2-14}$$

式中，NDSVI 为归一化衰败植被指数；Red 为红波段反照率；SWIR1 为短波红外波段 1 反照率。波段信息见表 2-5。

土壤植被指数组合了土壤和植被的反射状况。在土壤植被指数计算时，不同植被辐射比不同。为了便于研究，我们在土壤植被指数和优化土壤植被指数中分别使用了固定的校正参数 1.16 和 1.5（Huete，1988；Rondeaux et al. 1996）。

本书将 Landsat 8 OLI 地表反照率和光谱植被指数称为光谱变量，其他变量称为地理空间变量。本书共使用了 7 个地理空间变量和 63 个光谱变量（对夏秋冬 3 个季节各有 7 个地表反照率及 14 个光谱植被指数），所有变量重采样为 Landsat 8 OLI 的栅格大小，该数据为用作植被区分的主要数据。使用了 19 个变量组合（表 2-6）生成分类树和随机森林模型。变量组合 1~8 包含 1 种地理空间或者光谱变量，组合 9 包含所有地理空间变量，组合 10~15 包含地理空间变量和一组额外的地表反照率或者光谱植被指数，组合 16~18 为地理空间变量和同一季节的地表反照率及光谱植被指数。组合 19 使用了所有变量。

表 2-6　模型使用的变量组合

变量	变量组合																		
	1	2	3	4	5	6	7	8	9	10	11	12	13	14	15	16	17	18	19
地理空间变量																			
地形变量	√								√	√	√	√	√	√	√	√	√	√	√
气候变量		√							√	√	√	√	√	√	√				√
光谱变量																			
夏季地表反照率			√							√						√			√
秋季地表反照率				√							√						√		√
冬季地表反照率					√							√						√	√
夏季植被指数						√							√		√				√
夏季植被指数							√							√					√
秋季植被指数								√							√			√	√

2. 植被分布模型

本书使用分类树、随机森林、最大似然法三种模型模拟植被分布。分类树有可视化的结构并使用分类回归树算法生成分类规则（Hastie et al.，2009）。不同的分类树有不同的分类规则，本书研究使用的分类树有 5 层，最小父节点为 40 个样本，最小子节点为 10 个样本。

随机森林在生态学土地覆盖及植被分类研究中得到成功应用（Cutler et al.，2007；Corcoran et al.，2013）。随机森林算法提升了分类精度，并对包含噪声的数据集不敏感（Gislason et al.，2006），随机森林也可以对变量的重要性进行评估，提供了变量贡献的量化分析（Gislason et al., 2006; Corcoran et al., 2013）。随机森林模型使用 EnMAP Box（Van der Linden et al., 2015）的默认设置生成，包含 100 个分类树，节点计算使用 GINI 系数。

最大似然法广泛应用于监督分类，并被认为是解决分类问题的最佳分类方法之一（Franklin, 2010; Burai et al., 2015）。算法基于高斯概率密度函数模型（Gaussian probability density function model），每个像元的类别定义为具有最高概率的类型。训练样本的数量必须大于变量的数目，因此对于最大似然法使用了变量组合 1~5、组合 9~12 和组合 19，其中组合 19 未加入植被指数。

使用 19 个变量组合的分类树和随机森林模型，10 个变量组合的最大似然法模型，进行预测植被制图，共生成了 48 个植被图。分类树和随机森林的结果中包含变量重要性信息，指示变量对植被判别的作用和重要性。

3. 模型评估

未用于模型训练的 213 个野外调查点作为验证点来评估模型的整体精度和 kappa 系数。kappa 系数是评价测量目标影像与参照影像一致性的方法。该方法忽略了"偶发的精确"，计算出的误差可以对比两幅图的变化量。通过对两幅图逐点对照，计算同类型栅格重合的数目与整幅图栅格点数目的比例来得到图中某一类型的 kappa 系数。对于 kappa 系数（Landis and Koch, 1977），定义 0.7~1.0 为非常好，0.55~0.7 为好，0.4~0.55 为可以接受，0.2~0.4 为较差，0~0.2 为非常差。

4. 模型预测植被分布

（1）植被模型和精度评价

使用的植被模型无法精确区分群系分布，对群系分布模拟的整体精度和 kappa 系数分别低于 40.00% 和 0.2，表明模拟结果很差。

使用的植被模型可以区分植被型组级别的植被分布。使用复杂变量组合（组合 9~19）生成的植被图的精度和 kappa 系数高于简单变量组合（组合 1~8），在简单变量组合中，地形变量组合产生最高的精度和 kappa 系数。使用验证点评估精度时（表 2-7），分类树模型表现最好的为变量组合 8，精度为 68.75%，kappa 系数为 0.55。使用变量组合 13 的随机森林模型的精度最高，精度为 75.00%，kappa 系数为 0.64。使用变量组合 12 的最大似然法模型最好，精度为 67.86%，kappa 系数为 0.56。使用植被图进行精度评估时（表 2-8），在所有模型中变量组合 9~19 优于变量组合 1~8。使用变量组合 18 的分类树模型最好，精度为 57.31%，kappa 系数为 0.47。使用变量组合 15 的随机森林模型的精度最高，为 65.60%，kappa 系数为 0.52。使用变量组合 19 的最大似然模型最好，精度为 63.84%，kappa 系数为 0.51。使用植被图验证精度最高的分类树、随机森林、最大似然法模型的预测植被图和黑河上游植被图的对比见图 2-12。

表 2-7　使用验证点的评价精度

变量组合	分类树		随机森林		最大似然法	
	精度/%	kappa 系数	精度/%	kappa 系数	精度/%	kappa 系数
1	54.91	0.39	63.39	0.50	63.39	0.50
2	37.95	0.25	52.68	0.37	47.77	0.33
3	54.91	0.34	54.46	0.37	37.05	0.25
4	50.89	0.34	52.23	0.37	41.52	0.28
5	50.00	0.35	58.93	0.46	59.82	0.47
6	49.11	0.29	57.14	0.41		
7	60.27	0.43	54.46	0.40		
8	68.75*	0.55*	60.27	0.47		
9	54.46	0.38	68.30	0.56	62.50	0.48
10	57.14	0.42	72.77	0.62	61.61	0.49
11	64.73	0.50	63.84	0.50	62.95	0.49
12	61.61	0.48	70.09	0.59	67.86*	0.56*
13	59.82	0.45	75.00*	0.64*		
14	57.59	0.42	66.52	0.53		
15	59.38	0.45	73.21	0.62		
16	59.82	0.45	71.88	0.61		
17	57.59	0.42	60.27	0.45		
18	59.38	0.45	71.43	0.60		
19	59.82	0.46	70.98	0.59	66.07	0.52

注：标记 * 的为最优模型，变量组合见表 2-6

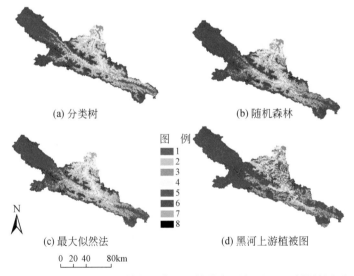

(a) 分类树　　　　　　　　　　(b) 随机森林

图　例
1
2
3
4
5
6
7
8

N

(c) 最大似然法　　　　　　　　(d) 黑河上游植被图

0　20　40　　80km

图 2-12　三种模型得到的精度最高的植被分布图与黑河上游植被图对比

数字代表的植被型组参见表 2-1

表 2-8　使用植被图验证的评价精度

变量组合	分类树		随机森林		最大似然法	
	精度/%	kappa 系数	精度/%	kappa 系数	精度/%	kappa 系数
1	39.85	0.20	41.80	0.23	43.29	0.24
2	29.30	0.14	41.87	0.23	11.89	0.00
3	15.27	−0.02	4.98	0.00	0.08	0.00
4	3.15	0.00	3.22	0.00	15.42	0.00
5	3.28	0.00	2.70	0.00	0.17	0.00
6	40.92	0.24	46.93	0.31		
7	47.11	0.29	45.91	0.31		
8	49.76	0.34	51.76	0.38		
9	42.53	0.20	62.66	0.48	62.37	0.50
10	37.24	−0.02	63.80	0.51	59.89	0.47
11	38.28	−0.02	63.09	0.49	60.38	0.47
12	38.04	−0.02	63.73	0.50	63.18	0.51
13	57.61	0.42	64.28	0.51		
14	56.33	0.40	64.50	0.51		
15	57.31	0.42	65.60*	0.52*		
16	57.61*	0.42	64.72	0.52		
17	38.12	−0.02	63.98	0.50		
18	57.31	0.47*	64.83	0.52		
19	38.11	−0.02	65.42	0.52	63.84*	0.51*

注：标记 * 的为最优模型，变量组合见表 2-6

与使用验证点评价的精度相比，使用植被图评价的精度低。对于相同的变量组合，使用验证点评价精度时，不同的模型表现相似，但在使用植被图进行精度评价时，分类树明显低于随机森林和最大似然模型。

（2）重要的变量

在分类树和随机森林模型使用的 70 个变量中海拔是最重要的变量（表 2-9）。在随机森林中，最热月温度次之，后面是其他的气候变量。坡度在随机森林模型中重要性较高但是在分类树模型中重要性较低。夏季和秋季的光谱变量在分类树中重要性较高，但是随机森林模型中一些冬季变量重要性也较高。在分类树模型中的 SAVI、OSAVI、NDVI 和 GI 是重要的光谱变量，而冬季 BI 在随机森林模型中较为重要。地表反照率的重要值在所有变量中处于中间位置。

表 2-9　重要性最高的 10 个变量

分类树模型变量	标准化重要值/%	随机森林模型变量	归一化重要值
海拔	100.0	海拔	1.37
最热月温度	81.0	最热月温度	1.19
秋季 SAVI	75.0	坡度	1.08
秋季 OSAVI	75.0	降水	1.06
秋季 NDVI	75.0	最冷月温度	0.95
秋季 NDTI	74.2	平均温度	0.93
夏季 GI	73.5	夏季 WI	0.82
夏季 DVI	72.8	夏季 MR	0.76
年均温	69.7	夏季 LSA7	0.74
夏季 SAVI	69.0	冬季 BI	0.73

注：SAVI 为土壤校正植被指数，OSAVI 为优化土壤校正植被指数，NDVI 为归一化植被指数，NDTI 为归一化耕作指数，GI 为绿度植被指数，DVI 为差值植被指数，WI 为湿度指数，MR 为近红外比值，LSA7 为第 7 波段地表反照率，BI 为亮度指数

5. 植被分布模拟分析

本书的目标是使用多时相遥感数据和地理信息、地面植被数据建立高精度的干旱区高山植被分布模型。ASTER GDEM 数据、WorldClim 数据、Landsat 图像广泛用于植被和物种分布模型（Sesnie et al.，2008；Franklin，2010）。虽然其他数据如地质、土壤、辐射、高光谱及高空间分辨率的数据在植被分布模拟中可以提高模拟精度，但是这些数据在一些区域难于获得。本书研究使用的数据对于全球大部分陆地均可获得，包括数据缺乏的高山区域。

（1）植被分类等级影响因素

植被分类是生态学的基本主题，很多分类方案有两个或者更多的分类等级。对于全球或者大的区域，经常使用等级化的分类方案（Faber-Langendoen et al.，2014）。在《中国植被》中，高级分类等级（植被型组和植被型）主要基于群落的外貌和气候，中级分类等级（群系）主要基于建群种，而低级的分类等级（群丛）基于每个层片的优势种及群落结构（吴征镒，1995）。对于气候和水文模型，植被型组可以作为地表覆盖的单位，但是对于生物多样性保护和资源利用研究，尤其对于稀有种，需要低等级的分类单位（Newell and Leathwick，2005）。在植被分布模型中，可以判别的植被等级受输入的变量影响。地形变量和气候变量指示植被生长的环境，而光谱变量反映地表目标的特征。使用的变量可以判断有显著差异的植被类型（Price et al.，2002；Franklin，2010），当输入的变量可以区分一个分类等级中的大部分类型时，这个级别称为可以判别的等级。在本研究中，可以判别的等级为植被型组。

在高山区域，剧烈的海拔变化导致气候差异巨大，但是一些群系有相似的生境和外观。部分类型缺乏显著的光谱特征差异使其难以区分。例如，草原和草甸中群系的优势种

为针茅属和嵩草属，它们在野外有时共同存在，尤其在生态交错带（中国科学院中国植被图编辑委员会，2007）。在海拔 2700 ~ 3400m 分布着广阔的草原和草甸交错带，紫花针茅高寒草原可分布到 4000 ~ 5000m。一般情况下，草原的生境较为干旱，草甸位于中生生境，但它们在交错带都非常常见。灌丛主要分布在 3200 ~ 3800m，草甸也分布在这个海拔带。吉拉柳的高度为 1 ~ 2m，但金露梅的高度有时低于 0.5m，从光谱上难于和草甸区分。由于在高山区森林类型有限，森林的区分较为容易（Zhao et al.，2006）。

物候对于植被的判别非常重要，尤其对于森林类型。阔叶林和针叶林的光谱差异显著，但是森林植被类型中有些物种具有相似的光谱反射曲线导致区分困难。在美国堪萨斯州（Kansas），由于具有不同的物候节律，不同的 Landsat 数据光谱波段组合和植被指数可以区分 6 种草地类型（Price et al.，2002）。使用卫星图像进行植被解译时，混合像元因为其光谱的混合特征，经常对植被判别造成干扰并降低分类精度。由于低分辨率下难以识别局部特征，影像的分辨率也会影响分类精度（Van Beijma et al.，2014）。本书中区域植被生长季较短且物候期类似，WorldClim 数据的分辨率为 1km，这些因素共同导致了一些植被类型的错误分类。

遥感传感器的发展及新的传感器的出现有希望解决这个问题。例如，高光谱影像包含很多窄的连续波段，合成孔径雷达干涉测量技术很少受大气影响。它们都为未来的植被分类提供了新的希望（Corbane et al.，2015；Landmann et al.，2015），多源遥感数据的使用可能对全面理解地表覆盖及其变化提供新的机遇。但是这些新技术仍在发展中，很多传感器仍然基于航空平台，图像覆盖区域比低分辨率的传感器小。高光谱卫星 Hyperion 的图像宽度仅 7.5km，不适于大尺度植被制图。因此虽然这些新技术在植被判别上具有优势，但对航空平台传感器的依赖、缺少重复覆盖测量等限制了它们当前在景观尺度植被制图和监测中的应用（Van Beijma et al.，2014）。

（2）模型变量的重要性

在高山区域，尤其在具有大的海拔差异的区域，海拔是影响植被制图最重要的变量（Sesnie et al.，2008）。海拔也是物种分布模型的重要变量（Oke and Thompson，2015）。祁连山区海拔高差大于 3000m，植被垂直分带现象明显。WorldClim 气候变量与海拔高度相关，在一些区域可能仅有很少的除海拔外的额外信息。本书研究发现 WorldClim 变量在分类树和随机森林中都很重要。在分类树中，很多中间的节点是 WorldClim 变量，尤其是最热月温度和年降水量（图 2-13）。荒漠和其他植被的区分点为降水低于 220mm，高山植被和其他植被的区分为年均温低于 2℃。在本书中，坡度具有较高的重要性，可能因其对水热等的再分配影响了一些植被的分布。

植被指数是地表反照率的组合，比单波段的地表反照率包含了更多的信息（Bannari et al.，1995）。本书及其他研究中光谱植被指数比原始的地表反照率或原始波段有着更高的重要值（Price et al.，2002；Sesnie et al.，2008）。由于在高山区域夏季和秋季图像比冬季包含更多的信息，对于分类树，夏季和秋季的光谱变量比冬季的重要。在冬季的假彩色图像中，森林和其他植被差异明显，并可以区分出一些灌丛，但其他植被在视觉上没有差异。在夏季和秋季假彩色图像中，森林、灌丛、荒漠、高山植被、栽培植被存在显著视觉

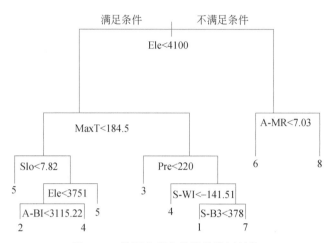

图 2-13   使用全部变量的分类树结构

子节点的数字代表植被型组序号，含义参见表 2-1。分类节点处的变量缩写分别代表：Ele 为海拔，单位为 m；Slo 为坡度，单位为°；MaxT 为最热月温度，单位为 K；Pre 为年降水，单位为 mm；A-BI 为秋季亮度指数；A-MR 为秋季近红外比值；S-WI 为夏季湿度指数；S-B3 为夏季绿色波段反照率

差异，但是草原和草甸没有显著视觉差异。由于随机森林是一种综合的分类方法，减少了光谱变量间的差异，季节差异并不明显（Cutler et al.，2007）。BI、GI 和 WI 为综合了所有 TM 波段的植被指数，它们比仅包含两个波段的植被指数包含了更多信息。可见光中的红色波段为植被吸收波段，近红外波段为叶绿素强烈反射区，由于 NDVI、SAVI 和 DVI 是近红外和红色波段的组合，反映了重要的植被信息，在分类树中较为重要（Bannari et al.，1995）。

（3）模型精度影响因素

通过模型得到的植被图显示了地形、气候和光谱变量的组合，成功映射了植被型组的分布。已有的研究表明随机森林模型优于其他模拟方法（Sluiter，2005）。在本书中，随机森林模拟结果优于分类树和最大似然法。随机森林随着变量的增加更加稳健，而最大似然法为输入变量的数目限制。当训练点有限时，分类树的精度较低，但是分类树有可视化的结构，它对于提取分类规则非常有用。在本书中，海拔是一级节点，夏季和秋季植被指数为低级节点，它可以显示出分类的决策过程。混淆的主要植被群组有灌丛、草原和草甸。草原和草甸存在辽阔的交错带，灌丛在草甸中呈斑块状分布。草甸和高山植被、草原和荒漠交错带在不同年份可能会发生变动，降低了模型精度。另外，1∶100 万中国植被图是生态学分类方案，而非遥感分类方案，因此一些植被有相似的光谱特征，增加了模拟结果和已有植被图的差异。

相比于使用相似的输入变量和研究区面积的研究，本书的结果同时使用了点验证和图验证，表明点验证的精度高于图验证。内华达山（Sierra Nevada）的植被制图研究中，点验证的分类树结果精度为 75%，kappa 系数为 0.69（Dobrowski et al.，2008）。在哥斯达黎加（Costa Rica）和尼加拉瓜（Nicaragua），使用点验证的精度为 81%（Sesnie et al.，2008），而在挪威斯瓦尔巴（Svalbard）群岛使用已有植被图进行评价时，精度为 55.36%，kappa 系数为 0.48（Johansen et al.，2012）。本书中的验证点主要来自野外调查，准确性较高。

与植被图相比，交错带和混合像元会降低分类精度（Domaç and Süzen，2006），因此植被图验证精度低于点验证精度。虽然点验证对于没有植被图的区域是最佳的选择，但它可能对大区域的代表性较低。植被图精度评价的结果低于点验证结果，但植被图对理解模拟植被的分布趋势很有用。在验证点和验证图均可获得时，建议同时采用两种方法进行验证。对比最优随机森林模拟的植被图和区域植被图，发现植被型组具有相似的位置，但是边界存在差异。为满足应用需要，植被图边界经过平滑处理。但对于一些植被型组，其边界难于确定，这是模拟植被图与区域植被图差异产生的主要原因。一些河岸植被分布稀疏，在随机森林模型中，它们在低海拔区被划分为荒漠，在高海拔区被划分为高山植被，但在植被图中，因为相似的物种组成它们被划分到相近区域的植被型组，植被型组内植被稀疏区域和高覆盖区域的光谱特征差异导致对一些区域的分类结果不同。

6. 小结

ASTER GDEM、WorldClim 和多季节 Landsat 8 OLI 数据组合可用于高山植被高级分类单位的判别，如在中国西北部祁连山区成功进行了植被型组的区分，但在区分中级分类单位（群系）上结果较差。模型使用的 70 个变量中，海拔是最重要的变量。随机森林模型比分类树和最大似然法的精度高，更适于高山植被分布模拟。

2.3　黑河山区的植被物候及其变化

2.3.1　黑河山区植被物候特征

物候是自然界植物和动物的季节性变化现象，如动物的迁徙、蛰眠，植物的萌芽、展叶、开花、结果、落叶等，其变化反映了气候的季节性变化。物候事件发生时间的变化是陆地生态系统对气候变化的一种响应。理解物候变化规律在预报农时，监测、保护生态环境，预测气候变化趋势等方面具有重要理论和现实意义（徐雨晴等，2004）。气候变化使植物开始和结束生长的日期发生了相应变化，植物对全球变暖的响应表现为生长季始期提前，生长季终期推迟，生长季长度延长。目前对植被物候的研究主要包括以下几个方面：以地面观测为主的物种水平的物候研究、卫星遥感观测为主的植物群落和生态系统水平的物候研究、以未来物候预测为目的的物候模型研究、植被物候与气候变化关系研究等。

植被物候是生态系统对气候变化响应的指示器，在生态系统碳循环和水文循环中有重要作用（Richardson et al.，2013）。在大的地理尺度，不同的气候区和植被类型，物候差异很大，受年际季节变异的影响，生长季始期、生长季终期、生长季长度有明显的年际差异。全球变化研究表明近些年显著的气候变化导致了很多生物群区（biome）的物候变化，尤其在温带和北方林区域。变化的物候会通过生物地球化学循环和生物物理特征（如反照率）影响气候。因此理解物候的变异对于改进陆地生物圈模型和气候模式非常重要（Richardson et al.，2012）。

中高纬度植物物候为温度、春化作用、光周期等控制，对于部分区域尤其是干旱区，水分限制可能是非常重要的因子。很多研究表明在北方林生态系统及苔原生态系统，随着温度升高春季物候提前。环境驱动力，如温度、光周期、水分和养分，改变了自然植被的生长季始期。相比于春季物候变化，关于秋季物候变化的文献较少。一些研究报道了生长季终期的延迟，这种趋势与增加的晚夏、早秋温度相关。但是对物候机理的理解仍然非常有限（Richardson et al.，2013）。

大尺度物候格局研究的主要方法为地面观测、数学模型和卫星观测相结合（Jolly et al.，2005）。在区域尺度，大部分物候观测关注栽培植被而非自然植被。增温、扦插、移栽实验为物候研究提供了新的研究方法，尤其对于机理研究。虽然在不同的研究尺度使用模型研究春季植被物候和气候的关系受到越来越多的关注，遥感仍然是大尺度物候时空格局及动态研究的主要工具。很多使用野外观测和遥感观测的研究表明在区域及全球尺度，气候变化导致了植被物候的明显变化。物候相机（PhenoCams）是新出现的物候观测方法，它有希望作为中间尺度的观测来连接卫星观测和传统地面观测（Brown et al.，2016）。

常用的物候研究方法概述如下。

（1）地面物候观测

欧洲的物候观测始于中世纪，有组织的物候观测始于 18 世纪中期。日本对樱花物候的观测始于公元 812 年，是世界上时间最长的单物种物候记录（徐雨晴等，2004；Richardson et al.，2013）。1962 年，在竺可桢领导下，中国科学院建立了物候观测网络，60 多个观测点基本覆盖全国。"文化大革命"期间物候观测网的观测一度中断，至 20 世纪 90 年代中期，由于种种原因，物候网的站点开始萎缩。2002 年起，中国科学院地理科学与资源研究所葛全胜研究员等自筹经费恢复了中国物候观测网部分站点的观测，2011 年中国科学院正式批准恢复中国物候观测网。但目前国内工作的深度和广度不够，由于很长一段时间缺少稳定支持，目前大多数物候研究成果多停留在单站点（如北京、西安、民勤等）或局部区域（如华北平原）的植物春季物候变化分析上，只有少数的工作涉及全国或较大区域（Ge et al.，2015），国家尺度上植物物候的分析仍有待于进一步深入。

（2）遥感物候观测

物候地面观测虽然简单易行，但费时费力，不易开展长期面上监测。遥感观测具有多时相、覆盖范围广、空间连续、时间序列较长、能反映植物季节性生长发育过程及其年际变化等特点，通常用作估计地面宏观植物物候变化的依据（陈效述和王林海，2009）。近年来利用遥感方法对全球和区域尺度植物物候变化的研究，深化了人们对生物圈与大气圈之间相互作用机理的认识，从而使遥感物候学成为全球气候变化与陆地生态系统动态研究的一个前沿领域。遥感物候学的主要研究内容包括植物物候生长季节的划分、气候与物候变化的关系、大尺度植被初级生产量估算、土地覆盖分类与监测、农作物产量估算等（夏传福等，2013）。

目前常用于监测植被动态的遥感数据有 NOAA-AVHRR、SPOT-VGT、MODIS、Landsat 系列卫星数据、环境星数据等。根据研究目的、方法及精度要求的不同，可选择不同的遥感数据，如 NOAA-AVHRR、SPOT-VGT、MODIS 等低空间分辨率的数据可用于区域、大洲或全球尺度的植被监测,而 Landsat 数据、环境星数据等高空间分辨率的数据,常用于小尺度土地利用与覆盖变化分析、植被制图和精细农业调控等(陈效逑和王林海,2009;Richardson et al.,2013)。

在使用遥感进行物候信息提取前一般需要进行数据的预处理。太阳高度角、观测角度、云层、水汽、气溶胶、尘埃和传感器精度变化等因素都会对植被动态监测效果产生影响。在进行遥感物候提取前,常采用最大合成法(maximum value composite,MVC)或最佳指数斜率提取法检测数据时间序列中的局部异常点,并降低噪声。

目前常用的植被物候信息的遥感提取方法包括阈值法、滑动平均法、拟合法、最大斜率法、累积频率法和主成分分析法等(Richardson et al.,2013;夏传福等,2013)。阈值法是通过设定一组阈值提取植被物候期。它是最早出现的一种方法,应用较为广泛,包括固定阈值法、动态阈值法和多参量阈值法。阈值法简单有效,应用广泛,但该方法需因时因地设定阈值,限制了大范围应用。延迟滑动平均法基于自回归滑动平均模型提出,该方法将 NDVI 时间序列数据突然升高作为植被光合作用活动开始的标志。拟合法是利用平滑模型函数拟合时间序列遥感数据,进而提取物候信息的方法,包括 Logistic 函数法、非对称高斯函数法和谐波函数法等。最大斜率法假设返青起始期是植物开始迅速生长时期,即 NDVI 急剧升高期;休眠起始期是植物叶片脱落期,即 NDVI 迅速减小期,该方法将 NDVI 曲线的显著变化点,即拟合曲线斜率最大和最小的点,定为返青起始期和休眠起始期。

(3)物候模型

物候模型法利用气候和环境数据模拟大多数区域的物候特征,弥补了部分区域缺乏物候实测数据的缺憾。物候模型有一定的植物生理学基础,较好解释了植被物候的变化或异常,是植被遥感物候模型的理论基础。物候模型通常针对特定植物物种或特定区域建立,推到全球尺度时往往需要特定的尺度转换(夏传福等,2013)。

很多物候研究关注温带和北方林生态系统,但对于高山植被的研究较少(Ge et al.,2015),高山区域生境恶劣,对气候变化更加敏感。一些研究者研究了青藏高原的植被物候(Zhang et al.,2013;Shen et al.,2015)或者单一植被类型的物候(Du et al.,2014;Wang et al.,2014;He et al.,2015),但在地形复杂的山区基于景观尺度的研究较少,尤其是包含荒漠和高山植被(指高海拔处的高山稀疏植被)的区域。因此干旱区高山植被物候研究非常重要。

2.3.2 黑河山区植被物候变化

中国西北部的祁连山位于青藏高原、黄土高原、柴达木荒漠的交错区,区域植被为典型的干旱区高山植被,很多植被分布在不同的海拔和生境,包括针叶林、灌丛、荒漠、草原、草甸和高山植被等植被型组。在区域相似的气候变化背景下,不同植被是否具有相同的物候变化规律有待于研究。放牧是祁连山区主要的土地利用方式,春季物候的改变或生长季变化导致的食物短缺会造成畜牧业的巨大损失。因此,祁连山区的植被物候动态及其与气候和放牧的关系研究,对于理解区域植被与气候的关系、区域生态保护、经济发展具有重要意义。

本书使用 SPOT 数据推演出 NDVI 数据，并提取祁连山区黑河上游的植被物候参数（生长季始期、生长季终期、生长季长度、年 NDVI 最大值），分析其和气候以及人类活动的相关性，研究干旱区高山植被物候参数的时空格局、高山植被物候和气候变异的相关性，以及高山植被物候和畜牧业的相关性。

1. 使用数据

（1）植被数据

本书关注于自然植被的物候，因此选择针叶林、灌丛、荒漠、草原、草甸和高山植被进行研究。植被信息来自 1∶100 万中国植被图。使用野外调查、Landsat 影像分析、谷歌地球软件等选择典型植被区。我们对每个植被型组选择了 36～50 个代表性栅格进一步分析其物候及其与气候的关系。植被代表性栅格尽可能在研究区均匀分布，且样点内的目标类型面积大于 90%。

（2）气候和土地利用数据

本书使用的气候数据有月平均最高温度、月平均最低温度、月均温、月降雨。温度数据为栅格数据，使用反距离插值法对气象站数据进行插值，并使用海拔进行修正（Yang et al., 2004）。栅格的降水数据使用 Shen 和 Xiong（2016）的插值方法。数据集空间分辨率为 1km，栅格气候数据下载自寒区旱区科学数据中心（Gao et al., 2016），同时计算了年气候数据。

研究区域主要土地利用方式为放牧，黑河上游流域主要位于祁连县，因此使用祁连县的畜牧产品数据代表上游区域的放牧情况。冬季低温和暴风雪是导致牲口损失的主要因素（Foster and D'Amato, 2015）。根据 1998～2004 年《青海统计年鉴》在 20 世纪 80 年代以后，大部分牲畜分配给个体牧民。到 1998 年，80% 的秋冬牧场围栏。2003～2005 年，退耕还林还草工程将部分牧场禁牧。2004 年后，祁连县实行轮牧，并在政府资金的支持下建设了大量的冬季暖棚。使用肉产品产量（包括牛肉、羊肉、猪肉）和牛奶产量作为放牧强度的替代指标，牧产品数据来源于 1998～2014 年《青海统计年鉴》。

（3）遥感数据

使用 1998～2013 年 SPOT（http://www.vgt.vito.be/）数据形成的 NDVI 数据计算黑河上游植被物候参数。该数据为 1km 分辨率的 10 日组合产品，使用 Plate-Carrée 投影。1998 年数据从 4 月 1 日开始，因黑河上游的物候开始晚于 4 月上旬，因此 1998 年数据能够覆盖整个生长季。该数据已经过系统的大气和地形校正。

2. 研究方法

（1）物候算法

使用 Savitzky-Golay 滤波（Jonsson and Eklundh, 2004）对 NDVI 数据进行平滑处理。该平滑滤波对时间序列数据中云或大气引起的噪声进行平滑处理，提高了物候参数提取的稳定性（Lara and Gandini, 2016）。使用相对阈值法提取生长季始期和生长季终期。其日期定义为 NDVI 值上升或下降到左边或右边振幅的相对位置。参考已有的祁连山区域植被物候研究（Du et al.，2014；He et al.，2015），本书使用的阈值为 0.5。生长季长度定义为生长季始期和结束之间的差值（Wu et al.，2016）。年最大 NDVI 值来自处理后的 NDVI 曲线。使用 TIMESAT 3.2 软件（http：//web. nateko. lu. se/timesat/timesat. asp）提取物候参数，该软件中主要物候参数的定义见图 2-14。

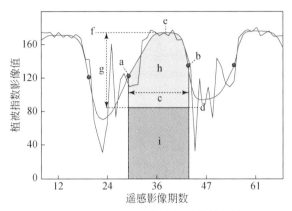

图 2-14　TIMESAT 提取的季节性参数

a 代表生长季始期，b 代表生长季终期，c 代表生长季长度，d 代表基值，e 代表生长季中间时间，f 代表最大值，g 代表季节振幅，h 代表小的综合值，h+i 可代表大的综合值。引自 http：//web. nateko. lu. se/timesat/timesat. asp

（2）统计分析

Mann-Kendall 检验和 Theil-Sen 中值斜率用于确定研究期内每个像元上的物候参数和最大 NDVI 值的变化趋势。该统计方法广泛用于时间序列趋势研究（Hamed，2008；Akritas et al.，1995）。Mann-Kendall 检验是稳健的非参数检验方法，将 $t<0.05$ 定义为统计学显著。Theil-Sen 中值斜率是稳健的简单线性回归，使用任意配对数据点计算中值斜率，量化 Mann-Kendall 检验值。因为这一方法对异常值稳健，适用于短期或者有噪音的时间序列数据，并评估其变化率。

本书将物候参数变化趋势分为 5 类，分别为显著上升，不显著上升，无变化，不显著下降，显著下降。定义基于 Mann-Kendall 检测和 Theil-Sen 中值斜率，Theil-Sen 斜率值大于 0 定义为上升，等于 0 定义为无变化，小于 0 定义为下降，变化是否显著基于 Mann-Kendall 检验值。使用其平均值而非像元值来计算 6 个植被型组物候参数的线性趋势。

对于每个植被型组，使用其平均值研究物候参数和气候变量的关系。本书使用了 3 类气候变量：降水、温度、综合指数。除了先前提到的气候变量，还计算了大于 0℃、2℃、5℃、10℃ 的积温和有效积温。综合指数包括 Kira 指数（KI）（Kira，1991）、Holdridge 指数（HR）（Holdridge，1947）、Martonne 指数（MI）（Botzan et al.，1998）。这些指数在中国区域的应用较为广泛且适合中国气候特征。

MI 的计算公式如下：

$$MI = \frac{P}{T+10} \tag{2-15}$$

式中，P 为年降水量；T 为年均温。

KI 的计算公式如下：

$$WI = \sum (t - 5) \tag{2-16}$$

$$KI = \frac{P}{WI + 20} \tag{2-17}$$

$$KI = \frac{2P}{WI + 140} \tag{2-18}$$

式中，WI 为热量指数；t 为大于 5℃ 的月均温之和。当 WI>100 时使用方程（2-18），其他情况下使用方程（2-17）计算 KI。

HR 的计算公式如下：

$$ABT = \frac{1}{12} \sum t_i \tag{2-19}$$

$$PE = 58.93 \times ABT \tag{2-20}$$

$$PER = \frac{PE}{P} \tag{2-21}$$

式中，ABT 为年生物温度；t_i 为 0℃ 和 30℃ 之间的温度，当 t_i 低于 0℃ 或大于 30℃ 时，使用边界值（0℃ 或 30℃）；PE 为潜在蒸散；PER 为潜在蒸散率；P 为年降水量。

为选择合适的时间尺度来研究物候参数和气候的关系，对于不同物候参数，选择了不同的对应时间段。对于生长季始期选择了冬季（11 月~3 月）、4 月、5 月、6 月、4~5 月。对于生长季终期和生长季长度，选择了冬季（11 月~3 月）、4 月、5 月、6 月、4~5 月、7 月、8 月、7~8 月、9 月、10 月。对于最大 NDVI 值，选择了冬季（11 月~3 月）、4 月、5 月、6 月、4~5 月、7 月、8 月、7~8 月。同时计算了年平均气候变量的相关性。使用相关系数和 p 值来确定相关的显著性。

计算黑河上游生长季始期和生长季终期之间的相关性，确定两者间是否存在显著相关。对于灌丛、草原、草甸等主要牧场类型，计算其物候参数和畜牧产品产量之间的关系，使用相关系数和 p 值来确定相关强度和相关显著性。

3. 物候变化特征

（1）物候参数的时空分布

生长季始期（SOS）大多为第 150~180d，生长季终期（EOS）多为第 260~280d，生长季长度（GSL）为 80~130d（图 2-15）。年 NDVI 最大值（MNDVI）的分布与海拔、植被型组有关。

生长季始期最早的区域位于接近中游的荒漠和研究区最东部的草甸等，在 5 月之前，生长季始期最晚的区域位于西部及高山区域，大约为 6 月底，高海拔区域温度低导致生长季始期日期晚［图 2-15（a）］。

生长季终期的分布和生长季始期相反，西部及高山区域生长季结束早，在 9 月终期生长季，而东部和北部区域生长季终期日期晚，在 10 月及之后［图 2-15（b）］。

生长季长度表现出与生长季始期相似的趋势，北部和东部区域生长季长，部分区域在

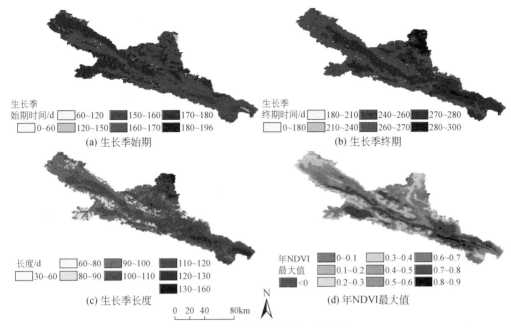

图 2-15 物候参数平均值的空间分布

130d 以上，西部及高山区域生长季短，部分区域短于 90d〔图 2-15（c）〕。

年 NDVI 最大值的分布受植被类型影响很大，针叶林、灌丛、草甸区域年 NDVI 最大值可大于 0.7，草原区域为 0.5 左右，荒漠和高山植被年 NDVI 最大值低于 0.3。

（2）物候动态

在空间上，74.11% 区域的生长季始期提前、61.97% 区域的生长季终期延迟、74.82% 区域的生长季长度延长，但变化显著的区域均小于 5%（图 2-16，表 2-10）。92.25% 的区域年 NDVI 最大值上升，其中 58.23% 的区域显著上升（图 2-16，表 2-10）。

表 2-10 研究区物候参数变化趋势面积比例 （单位:%）

物候参数	显著上升	不显著上升	无变化	不显著下降	显著下降
SOS	0.15	25.73	0.00	69.55	4.56
EOS	1.49	60.48	0.00	37.76	0.27
GSL	4.48	70.34	0.08	25.03	0.06
年 NDVI 最大值	58.23	34.02	0.06	7.47	0.22

对于研究区主要的 6 种植被型组，生长季始期（图 2-17）、生长季终期（图 2-18）、生长季长度没有显著变化（图 2-19）。年 NDVI 最大值在针叶林、灌丛、荒漠、草原、草甸区显著上升，上升幅度分别为 0.06、0.045、0.075、0.06 和 0.075（图 2-20）。虽然生长季始期、生长季终期、生长季长度在研究期内没有显著变化，但呈现波动特征。生长季始期和生长季长度年际间的差异多于 20d，生长季终期日期的差异大于 10d，荒漠比其他类型的波动要大（图 2-17 ~ 图 2-19）。

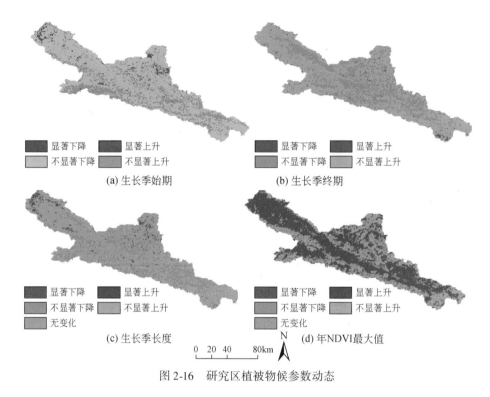

图 2-16　研究区植被物候参数动态

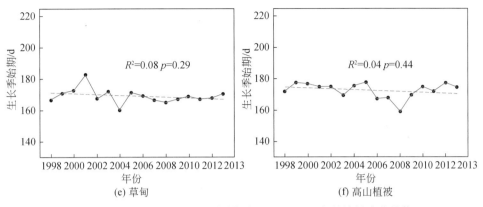

(e) 草甸   (f) 高山植被

图 2-17   6 种植被型组生长季始期在 1998～2013 年的线性变化趋势

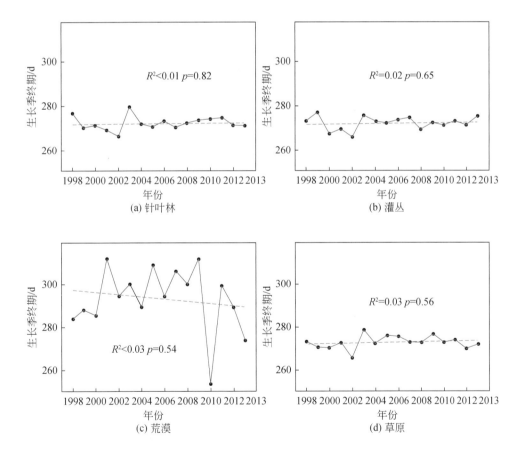

(a) 针叶林   (b) 灌丛

(c) 荒漠   (d) 草原

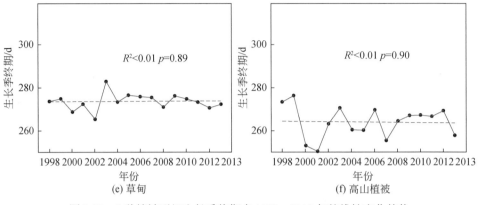

(e) 草甸   (f) 高山植被

图 2-18   6 种植被型组生长季终期在 1998～2013 年的线性变化趋势

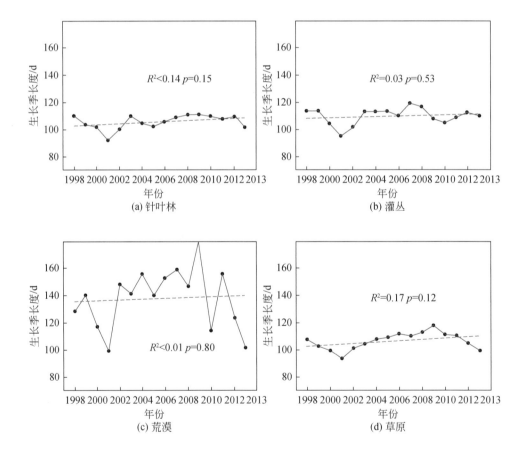

(a) 针叶林   (b) 灌丛

(c) 荒漠   (d) 草原

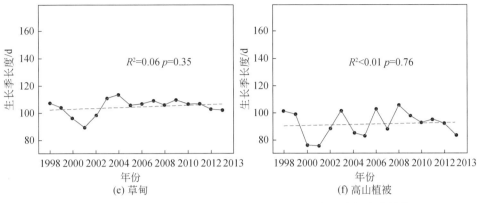

图 2-19　6 种植被型组生长季长度在 1998～2013 年的线性变化趋势

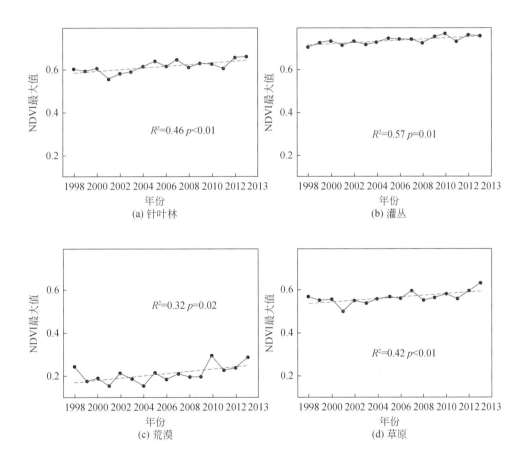

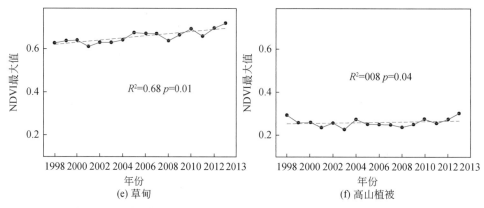

图 2-20　6 种植被型组 NDVI 最大值在 1998～2013 年的线性变化趋势

（3）物候参数间的关系

在所有植被型组中，生长季始期和生长季终期相关不显著。种植被型组生长季始期和生长季长度显著相关。除草原外，生长季终期与生长季长度显著相关。针叶林的生长季始期和 NDVI 最大值显著相关（$R = -0.591$，$p = 0.015$）。荒漠的生长季终期和 NDVI 最大值显著相关（$R = -0.664$，$p = 0.005$）。

（4）物候和气候的关系

整体来看，不同植被型组的物候参数与气候变量的相关性高低及显著性不同。对于生长季始期，针叶林、灌丛、高山植被与 5 月、4～5 月的温度负相关。草甸与 4 月和 4～5 月的温度负相关。草原与 4～5 月的温度负相关。荒漠与年最低温及去年冬季的温度负相关。对于生长季终期，针叶林、草原、草甸与 8 月降水量、年综合指数正相关。灌丛与 7 月最高温负相关，与 7～8 月降水量及最低温正相关。荒漠与 8 月降水量负相关。高山植被与 5 月、4～5 月、7～8 月降水量及 9 月温度正相关。对于生长季长度，针叶林与 5 月、4～5 月的温度正相关。灌丛与年降水量、综合指数、5 月、4～5 月温度正相关，与 7 月温度负相关。荒漠与 4 月、4～5 月最低温正相关。草原与 4～5 月温度、前一个冬季的最低温正相关。草甸与 4 月、4～5 月温度、年降水量及前一个冬季的降水量、最低温、年综合指数、8 月降水量正相关。高山植被与年降水量、7～8 月降水量，4～5 月均温、9 月最低温正相关，与 7 月、7～8 月最高温负相关。对于最大 NDVI 值，针叶林与 5 月、4～5 月温度、8 月、7～8 月最低温正相关。灌丛与年均温、7 月、8 月、7～8 月均温正相关。荒漠与年有效积温、8 月、7～8 月均温正相关。草原与 8 月均温正相关。草甸与年均温、8 月、7～8 月均温正相关。高山植被与年均温及 6 月均温正相关。

（5）放牧与物候的关系

图 2-21 显示祁气象连站 1998～2013 年降水、年均温、年最高温、年最低温的分布，降水变化趋势不明显，温度有升高趋势，尤其最低温上升较明显，但变化不显著。肉产品和牛奶产量在 1998～2013 年显著上升，肉产品产量在 2004～2007 年上升趋势非常明显，牛奶产量在 2004～2005 年也有较大上升（图 2-22）。物候参数与主要牧场类型（灌丛、草

原、草甸）的相关分析表明生长季始期、生长季终期、生长季长度与牧产品产量相关不显著，NDVI 最大值和肉产量、牛奶产量显著相关（表 2-11）。

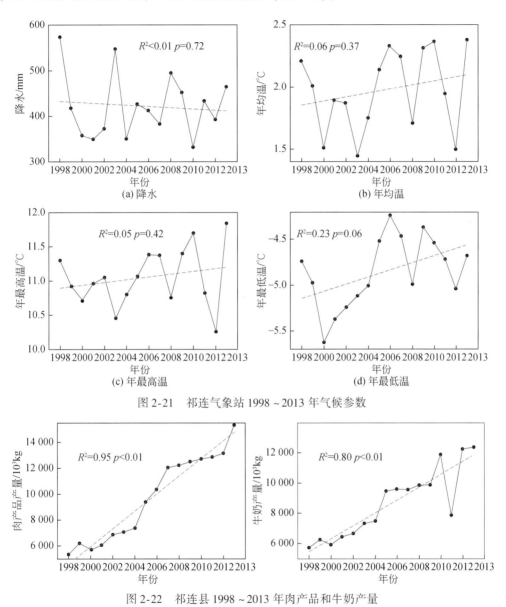

图 2-21　祁连气象站 1998～2013 年气候参数

图 2-22　祁连县 1998～2013 年肉产品和牛奶产量

表 2-11　牧产品产量和最大 NDVI 值之间的相关性

项目	灌丛		草原		草甸	
	R	p	R	p	R	p
肉产品产量	0.734	0.001	0.711	0.002	0.836	<0.001
牛奶产量	0.855	<0.001	0.734	0.001	0.899	<0.001

4. 物候变化特点分析

(1) 植被型组物候

在已有的黑河上游植被物候研究中，未检测到针叶林物候显著变化（Du et al.，2014），除了一些站点的生长季始期提前，也未检测到灌丛物候显著变化（He et al.，2015），这两项研究均使用了 MODIS NDVI 数据。前述研究关注于野外站点的物候变化，本书则关注于区域尺度物候变化，且研究时间范围更长。这些差异可能导致了结果有所不同。Piao 等（2011）和 Shen 等（2014）认为不同的遥感数据源及时间序列长度可能导致不同的物候趋势。Shen 等（2014）对 2000～2011 年青藏高原植被返青日期（生长季始期）的研究未发现显著变化趋势。很多研究认为近 30 年来青藏高原及北半球最大 NDVI 值在上升。本文中，针叶林、灌丛、荒漠、草原、草甸表现出相似的物候变化趋势，但高山植被变化趋势不同，可能是由于高海拔较低海拔环境更加多变。过去 15 年（1998～2012 年；0.05℃/10 年）的变暖趋势明显低于 1951 年以来的斜率，可能导致物候变化趋势趋缓，同时在统计学上不显著（Fu et al.，2015）。

云层覆盖是使用卫星数据进行高山区域物候参数提取的主要障碍。在祁连山区，每年 40% 以上的时间为多云天气，而且生长季（6～9 月）云量更大（Du et al.，2014）。缺乏用于校正卫星提取物候参数的野外观测数据是遥感物候研究的误差来源之一，尤其对于偏远地区如青藏高原而言。虽然 NDVI 变化是植被变化的很好的近似替代，但它无法反映物种组成、群落结构变化。遥感物候参数可以提供有价值的大尺度的物候信息概要，但它无法细致地描述物种间的差异（Julitta et al.，2014）。

研究表明中国北方及北美生长季始期和生长季终期之间具有相关性（Wu et al.，2016；Keenan and Richardson，2015），但是在黑河上游未发现两者存在显著相关性。

(2) 物候和气候

生长季始期、生长季终期、生长季长度的变化趋势不显著，它们受到气候变化的影响而波动。物候参数与发生期或者其前 1 个月的气候变量显著相关。很多物候参数对温度敏感，部分对降水或综合指数敏感。对祁连山针叶林和灌丛的研究发现（Du et al.，2014；He et al.，2015），生长季始期与 6 月温度，生长季终期与 9 月温度相关。遥感数据源、时间序列长度、研究区域空间范围的不同可能是本研究与前两项研究结果存在一定差异的原因。中国北方温带草原的生长季终期为第 265～300d，8 月的温度和降水都会影响生长季的结束日期（Yu et al.，2014）。生长季的长度受生长季始期的影响较大，因而对于针叶林、灌丛、草原和草甸，两个参数显示了与相似气候变量的相关性。在研究气候变量和物候参数的关系时，不同的研究使用了不同的时间段，包括月（Du et al.，2014）、双月（He et al.，2015）、季节（Yu et al.，2014）或不同的季节前时间（30d、60d、90d、120d、150d 和 180d）（Cong et al.，2013）。从分布稀少的气象站插值得到的气候数据可能无法有效反映区域的气候状况，尤其对于青藏高原的高海拔区域。高海拔区缺乏长时间气象数据，其气候变化趋势有可能与附近的低海拔处不同，导致产生虚假的物候和气候关系。

相比于湿润区域，干旱区物候参数对季前降水更加敏感。低温使蒸散降低导致降水和物候的关系在青藏高原区域研究中不显著（Du et al.，2014）。研究发现，对于大部分植被型组，除了高山植被生长季开始和生长季结束与 5 月和 9 月最高温关联更强外，在气候变量中最低温、积温、有效积温和物候参数的相关性强于平均温度及最高温。积温在气候模型中的表现也优于平均温度（Xin et al.，2015）。对欧洲和北美的研究表明 1982～2011 年生长季始期的波动由最高温度（日温）而非最低温度（夜温）所触发（Piao et al.，2015）。虽然最低温在青藏高原可能导致霜冻伤害（He et al.，2015），最低温对生长季始期的影响有限，高山植被对低温耐受性高而对高温敏感。研究表明在物候模型中使用精确的土壤温度和湿度信息比使用气温和降水的精度更高（Jin et al.，2013），虽然土壤状况在确定物候参数时很重要，但这些数据难以获得（尤其对于偏远区域），限制了这些数据的使用。

（3）物候和放牧

植被物候的变化影响植被活力及生态系统功能。在青藏高原，植被物候影响牲畜生活必需的牧草产量（Shen et al.，2015）。研究发现，物候与畜牧业产量相关不显著，可能由于生长季始期、生长季终期、生长季长度等物候参数在研究期内变化不显著，而肉产品产量和牛奶产量显著上升。最大 NDVI 在研究期内变化显著，在主要的牧场类型中与畜牧产品产量相关显著。最大 NDVI 与植被净生产力有强烈的相关性，增加的净生产力可能促进了畜牧产品的生产。

增加的 NPP 只能部分解释牧产品产量的上升。2005 年左右祁连县的牧产品产量显著上升。根据年鉴等记录资料，2003～2005 年牧区进行了技术改进，如施行轮牧，为牲畜修建冬季暖棚等措施降低了冬季的死亡率，增加了牧产品产量。

在过度放牧和人类活动的影响下，草场退化成为青藏高原的重要问题。虽然在研究期内最大 NDVI 值增加，但草场退化成为牧业发展的限制因素，如狼毒（*Stellera chamaejasme*）作为青藏高原草甸退化的主要标志，在部分区域覆盖度达到了 60%（Li et al.，2016）。为更好保护区域植被和草场，促进可持续利用，限制牲畜的数量非常必要。

5. 小结

6 种植被型组中未发现生长季始期、生长季终期、生长季长度的显著变化，而针叶林、灌丛、荒漠、草原、草甸的最大 NDVI 值显著上升，上升幅度为 0.06、0.045、0.075、0.06 和 0.075。生长季始期和生长季长度与 5 月和 4～5 月均温显著相关，最大 NDVI 值与 8 月、7～8 月均温相关；生长季终期与不同的气候因子相关；积温与物候参数显著相关。在生长季始期和生长季终期之间未发现显著的相关性。虽然增加的畜牧产品产量与 NDVI 最大值相关，技术进步的贡献可能更加重要，牧场的可持续利用需要科学规划，限制放牧规模。

第3章 | 植被生态水文过程

3.1 生态过程

山地森林结构不但影响森林本身的稳定性、发育方向和经营价值（Bachofen and zingg 2001，王占印等，2011），更强烈影响着山区众多的生态过程和水文过程（He et al.，2012）。森林结构不仅取决于树木本身的生物学特征，同时受到生境条件的极大影响。在山区，随海拔升高，生境条件会发生明显变化，如温度降低和降水增加等进而影响到树木生长和林分结构（Gaston，2000；Alves et al.，2010；Namgail et al.，2012）。因此，森林结构也会随着海拔升高而发生变化，继而会对山区的生态-水文过程产生重要影响。所以，定量描述山地森林的林分结构特征随海拔高度的变化规律，对了解森林生长对水热变化的响应具有重要意义。同时，也是研究山区生态水文过程的重要前提。本章以青海云杉林为代表，研究山地森林的生态水文过程。

3.1.1 青海云杉林的基本特征

祁连山区不同海拔上的青海云杉林结构特征的差异很大，具体反映在森林密度、树木胸径、树高、冠幅和林下植被状况等方面。总体看来，研究区内青海云杉林的密度随海拔的变化极为明显，变化范围为 $322 \sim 2337$ 株$/hm^2$。林冠郁闭度良好，多在 0.6 以上。平均林龄变化在 $64 \sim 100a$，均属中龄林。受林龄小和密度较大的影响，林分平均胸径、树高以及冠幅直径均不大，其中平均胸径多为 $10 \sim 15cm$，平均树高多为 $6 \sim 11m$，而平均冠幅直径多在 $2 \sim 4m$。

林下植被发育状况为苔藓层发育普遍较好，尤其在海拔 $2700 \sim 3000m$，林下苔藓层盖度可以达到 90%；林下草本，盖度一般在 20%～40%；林下灌木发育较差，其中，在海拔 3000m 以下，灌木层盖度多不足 10%，在海拔 3000m 以上，林下灌木发育逐渐变好，到海拔 $3200 \sim 3300m$ 的高山林线位置，灌木层盖度最高可达 70%。

青海云杉林大多分布在阴坡或半阴坡，个别样地分布在半阳坡。样地所在坡面的坡度多为 20°～40°，样地所处的坡位类型多样，其中处在坡上、坡中和坡中下部的样地最多，处在坡下的样地最少。样地土壤厚度多为 $40 \sim 80cm$，其中海拔 $2700 \sim 3000m$ 样地的土壤较厚，土厚最大可达 100cm 以上，而海拔 2700m 以下和海拔 3000m 以上样地的土壤则相对较薄。调查样地所在的微地形并不一致，有平缓坡面、凹型坡面、凸型坡面及小山头和小山脊等。

3.1.2 青海云杉林林分特征的海拔变化

为了体现不同海拔区段内的森林结构特征,本节以 100m 为一个海拔区段,沿海拔梯度对研究区内的青海云杉林进行统计,如表 3-1 所示。

随海拔升高,林分密度随海拔上升呈下降趋势($p<0.05$)。在海拔 2600~3100m 林分密度普遍较大,为 1500 株/hm² 以上,其中,海拔 2800~2900m 林分密度最大,可达 (2337±718) 株/hm²。在森林分布的上限(海拔 3200~3300m)、下限(海拔 2500~2600m)地带,林分密度较小,尤其到海拔 3200~3300m 的高海拔区,林分密度仅为 (322±40) 株/hm²。

表 3-1 青海云杉林结构特征随海拔的变化

海拔/m	林分密度/(株/hm²)	林冠郁闭度	林龄/a	胸径/cm	树高/m	冠幅直径/m
2500~2600	1375±460	0.48±0.11	70±4	11.6±0.4	6.7±0.3	3.01±0.41
2600~2700	1625±850	0.71±0.09	77±4	11.1±1.2	7.3±1.3	2.95±0.43
2700~2800	1850±671	0.69±0.12	81±11	13.8±2.3	8.9±1.2	2.92±0.45
2800~2900	2337±718	0.72±0.1	76±9	14.4±3.1	9.4±2.1	3.41±0.74
2900~3000	2316±432	0.7±0.1	79±6	12.9±0.9	7.3±1.4	3.02±0.37
3000~3100	1350±578	0.66±0.1	85±10	13.5±1.1	6.8±0.3	3.48±0.45
3100~3200	950±140	0.67±0.09	90±6	17.9±2.8	8.3±1.4	4.3±0.41
3200~3300	322±40	0.22±0.03	86±3	15.2±1.4	6±0.6	4.18±0.52
平均值	1550±628	0.7±0.2	80±9	13.9±6.2	8.1±3.7	3.3±1.7

青海云杉林的林冠郁闭度普遍较好,平均值为 0.7。随海拔升高表现为先升高后降低的"单峰"变化。其中在海拔 2700~3000m 的林冠郁闭度普遍较好,在 0.6 以上,其中海拔 2800~2900m 处的郁闭度最大,为 0.72。而在海拔 2500~2600m 和海拔 3200~3300m 的森林分布上限、下限位置,林冠郁闭度较低,分别为 0.48 和 0.22。

青海云杉林的林龄结构单一,平均林龄为 70~90a。各海拔区段间的林龄差异不显著($p>0.05$)。林分平均胸径随海拔升高呈增加趋势,并随密度减小而增大($p<0.01$)。在海拔 2600~2700m 最小,为 (11.1±1.2) cm;在海拔 3100~3200m 最大,为 (17.9±2.8) cm。平均树高随海拔升高呈"单峰"变化,在海拔 2800~2900m 达到最高,为 (9.4±2.1) m;在海拔 3200~3300m 最低,为 (6±0.6) m。树木冠幅直径随海拔上升呈增加趋势($p<0.01$),在海拔 3100m 以下,冠幅平均直径小于 3.5m,而到海拔 3100m 以上,增加到 4m 以上。这主要是因为随海拔上升,林分密度降低的影响($p<0.01$)。

3.1.3 森林生物量的海拔变化

森林生物量是由树木的生产效率和呼吸效率决定的,它是森林生态系统的关键要素,也是森林生态系统中物质循环的重要环节（Alves et al., 2010）。与此同时，森林生物量的大小决定了森林的需水量、蒸腾耗水量等，从而影响了众多的山区水文过程。所以，长期以来，森林生物量一直是森林生态学的研究热点。

整个研究区青海云杉林的生物量为 128.61±50.25t/hm²。其中，树干生物量最多，占青海云杉林样地总生物量的 47%，其次为根生物量，占 28%，枝生物量占森林样地总生物量的 15%，叶生物量最少，仅占森林总生物量的 10%（图 3-1）。研究区森林生物量的径级分配为，中树生物量最多，占总生物量的（43±17）%，大树生物量次之，所比例为（22±13）%，小树生物量最少，所比例为（22±13）%。

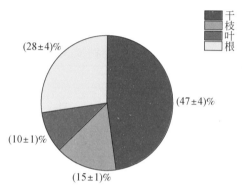

图 3-1　研究区森林生物量在各器官中的分配

研究区青海云杉林生物量随海拔的变化明显，为 29.43～199.78t/hm²。森林生物量的最大值出现在海拔 2800～2900m，为（199.78±45.68）t/hm²。自此海拔高度向上或向下，青海云杉林的生物量都呈减少趋势，并在海拔 3200～3300m 达到最小，为（29.43±13.50）t/hm²（图 3-2）。

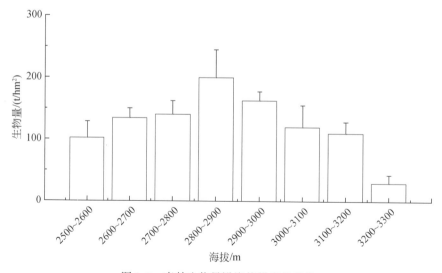

图 3-2　森林生物量沿海拔梯度的变化

总体来看，研究区森林生物量的海拔变化规律表现为单峰形式。在森林分布下限（海拔 2500~2600m）和森林分布上限（海拔 3200~3300m）的生物量明显较小，不足 100t/hm²，其中，森林分布上限要明显小于森林分布下限。自海拔 2600~3200m，森林生物量多在 120t/hm² 以上，其中海拔 2800~3000m 的生物量在 160t/hm² 以上。

3.1.4 树木年际生长的海拔变化

随海拔升高，温度降低，生长季缩短，风力增强，土壤营养元素有效性减弱，这些生境条件的变化将会阻碍树木的生长（Zhang and Wilmking，2010）。但在干旱山区，水分往往是限制树木生长的关键因素，然而随海拔升高，降水会增加，这反而会对树木生长有利。所以，研究树木生长沿海拔梯度的变化规律，有利于分析树木对于水热组合的综合反应。

如图 3-3 可知，随树龄的增加，树木 BAI 生长量和胸径生长量均表现为先增加后降低的单峰变化。两者的峰值略有不同，其中 BAI 年生长量在树龄为 110~140a 时达到最大，而胸径年生长量在树龄为 100~130a 时达到最大。

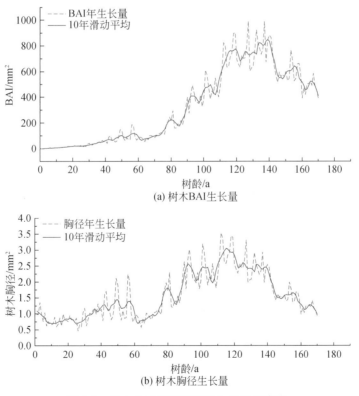

图 3-3 树木 BAI 和胸径的年生长变化曲线

总体看来，高海拔（海拔 3200m 和 3300m）的树木生长速率要大于低海拔（海拔

2550m 和海拔 2700m)。这可能是因为高海拔处的林分密度较小,树木之间的竞争较弱,而低海拔处的林分密度较大,树木之间的竞争作用强烈(图3-4)。

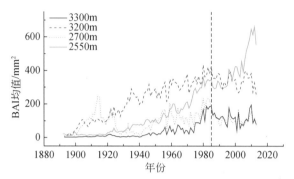

图 3-4　不同海拔样地木(树龄>40a)BAI 均值的年际变化

不同海拔高度上单株树木生长速率存在显著差异($p<0.05$)。并且,各海拔高度上树木生长速率的大小关系随着时间发生改变。其中,在 1985 年以前,各海拔树木 BAI 的大小顺序为海拔 3200m>3300m>2700m>2550m。但自 1985 年之后,样地木平均 BAI 值按海拔排序为海拔 3300m>3200m>2700m≈2550m。这说明,不同海拔高度上的树木对 1985 年以来的升温现象的反应存在明显差异,其中海拔 2550m、2700m 和 3200m 的树木生长速率均表现为下降趋势,而海拔 3300m 的树木生长速率明显增加。由此可以看出高山树线对于增温现象的反应更为强烈。

1985 年以后,海拔 3300m 处各龄级树木的生长速率均逐渐增加;海拔 2550m 和海拔 2700m 处各龄级树木的生长速率均逐渐减小;而在海拔 3200m 处,不同龄级树木的生长速率的变化趋势不一致,其中树龄大于 60a 的树的生长速率均逐渐减缓,而龄级为 40~60a 的树的生长速率略有增加。

3.1.5　树木年内生长变化规律

青海云杉一般于 5 月中下旬开始启动生长进入生长期,并于 9 月底停止生长进入休眠期,根据径向生长速率的大小可划分为 3 个生长阶段,即启动生长阶段、快速生长阶段和缓慢生长阶段。

启动生长阶段为 5 月,此阶段树干径向开始启动生长,有的树木可能处于萌动状态还未开始生长,有的树木甚至会因干旱失水出现树干收缩现象,如海拔 2700m 的青海云杉在 5 月一直径向未生长,而海拔 2500m 的单株小树和中树在 5 月 15~21 日出现径向的"负增长",其树干直径分别以 27.8μm/d 和 44.4μm/d 的速率收缩。

快速生长阶段介于 6~8 月,此阶段树木径向生长较迅速,单株树干径向增长量为 10μm/d,但也有例外,如在海拔 2500m,单株小树在该阶段的直径却以 2.38μm/d 的速率收缩。

缓慢生长阶段为 9 月,此阶段多数树木仍在生长,但生长速率较小,如海拔 2700m 单株树木的平均生长速率为 3.41μm/d，但也有树木胸径不再显著增长，甚至因失水出现收缩现象，如海拔 2500m 的单株大树，其直径以 3.85μm/d 的速率收缩。

青海云杉的径向生长速率与海拔高度有关。总体上，随着海拔的升高，青海云杉的径向生长速率呈先增加后减小的趋势，最大值在海拔 2900m，单株树木平均径向生长速率为 9.65μm/d，是海拔 2500m 的 6.2 倍，是海拔 2700m 和 3100m 的 3.4 倍，是海拔 3300m 的 1.67 倍。

在启动生长阶段，随海拔的升高，大树的径向生长速率呈先增大后减小的趋势，最大值出现在海拔 2700~3100m，单株树木的平均生长速率均为 4.6μm/d 左右，最小值在海拔 2500m，单株树木的平均生长速率为 1.67μm/d。此阶段，单株中树的径向生长速率在海拔 3100m 最大，为 4.67μm/d，是海拔 2900m 和 3300m 的中树的生长速率的 1.3 倍和 2.1 倍，但在海拔 2500m 出现"负增长"。小树在海拔 2900m 一直未生长，在海拔 2500m 出现径向"负增长"。

在快速生长阶段，大树、中树和小树的径向生长速率变化趋势相同，均随海拔升高呈"单峰"变化，峰值在海拔 2900m，但生长速率却明显不同，单株大树在海拔 2900m 的生长速率为 18.78μm/d，是海拔 2500m 和 2700m 的大树的生长速率的 1.5 倍和 2.3 倍，是海拔 3100m 和 3300m 的大树的生长速率的 5 倍和 1.7 倍。单株中树在海拔 2900m 的生长速率为 13.94μm/d，是海拔 2500m 和 2700m 的中树的生长速率的 1.6 倍和 8.6 倍，是海拔 3100m 和 3300m 的中树的生长速率的 3.7 倍和 1.5 倍。单株小树在海拔 2900m 的生长速率为 8.39μm/d，是海拔 3100m 和 3300m 的小树的生长速率的 4.1~6.6 倍，但在海拔 2500m 和 2700m 出现了"负增长"。

在缓慢生长阶段，单株大树在海拔 2500m 出现"负增长"，而在海拔 2900m 和 3300m，其生长速率达 12.8μm/d 左右，是海拔 2700m 大树生长速率的 1.6 倍，是海拔 3100m 的大树的生长速率的 5 倍。此阶段，中树在海拔 2900m 生长很快，单株树木的平均生长速率为 21.12μm/d，是海拔 2700m 和 3100m 的 5 倍，是海拔 2500m 和 3300m 的 13.9 倍和 8.3 倍。单株小树在海拔 3300m 生长速率达到最大，为 4.81μm/d，是海拔 2700m 和 3100m 的小树的生长速率的 6 倍和 5 倍，是海拔 2500m 和 2900m 的小树的生长速率的 1.8 倍和 1.2 倍。

这种变化趋势主要与不同海拔水热条件的差异有关。在海拔 2700m，生长季初期，土壤冻土和积雪开始融化，土壤含水量（0.72m³/m³）远高于其他月份，进入 6 月，气温逐渐升高，土壤含水量（0.40m³/m³）却降低，说明 5 月的土壤含水量完全满足树木生长的需要，主要是土壤低温导致树木未启动生长，土壤温度成为控制树木启动生长的主要因子。7~8 月降水增加，土壤含水量均大于 0.20m³/m³，满足树木快速生长的需求，气温虽然达到年最高气温，但未阻碍树木生长，可见夏季气温对森林中部树木生长的制约作用并不显著（汤懋仓，1985）。土壤含水量成为控制树木快速生长的主要因子。进入秋季，气温骤降，虽然土壤含水量充足，但热量不足会限制树木生长。

相比于海拔 2700m，海拔 2900m 的青海云杉径向生长主要受土壤温度和气温限制，海拔 3100~3300m 树木生长主要受气温限制。

3.2 水 文 过 程

森林植被作为陆地水文循环过程的重要参与者，其自身的生态学过程和水文过程相互影响，产生独特的森林水文作用。森林主要是通过林冠层降水截留、枯枝落叶层截持、土壤入渗、树木蒸腾、土壤蒸发及减少和拦截径流等来影响水分循环。

3.2.1 截留

截留是通过树木或者植物个体表面进行水分拦截，从而形成冠层截留。截留的水主要用于树木或植株表面的湿润，极小的部分用于降雨过程中的水分蒸发，因为降雨过程中空气湿度很大，所以通常在截留过程中，蒸发量非常小。从而，次降雨截留量与次降雨量有如下关系（王彦辉等，1998）：

$$I = I_{cm}\left[1 - \exp\left(-\frac{P}{I_{cm}}\right)\right] + \alpha P$$

式中，I 为次降雨截留量（mm）；I_{cm} 为森林或其他植物群落的最大截留量（mm），即树体持住的最大水量；P 为次降水量（mm）；α 为降水过程中的蒸发量与次降水量的比例系数，是一个统计参数，无量纲，它反映了降水历时，也即蒸发的时长，以及降水过程中的潜在蒸发能力。

王彦辉等（1998）对不同树种的 I_{cm} 统计发现，对阔叶林来说其值为 $0.6 \sim 2.6$mm，针叶林其值为 $0.6 \sim 2.8$mm。由此可以得出，次降水截留量为 $0.5 \sim 2.8$mm。祁连山青海云杉林的次降水截留量也在这个范围之内。对整个生长季来说，累积截留的水量可占降水量的 $10\% \sim 30\%$，如祁连山青海云杉林的某观测年累积截留量为 145mm，占同期降水总量的 34%。

灌丛的截留量明显小于青海云杉林的截留量，分布在海拔 $2500 \sim 3600$m 的不同灌丛（群落盖度为 $50\% \sim 56\%$）的年截留率介于 $7\% \sim 22\%$（表 3-2），而位于海拔 2700m 的青海云杉林的同期截留率为 36%。

表 3-2　祁连山不同海拔高度上灌丛的年截留率

群落类型	海拔/m	盖度/%	年截留率/%
鬼箭锦鸡儿灌丛	3600	52	17
吉拉柳灌丛	3400	55	20
金露梅灌丛	3340	56	10
鲜黄小檗灌丛	2600	52	22
甘青锦鸡儿灌丛	2500	50	7
青海云杉林	2700	65	36

注：聂雪花，2009

3.2.2 树木蒸腾

1. 单株树木蒸腾

8月4日晴天，青海云杉单株蒸腾量日变化呈现单峰形曲线，即白天蒸腾量明显高于清晨和夜晚，变化幅度较大，而清晨和晚上的蒸腾量较小，且变幅相对较小（图3-5）。

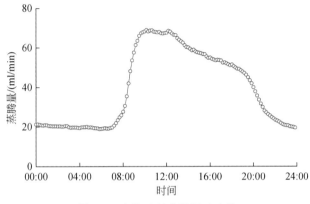

图 3-5　青海云杉蒸腾量日变化

青海云杉蒸腾从 7:00 启动，之后蒸腾量快速上升，于 12:10 到达峰值，峰值蒸腾量为 68.63ml/min，之后缓慢减小，19:00 左右急剧下降，于 22:20 左右降低到夜间水平。统计分析得到，青海云杉日均蒸腾量为 39.73ml/min，累计日蒸腾量为 57 206.41ml。

2015 年生长季内（6~10 月），单株青海云杉蒸腾量的变化幅度较大，蒸腾量随着生长季的进程基本呈降低的趋势。生长季内蒸腾量的最大值出现于 2015 年 8 月 1 日，其值为 33.78ml/min，最小值出现于 2015 年 9 月 7 日，其值为 0.13ml/min，两者相差 259 倍。

从整个生长季来看，青海云杉蒸腾量 6~8 月较高，而 9~10 月蒸腾较小。即表现为 6~8 月蒸腾量波动幅度较大，8 月 21 日至 9 月 2 日蒸腾量呈递减趋势，9 月 2~10 日连续发生降雨，土壤水分得到补充，但气温和太阳辐射较低，蒸腾拉力和时间不够，导致蒸腾量基本维持在同一水平，且数值较低；10 月 11 日以后，青海云杉处于生长季末期，蒸腾量明显较小（图3-6）。

8 月 5 日晴天条件下，单株优势木和亚优势木蒸腾量日变化曲线相近，呈单峰形曲线，昼夜变化幅度较大；而中等木和被压木则表现为一个略有波动的宽平曲线，昼夜变化不明显（图3-7）。而且，优势木、亚优势木、中等木和被压木蒸腾量峰值差异明显较大，优势木的峰值为 30.34ml/min，分别是亚优势木、中等木和被压木的 1.86 倍、5.21 倍和 8.09 倍。

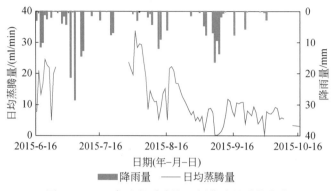

图 3-6　2015 年生长季青海云杉蒸腾量季节变化

统计分析得到，优势木、亚优势木、中等木和被压木单株日平均蒸腾速率分别为 15.64ml/min、7.91ml/min、3.01ml/min 和 2.68ml/min，日蒸腾量分别为 2252.19ml、1138.78ml、434.62ml 和 385.56ml。从以上结果来看，优势度越大，蒸腾量越大。

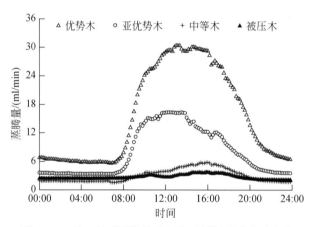

图 3-7　8 月 5 日不同优势度青海云杉树干液流日变化

2. 青海云杉林的蒸腾速率

2015 年生长季内（6~10 月），青海云杉林分蒸腾量随着生长季的进程基本呈降低的趋势。青海云杉林分平均日蒸腾量为 0.47mm，最大林分蒸腾量出现于 2015 年 8 月 1 日，其值为 1.10mm，最小值出现于 2015 年 9 月 7 日，其值为 0.05mm，两者相差 21 倍。

从整个生长季来看，6~8 月林分蒸腾量波动幅度较大，8 月 19 日至 9 月 1 日期间，林分日蒸腾量从 0.96mm 单调递减到 0.23mm。9 月 2~10 日连续发生降雨，林分蒸腾量较小，基本保持在 0.5mm 以下。降雨结束后，林分蒸腾量有所增加，但气温和太阳辐射较低，蒸腾动力不足，故导致林分蒸腾量较小，基本维持在 0.3mm 左右；10 月 11 日以后，青海云杉处于生长季末期，林分蒸腾量明显较小（图 3-8）。

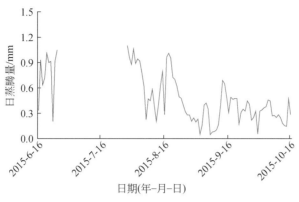

图 3-8　林分蒸腾量日变化特征

　　从整个生长季来看，青海云杉林分蒸腾量呈现先增大后减小的趋势，7 月蒸腾量出现最大值（图 3-9）。林分蒸腾量由 6 月的 22.8mm 增加至 7 月的 30.3mm，增加了 7.5mm；之后，8 月、9 月（17.5mm、9.4mm）明显降低，10 月降低至最小，为 9.2mm。统计分析得到，6 ~ 10 月林分累计蒸腾量为 89.2mm，占同期累计降雨量（309.0mm）的 28.9%。

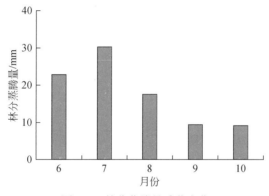

图 3-9　林分蒸腾量季节变化

　　从月际变化来看，整个林分中优势木蒸腾量明显高于其他优势度树木（表 3-3）。其中，7 月不同优势度间蒸腾量差异最大，优势木蒸腾量为 21 199.42L，分别是亚优势木、中等木和被压木的 1.9 倍、6.8 倍和 17.4 倍；10 月蒸腾量差异最小，优势木蒸腾量（6169.01L）是亚优势木、中等木和被压木的 1.9 倍、5.9 倍和 11.3 倍。总体来看，6 ~ 10 月生长季，林分中优势木蒸腾量为 60 350.57L，分别是亚优势木、中等木和被压木的 1.8 倍、5.7 倍和 13.1 倍。

　　而且，不同优势度树木蒸腾量占林分蒸腾量的比例差异较大，优势木、亚优势木、中等木和被压木蒸腾量分别占生长季林分总蒸腾量（109 261.2L）的 55.3%、30.8%、9.7% 和 4.2%，即优势木>亚优势木>中等木>被压木。由此可见，优势木和亚优势木蒸腾量占林分蒸腾量的比例较大，为 86.1%，而中等木和被压木蒸腾量所占比例较小，为 13.9%。

表 3-3　不同月份林分蒸腾量在青海云杉林冠层再分配

月份	优势木		亚优势木		中等木		被压木		林分蒸腾量 /L
	通量/L	比例/%	通量/L	比例/%	通量/L	比例/%	通量/L	比例/%	
6	15 120.61	53.0	9 135.71	32.0	3 279.89	11.5	1 006.28	3.5	28 542.49
7	21 199.42	57.8	11 140.30	30.4	3 106.89	8.5	1 218.15	3.3	36 664.76
8	11 219.07	52.9	6 428.81	30.3	2 124.63	10.0	1 433.23	6.8	21 205.74
9	6 642.46	56.4	3 648.52	31.0	1 070.28	9.1	414.31	3.5	11 775.57
10	6 169.01	55.7	3 309.65	29.9	1 045.89	9.4	548.09	5.0	11 072.64

3.2.3　苔藓层的水文作用

苔藓层的存在是祁连山青海云杉林的一个独特的层片，其与枯落物层交叉叠置在一起，其中，在排路沟流域，其蓄积量平均为 113t/hm²（蓄积量为 29～174t/hm²），平均厚度为 97mm，该层的最大持水量平均为 36mm，观测到的生长季总截留率为 24%（王顺利等，2006）。

除此之外，苔藓层还通过减少土壤蒸发等途径，显著减少土壤水分的空间差异，观测发现，海拔 2700m 的青海云杉林下，有苔藓覆盖的土壤储水量 173～187mm（2010～2012年）而同期无苔藓覆盖的平均土壤储水量则为 163～186mm，无苔藓覆盖的土壤水分空间差异较大，波动也较大，如无苔藓覆盖下土壤含水量极差为 55.6～66.5mm，平均为 62.2mm，空间变异系数（CV）为 16.0%～18.7%。而有苔藓覆盖的土壤含水量极差为 3.6～13.1mm，平均为 7.3mm，CV 仅为 1.1%～4.2%。

在持续无雨（本书持续无雨天气指土壤含水量测定前 10d 内无降水，见表 3-4）的天气下，有苔藓层覆盖地点 0～80cm 土壤总含水量的空间差异明显小于无苔藓覆盖地点，如在 2010-8-6、2011-7-14、2012-7-16 的 3 个测量时间，有苔藓覆盖观测点土壤含水量极差为 4.6～24.7mm，不同测点变异系数为 2.4%～9.2%，平均值为 6.6%；而无苔藓层覆盖地点极差为 51.4～63.7mm，变异系数为 17.7%～23.6%，平均值为 19.8%。在该天气条件下，有、无苔藓覆盖地点的土壤含水量变异系数存在极显著差异（$p<0.01$）。

表 3-4　无降雨条件下青海云杉林有无苔藓覆盖土壤含水量的空间差异

测定 时间	距前次降雨时间/d	前次降雨类型	前次降雨量/mm	有苔藓覆盖			变化范围/mm	CV/%	无苔藓覆盖			变化范围/mm	CV/%
				Y1/mm	Y2/mm	Y3/mm			W1/mm	W2/mm	W3/mm		
2010-8-6	19	连阴雨	29.4	159.1	149.1	135.3	23.8	8.1	175.3	138.1	123.9	51.4	18.2
2011-7-14	10	连阴雨	28.7	157.9	155.6	133.2	24.7	9.2	172.2	146.1	120.4	51.8	17.7
2012-7-16	11	连阴雨	23.5	162.5	165.8	157.9	4.6	2.4	191.0	132.0	127.3	63.7	23.6

注：W 代表无苔藓层覆盖；Y 代表有苔藓层覆盖；W、Y 后的数字表示不同观测点

有苔藓层覆盖测点 Y1、Y2、Y3 含水量极差在 0 ~ 15cm 随土壤深度的增加逐渐减小 (图 3-10)，在 15cm 处达到相对较小值；15 ~ 80cm 深度范围内，3 个观测点土壤含水量的极差有所增大。如在 2010-8-6 表层 0 ~ 5cm 土壤含水量的极差为 1.9mm，0 ~ 15cm 深度内，土壤含水量极差的最小值为 1.3mm，15 ~ 80cm 深度范围内土壤含水量极差的变化范围为 1.5 ~ 7.6mm。

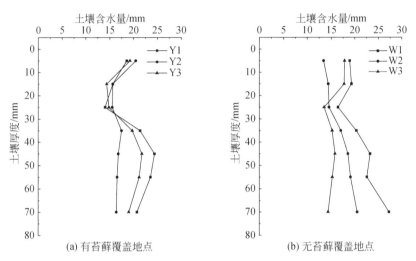

图 3-10 2010-8-6 无降雨条件下有/无苔藓覆盖观测点土壤水分剖面变化特征

在整个土壤剖面上无苔藓覆盖测点 W1、W2、W3 含水量的极差总体上均大于有苔藓覆盖测点。无苔藓层覆盖测点 W1、W2、W3 土壤含水量极差由 0 ~ 25cm 随土壤深度的增加逐渐减小，在 25cm 左右的土层深度达到相对较小值；如 2010-8-6 表层 0 ~ 5cm 处 3 个测点土壤含水量的极差为 5.5mm，在 0 ~ 25cm 范围内土壤含水量极差的最小值为 2.9mm，25 ~ 80cm 深度范围内，土壤含水量的极差随土层深度的增加呈逐渐增大的趋势，极差变化范围为 5.2 ~ 13.0mm。

小雨后，有苔藓覆盖地点土壤含水量的空间差异仍显著小于无苔藓覆盖地点。2010-6-30、2011-7-24、2012-8-5 的 3 个测量时间有苔藓覆盖观测点整个剖面的土壤含水总量极差为 7.3 ~ 23.7mm，变异系数为 2.6% ~ 6.4%，平均值为 5.1%；无苔藓覆盖观测点土壤含水量极差为 35.1 ~ 66.4mm，变异系数为 10.3% ~ 20.3%，平均值为 15.2%。该天气条件下，苔藓层对土壤含水量的影响依然显著（$p < 0.05$）。

3.2.4 水量平衡

在日尺度上，按一般的次降水事件（次降雨量 20mm）计算，青海云杉林冠层截留量的日截留量为 2 ~ 3mm，枯落物最大持水量 5mm，植物日蒸腾量为 <1.5mm（晴天）和 0.2mm（雨日），降水过程中的土壤蒸发几乎为 0，径流只在大暴雨（>25mm）时才有可能产生。因此，在日尺度上降雨日的水分平衡分量中变化最大的一项为土壤含水量，其最大变化量可达150mm（按土壤50cm厚、孔隙度30%计算）。这是在经过冠层截留、枯落物和苔藓层拦截后，通过入渗来实现的，因此，在降水事件的时间尺度（日尺度）上，最关键的生态水文过程是入渗过程，这受到前期土壤含水量及土壤孔隙度组成的影响。第二分项是冠层截留和枯落物、苔藓层截持，二者总量<10mm/d。在非降雨日，截留和枯落物层、苔藓层的截持量不会再增加，只会以蒸发的形式减少。此时，只要以植物蒸腾和土壤蒸发为主，二者的大小取决天气状况和土壤水分的供应，观测发现一般青海云杉林的乔木层的日蒸腾量平均为0.5mm左右（海拔2700m）。

在年尺度上，青海云杉林的年总蒸散率较高，如表3-5所示，青海云杉林的总蒸散量超过了同期降水量，是同期降水的1.25倍，其中，林冠截留约占年降水量的30%，乔木层的蒸腾量占年降水量的70%以上，林下土壤蒸发和下层植物蒸腾之和占年降水量的20%左右，这说明青海云杉林生态系统年蒸散的水量（即林冠截留、植物蒸腾与土壤蒸发的和）超过（在有坡面径流输入的情况下）或等于同期降水量（即垂直降水输入量），由此推算，青海云杉林对径流贡献很小，甚至是负作用。事实上，在森林径流场中很少观测到地表径流，只有在靠近上部树线的高海拔地点的降水偏多、蒸散偏少、土壤较薄的情况下才有可能产生径流。因此，在年尺度上，最大的水分输出项为植物蒸腾，其次是截留。

表3-5　不同群落类型下的水量平衡

群落类型	空旷地降雨量/mm	总蒸散量		冠层截留		下层植被及土壤蒸发		树木蒸腾		径流	
		/mm	/%	/mm	/%	/mm	/%	/mm	/%	/mm	/%
青海云杉林（海拔2700m）	295	368	125	88	30	61	21	220	74	0	0
高山灌丛（海拔3500m）	389	182	47	116	35	66	12	0	0	70	18
高山灌丛（海拔3300m）	345	274	79	94~158	27~38	116	34	0	0	71	20~33
针茅草原（海拔2700m）	351	285	81					0	0	66	29
高寒草甸（海拔3320）	264	230	87							34	13
高寒草甸（海拔3250m）	213	166	78							47	22
高寒草甸（海拔4600~4800m）	353	290	82							63	18

注：各水量平衡分量包括占同期降水的比率

在年尺度上，灌丛群落的总蒸散占总降水量的50%~70%，其中，截留占总降水量的30%，蒸腾及土壤蒸发占降水的20%~40%，而径流量占总降水量的20%。这表明高山灌丛是对流域产流有贡献的。针茅草原（海拔 2700m）的产流量占同期降水的 30%，而高寒草甸（海拔 3000m 以上）的产流量占同期降水的 20%。

综合上述样地尺度上水分平衡的分析发现，单位面积上对黑河产流贡献比较大的是针茅草原、高寒草甸和高山灌丛，而对维持区域环境具有重要贡献的青海云杉林对产流的直接作用很小。

第4章 高寒山区积雪分布与融雪过程

4.1 高寒山区积雪特点及其对水文水资源的影响

4.1.1 高寒山区的积雪特点

我国积雪分布的范围大，积雪空间分布极不平衡，主要分布于西部和北部的山区，如东北的大小兴安岭以北及长白山地区，新疆的天山和阿勒泰地区，青藏高原的藏东南及其边缘地区。由于气候、地形以及地理位置的影响，各高山带的积雪分布特征差异明显。新疆地区、东北地区等积雪丰富而海拔较低地区，积雪呈现明显的冬季积累–春季融化特征。在这些地区中的干旱内陆河流域，融雪水资源是当地水资源的最主要来源。

相对于新疆与东北等积雪区，位于青藏高原高海拔地区的积雪受到多种因素的影响，有着截然不同的分布和变化特征。这种分布是由青藏高原的气候背景决定的。青藏高原东西两侧都处于高原边缘的多雨区，西侧的帕米尔高原是西风带的上升运动区，降水较多，进而形成多雪区；暖湿气流于东侧横断山脉北上，造成东侧多雪的环流背景。藏北高原与柴达木盆地深居高原内陆腹地，尽管海拔高，但远离水汽来源，冬季降水量小，降雪量和积雪量也较少。藏南谷地海拔相对低，冬季受下沉的雅鲁藏布江热低压控制，降水特别少，也是高原积雪较少的地区。总体而言，青藏高原积雪表现为周围山地，尤其是东西侧多雪与广大腹地少雪的空间分布特征。积雪集中分布在兴都库什山、帕米尔高原、喜马拉雅山的西部、念青唐古拉山、唐古拉山的东部、他念他翁山以及横断山西部等地区。以这些山为中心的四周以及沙鲁里山、大雪山、阿尼玛卿山、祁连山、昆仑山、喜马拉雅山的南部也有比较丰富的积雪。但是广袤的藏北高原、藏南各地以及柴达木盆地积雪很少。积雪稳定区面积占青藏高原总面积的71.4%，常年积雪分布面积约占整个青藏高原的13.3%（孙燕华等，2014）。

位于黑河流域上游的祁连山区是典型的青藏高原高海拔寒冷山区。黑河流域上游年内降水分配极不均匀，夏季降水集中了年降水量的50%~80%，而冬季则不足全年降水的5%（杨针娘等，2000）。春季降雪是该地区积雪资源的主要来源。该地区积雪特征明显，一般在春季表现为多个明显的累积–消融周期。在3~4月，积雪逐渐出现消融，即便有降雪，也不能造成长时间的雪积累现象，雪深持续下降。风吹雪在该地区的作用显著，引起大规模的积雪重新分布。在海拔越高的地区，风吹雪重新分布现象越加明显，造成的雪深突升突降现象显著。随气温升高，积雪自海拔较低处逐渐出现融化现象。重冻结现象是融雪初期的主要特征，白天解冻夜晚则重新冻结。一场大规模的降雪通常需要经历 7d 左右的消融过程。随着逐日气温的升高，有少量融雪径流在山间漫流，但规模不大。流域出山径流逐日递增。在日均气温达到 0℃ 以上的暖春季节，融雪周期大大缩短，降雪在 1 ~ 2 天即大量消融，低海拔处无法形成长时间积雪覆盖。明显的降雪–消融周期现象一直到 5 ~ 6 月止，此时融雪期结束，雨季紧随来临。

4.1.2 融雪对水文水资源的影响

融雪水资源是我国山区水资源的重要来源。位于内陆河地区的干旱山区，积雪融化形成的水资源的意义更为重大。西北山区内陆河流域高山与盆地相间分布的地形，使发源于高山地区的河流都向盆地汇集，组成向心式水系（杨针娘等，2000）。主要的河流有塔里木河、伊犁河和额尔齐斯河、黑河、疏勒河，另外青海湖水系等也表现出类似特征。本区河流的特点是流量小，多为季节性河流，河流的补给以冰川、积雪融水和降雨为主。黑河、疏勒河以及青海湖水系融雪水资源的比例相对较小，而塔里木河、伊犁河以及额尔齐斯河，融雪是当地水资源的主要来源。昆仑山北坡的河流由于处在我国最干燥的地区，这里 2500m 以下的山地基本上不产生径流，河流以高山冰雪融水补给为主（熊怡等，1982）。

西南诸河区主要包括雅鲁藏布江、羌塘高原内陆河、澜沧江、怒江以及元江等流域。该地区多高山高原，坡陡流急、河网密度大、气候湿润、雨量充沛（林三益等，1999）。雅鲁藏布江及其支流，冰雪融水补给可占到径流的 27%（Immerzeel et al.，2010）。

总的来看，积雪消融对高山地区水资源有着举足轻重的作用。

4.2 高寒山区的积雪及消融过程

完整的积雪过程主要包括两个时期：积累期、融雪期。积累期雪水当量普遍增长，由于气温较低，一般不出现融雪现象，雪水当量损耗以升华和风吹雪为主。雪层性质变化主要是风等自然条件的侵蚀以及其自身的密实化变质。该时期的特点是：能量净输入总体为负，平均雪盖温度逐渐减少，雪水当量有一个显著增加的趋势。当太阳入射增大、气温回升、融雪期来临，进入雪盖的能量开始表现为出现正值。融雪期在陆面过程或水文过程研究中是最为重要和敏感的一个时期，其间涉及积雪状态的复杂变化，总的来说可以分为加热阶段、融雪发生至最大积雪持水阶段（熟化阶段）以及融雪水出流阶段。在青藏高原高寒山区，积雪受到风速、辐射、气温及下垫面等多种复杂因素的影响，过程机理具有较强的独特性。积雪聚集与消融过程往往有着很强的季节性特征。高海拔处较高的风速极大地影响积雪分布，而复杂的下垫面结构又会造成积雪植被截留，冻土与积雪的相互作用也是高寒山区积雪的重要特征。以下从高寒山区积雪聚集–消融过程中涉及的质量和能量交换过程进行阐述。

4.2.1 降雪

降雪的形成与大气条件密切相关，这些条件包括水汽含量、冰核大小和环境温度等。大气中漂浮着大量的尘埃粒子，它们的来源极其丰富，如工业生产、森林火灾以及地表有机质挥发等。这些悬浮粒子粒径尺度为 $0.001 \sim 1\mu m$，但只有很少部分的粒子能起到冰结晶核的作用。水汽在粒子表面冻结，形成所谓冰核。冰核或云滴直接冻结形成冰晶体。当冰晶形成后，通过大量的快速分裂和连续生长加大自身重量形成雪晶体，从而促使降雪过程发生。雪晶体是一种具有规律形状的粒子。雪花是雪晶体的聚合体，在降落过程中由于冷却和黏附作用其粒径随之变化增长，其大小和形状根据产生的条件千变万化。雪花根据其形状有着不同的分类方式。降雪到达地面是雪还是雨，主要取决于周围大气层的温度。一般而言，在 $0 \sim 4℃$ 的大气温度区间内，形成降雪的概率从 100% 下降到 0%。降雪的形成过程影响雪晶体的结构和几何形状等，而雪的晶体结构和几何形状又影响其强度、含水量、热量、水力以及其他特性。

高寒山区降雪受多种因素的影响，因此其观测值与实际降水量常有一定的偏差。目前较普遍的情况是雨量计观测值比实际降水量系统偏小，尤其降雪观测偏小严重。雨量计观测降水的误差分析表明，造成观测降水量比实际降水量系统偏小的原因主要是风对雨量计承受降水的干扰（称为动力损失）；雨量计承水器和储水筒（瓶）内壁对部分降水的吸附（称为湿润损失）；以及降水停止到观测时刻和降水间歇期内雨量计储水瓶（筒）中水分的蒸发（称为蒸发损失）。不同的雨量计和防风圈由于外形的差异其受气流影响的程度也不尽相同，对降水测量误差修正主要取决于雨量计的类型和观测方式。以下给出目前主要使用的降水测量修正方法。

1）相对捕捉率计算：

根据杨大庆等（1990）在乌鲁木齐河流域的对比观测所得出的中国标准普通雨量计的捕捉率与风速的关系，计算公式为

$$\mathrm{CE_{snow}} = \exp\ (-0.056W_s)\ \times 100\% \tag{4-1}$$

$$\mathrm{CE_{rain}} = \exp\ (-0.040W_s)\ \times 100\% \tag{4-2}$$

式中，CE 为相对捕捉率；$\mathrm{CE_{snow}}$ 为雨量计对雪的捕捉率；$\mathrm{CE_{rain}}$ 为雨量计对雨的捕捉率；W_s 为雨量计器口高度的日平均风速。

2）雨夹雪等混合降水类型按以下公式计算：

$$\mathrm{CE_{mixed}} = \mathrm{CE_{snow}} - (\mathrm{CE_{snow}} - \mathrm{CE_{rain}}) \times (T_d + 2)/4 \tag{4-3}$$

$$T_d = \begin{cases} -2 & (T < -2) \\ 2 & (T > 2) \\ T & (-2 \leqslant T \leqslant 2) \end{cases} \tag{4-4}$$

式中，$\mathrm{CE_{mixed}}$ 为混合降水捕捉率；T_d 为日平均温度。

3）考虑风速、降水量以及降水类型得出实际降水量计算公式：

$$P_c = \begin{cases} (P_g + \Delta P_w)/CE_{mixed} \\ \Delta P_t \end{cases} \tag{4-5}$$

式中，P_c 为修正降水量；P_g 为器测降水量；ΔP_w 为湿润损失；ΔP_t 为微量降水损失。

经过修正后的降水测量，能在一定程度上缓解外界因素造成的降水测量误差问题，使得降雪观测更加接近真实。

4.2.2 植被截留及对积雪分布的影响

植物林冠对雪的截留起着很重要的作用。降雪在地表形成积雪之前，通常会与植被相互作用。在植被的树冠上的雪被称为积雪截留，当雪直接落在地面或者从树冠上穿落而形成的降水称为净降水量。在降雪前期，雪花降落于树的枝叶上，并逐渐在狭窄的空间形成桥接，使截留面积增大，而且雪花之间的凝聚力使其集聚在桥上。林冠积雪截留在寒冷、多风的条件下，被风吹落渗透树冠；也可以以大量截雪的形式，在温暖、融化的条件下或当树枝在截雪的重压下弯曲时，从树枝滑落。截雪沿着植物的茎流向地面的融水称为径流。径流是拦截水到达地面的次要途径，特别是在冬季，截雪的融化率通常比降水率小很多。当连续降雪使某棵树的截留量达到极限值，称该极限值为这棵树的截留能力，此时树木雪截留与落到地面的雪大致平衡。截雪在到达地面之前，可以从冠层中升华或者蒸发，丢失到大气中的质量被称为拦截损失。当雪存储在树冠内部，或者截雪通过风被重新分配时，可能会产生拦截损失。降水、林冠积雪截留与拦截损失之间的关系可以表示为

$$I + T + S_{st} + Ic = P \tag{4-6}$$

式中，I 为林冠截留；T 为净降水量水当量；S_{st} 为径流；P 为总降雪水当量；Ic 为冠层拦截损失。

一些研究将 Ic 定义为方程（4-6）中的残差，其依赖于植物冠层下 T 值的测量，在植物茎上流动的 S_{st}，以及在附近开放区域或植物冠层上的测量到的降水 P。

（1）影响积雪截留的因素

降雪期间和降雪之后的气候条件、树枝的强度和弯曲度、树叶的外形和方位、植被的类型、数量和面积以及树木的年龄和密度这些特征都对雪的截留量有影响。植被因素可以分为物种特异性因子和植物群落因子，物种特异性因子是与树叶持久性（落叶与常绿）、针形特征、分枝角、树枝弹性、冠层形式等有关的因素。在针叶林树叶上，雪颗粒累积在针叶束的底部，横跨针叶并逐渐累积直到整个树枝都被积雪覆盖。针叶的长度、针数、针束的方向都会影响针叶林的积雪，但大多数研究表明针叶林的种类对这种截留关系只有轻微的影响。树枝的受力大小决定了树枝何时弯曲和随之而来的截留雪掉落。Schmidt 和 Pomeroy（1990）显示，随着空气温度从 −12℃ 增加到 0℃，树枝的可完全程度将增加，这可以解释随着气温的增加，积雪从针叶树上倾落。针叶林的截留量比阔叶林大得多，主要原因是阔叶林冬季落叶。植物群落因子与单位土地面积上的总生物量有关，可用于拦截雪，通常被认为是叶面积指数（LAI）的函数。叶面积指数定义为从冠层到地面每单位面

积的叶片的投影表面积。在落叶植物群落中，冬季采用植被面积指数，其中包括树枝、树枝和茎的总面积。随着叶面积和植物面积指数的增加，可拦截的积雪量也随之增加。

气象要素同样影响雪的冠层拦截。风是影响植被积雪截留的重要因素。风引起树木的摇摆，从而使截留于植被上的积雪降落。有研究指出，当风速大于2m/s时，林冠的积雪截留就很小了。在风速较大的地方，如森林的迎风区域和冠木的顶部，风速越大，积雪截留量越少。大风使得林冠积雪从高处摇落，降落在低处的树干或地面，从而使树林内的积雪量增加。在降雪期间，空气温度升高到0℃可增加雪粒凝聚力，从而导致林冠积雪增加。有凝聚力的雪和强风可以将被拦截的雪覆盖在树冠层以及树枝和植物茎上。而在远低于冰点的温度降落的雪粒，通常不具有凝聚力，从而不易在林冠聚集甚至冲刷掉已存在林冠上的积雪。林冠积雪的融化有助于雪团的滑落以及从树冠摇落。除此之外，植被对积雪分布的影响还可通过地表粗糙度和风速，从而影响积雪的风蚀、搬运和沉积。植被下垫面与别的下垫面有着不同的导热和辐射性质，因此植被也可影响包括湍流交换在内的地表热交换过程。植被对雪的截留受到多种因素的影响，如风蚀、蒸发与升华、融化等。由于这些过程受到影响因素多，随机性极强，要采用一套完全基于物理过程的估算方法来计算植被降雪截留和损失往往非常困难。

（2）林冠积雪截留模拟

模拟林冠积雪以及其与冠层相互作用的模型有多种。最简单的方法是假设植物冠层积雪升华而导致总降雪的固定百分比损失。Pomeroy 等（2004）修改并验证了一种算法来估计在森林覆盖下的积雪堆积，这种方法是 Kuzmin（1960）针对加拿大寒冷气候森林而发展的，其形式如下：

$$S_f = S_C \left[1 - (0.144 \ln LAI' + 0.223) \right] \tag{4-7}$$

$$LAI' = \exp\left(\frac{C_c}{0.29} - 1.9\right) \tag{4-8}$$

式中，S_f 为森林冠层下的积雪堆积；S_C 为森林中的积雪堆积；LAI' 为冬季森林的有效叶面积和茎面积指数；C_c 为冬季森林冠层密度。这两个方程式可用于估计寒区森林下的积雪累积并进行间接的树冠拦截损失计算。

更复杂的模型包括计算植被的初始拦截量，以及由重力或风引起的融化、升华和脱落等，随时间从树枝上卸下的截雪。对孤立的树枝和单株树的截雪观测表明，累积的截雪遵循逻辑增长曲线。根据 Satterlund 和 Haupt（1967）所述，孤立针叶树的截雪可以表示为

$$I = S_m / \left[1 + e^{-k(P - P_0)} \right] \tag{4-9}$$

式中，I 为一次事件中截雪存储的水当量；S_m 为最大降雪冠层储存量的水当量；k 为拦截存储率；P_0 为在 S 形生长曲线拐点上的降雪水当量；P 为一次事件中的降雪水当量。

（3）积雪的分布

在没有完全理解和掌握积雪分布物理过程的情况下，水文学研究者一般根据地形、植被和土地利用的经验关系来估算雪水当量和积雪深度。这个假定符合雪盖与自然景观特征和气候之间的关系。这种关系可以外推到区域以外没有进行过观测的地区。

虽然降雪量一般随海拔的升高而减少，但是季节性积雪一般是随海拔升高而增厚，因

为在高海拔处有很多的降雪过程，而蒸发和融化都较少。因此，在山区特定的地点，在一定高度带范围内，季节雪水当量和高度之间存在很密切的线性关系。然而，即使沿着特定的横断面，水当量随高度的增率的年际变化是很大的（Meiman，1968）。高度本身并不是积雪分布的因子，而其他一些要素如坡度、形态、迎风地形、气候因素以及原天气系统的特点等必须加以考虑，以准确地说明分布特性。

在不同地形条件下，雪的分布变化很大。地形的坡度和形态对积雪分布的影响也不可忽视。在盛行风方向沿坡度向下随距离增加积雪深度逐渐减少，积雪主要出现在背风坡，特别是聚积在洼地。地形形态对积雪分布的影响主要是通过风的搬运作用、地表热交换过程和融雪作用实现的。

4.2.3 风吹雪

风吹雪的升华和迁移在积雪水文循环中占有很大的比例，因之而产生的积雪重分布对冬季雪盖积累以及来年春季径流有着很大影响（Kane et al.，1991）。在高寒山区，风吹雪现象频发。当风吹雪发生时，传统的水汽压梯度方法很难准确计算雪面及以上的潜热交换，此时悬浮的雪粒升华相对于无吹雪时大大增加（Pomeroy et al.，1993）。Pomeroy（2015）认为在北美的北极草原环境下，冬季风吹雪升华可占到降水的 10%~50%。黑河流域上游高寒山区降雪一般集中于春秋两季，冬季降雪并不多。其海拔较高，风速大、风吹雪现象严重。降雪之后，山顶处积雪往往被大风吹走，阳坡只有少许雪覆盖。地形和风速相互作用，造成积雪大规模的重新分布，阴坡及山谷处大量积雪。降雪以及风吹雪重分布，是高寒山区雪积累的基本方式（Li et al.，2015）。

Pomeroy 等（1993）提出了一个有效地处理风吹雪的模型 PBSM（prairie blowing snow model），以后许多涉及风吹雪升华的模型基本都是来源于 PBSM 的算法（Liston and Elder，2006）。空间分布式的风吹雪模拟也在不断地探讨之中（Pomeroy et al.，1997；Essery，2001）。Bowling 等（2004）提出了一种考虑地形的风吹雪参数化方案并嵌入水文模型进行模拟。一些分布式雪水文模型如 SnowModel（Liston and Elder，2006）和 ALPINE 3D（Lehning et al.，2006）都着重考虑了风吹雪的作用。风吹雪的发生在时间和空间上都极不稳定。有研究曾指出，即便在大的风吹雪发生期间，吹雪和无吹雪现象也是间歇出现的（Schmidt，1986，Pomeroy，1988）。鉴于这些复杂的原因，许多积雪模型并没有进行细致的风吹雪计算，而是将之简化处理或者根本忽略。

从模拟方法上来看，风吹雪的模拟主要分为物理过程描述、环境因素下的统计分析以及简单的降水修正三种方法。物理过程描述方法以 Pomeroy 等的研究为脉络，借助于空间风场的模拟，通过描述风吹雪传输的物理过程进行空间栅格上的模拟。这种方法一般将风吹雪分作悬浮层和跃动层两层，基本的公式形式为

$$B=B_{salt}+B_{susp}+B_S \tag{4-10}$$

式中，B 为风吹雪量，B_{salt} 为跃动层迁移量；B_{susp} 为悬浮层迁移量；B_S 为风吹雪升华。

如果采用最彻底的物理公式来进行描述（Pomeroy et al.，1993），所需要的驱动数据是

很多的，一些经验性的假设同时也不可避免。故后来有了相应的简化模拟方法（Essery et al.，1999），加入了更多的拟合参数以便于空间上的模拟。

然而风吹雪的异质性是极大的，不仅体现在空间上，而且体现在时间上。何时何地何种情况下会有风吹雪的发生，并不是简单的临界风速便可以判别（Li and Pomeroy，1997a，1997b）。这种不确定性如果扩展到更大的流域面上，就变得更加复杂。高寒山区原本观测数据稀少，使得精确的风吹雪模拟更加困难。因此，概率的方法被用于判别风吹雪，同时研究者发现风吹雪随地形体现出概率分布的特征（Essery，2001）。故第二种方法便是风吹雪的概率发生法。已有使用概率发生法判断风吹雪并结合水文模型计算流域面上的融雪过程的例子（Bowling et al.，2004）。

第三种方法是对降水进行简单的修正。如 UEB 模型便采用了一个简单的常数项因子来代表降水受风吹雪和地形的影响（Tarboton，1996）。该因子取值为 0 ~ 1。这种方法需要对流域地形进行预处理，给定各种地形条件下的风吹雪因子值。其缺点是无法对无降雪期间的风吹雪现象做出解释。

风吹雪在积雪物质平衡中的作用主要体现在两个方面：风吹雪迁移与风吹雪升华。这里简单叙述风吹雪发生及模拟的主要方法。

当风吹雪对雪面颗粒的启动力大于雪粒之间的剪切力时，风吹雪现象就会发生。风吹雪发生与否是风速、雪面状态以及气温等要素的综合。同样的空气温度下，单次风吹雪发生的临界风速之间有较大差异，但多次风吹雪发生的平均临界风速则和空气温度之间有很大的统计相关性（Li and Pomeroy，1997a）。根据 Li 和 Pomeroy（1997b）的研究成果，在特定的温度条件下，风吹雪发生的平均临界风速为

$$\mu_T = 9.43 + 0.18 T_a + 0.0033 T_a^2 \qquad (4\text{-}11)$$

式中，μ_T 为风吹雪发生的平均临界风速；T_a 为风吹雪发生时的温度。

上式只是给出了临界风速的平均值，准确判别单次风吹雪的发生需要非常细致的雪面状态数据。忽略这些具体的物理过程，可以认为风吹雪发生是一个概率过程。风吹雪发生的概率分布类似于累积正态分布，如下式所示（Li and Pomeroy，1997b，Essery et al.，1999）：

$$P(u_{10}) = \frac{1}{\sqrt{2\pi}\delta} \int_0^{u_{10}} \exp\left[-\frac{(\bar{u} - u^2)}{2\delta^2}\right] du \qquad (4\text{-}12)$$

式中，$P(u_{10})$ 为风速 10m/s 时风吹雪的发生概率；u_{10} 为 10m 高度处风速。该式可简化为

$$P(u_{10}) = \left\{1 + \exp\left[\frac{\sqrt{\pi}\ (\bar{u} - u_{10})}{\delta}\right]\right\}^{-1} \qquad (4\text{-}13)$$

对于干雪和新雪，则有

$$\bar{u} = 11.2 + 0.365 T_a + 0.00706 T_a^2 + 0.9\ln A$$
$$\delta = 4.3 + 0.145 T_a + 0.00196 T_a^2 \qquad (4\text{-}14)$$

式中，A 是雪龄；T_a 是空气温度。对于湿雪以及再冻结的雪，经验性地认为

$$\bar{u} = 21\text{m/s}, \ \delta = 7\text{m/s} \qquad (4\text{-}15)$$

风吹雪的损耗主要分为迁移和升华两部分,表示为

$$B = B_T + B_s \qquad (4\text{-}16)$$

式中,B 为风吹雪的损耗量;B_T 为风吹雪迁移量;B_s 为风吹雪升华量。其中,风吹雪的迁移可分为下层的跃动 B_{salt} 以及上层的悬浮 B_{susp},则有

$$B_T = B_{salt} + B_{susp} \qquad (4\text{-}17)$$

可以扩展成如下式子(Bowling et al.,2004):

$$B_T = \eta_s \mu_s h + \int_h^{Z_b} \eta(z)\mu(z)\mathrm{d}z \qquad (4\text{-}18)$$

式中,η_s 为跃动层风吹雪密度;h 为跃动层高度;μ_s 是跃动层雪颗粒迁移速度,等于 2.8 倍风吹雪临界速度。Z_b 为悬浮层高度;$\eta(z)$ 为高度 z 处风吹雪密度;$\mu(z)$ 为高度 z 处风速。跃动层的高度可从风速中估计得到(Pomeroy and Male,1992),

$$h_{sal} = 0.08436\mu^{1.27} \qquad (4\text{-}19)$$

式中,h_{sal} 为跃动层的高度;μ 为风速。

悬浮层的高度 Z_b,指的是风吹雪粒密度 $\eta(z)$ 达到 0 的某一个高度(Liston and Sturm,1998)。风吹雪粒子密度通过一个基于特定高度和雪面剪切力的幂律关系来进行计算(Kind,1992)。Essery 等(1999)根据与实际数据的拟合,给出了 B_T 的简化表达形式:

$$B_T = \left[(1710 + 1.36T_a) \times 10^{-9} \right] \cdot \mu_{10}^4 \qquad (4\text{-}20)$$

式中,T_a 为空气温度;μ_{10} 为 10m 高度处风速。

风吹雪计算需要对空间风场有较为准确的模拟,而在险峻的山区流域,风场难以准确模拟到,故这里只在单点上对风吹雪以及风吹雪对升华的影响做初步分析。目前困扰风吹雪空间模拟的主要有两个问题,一个是复杂地形下,特别是起伏较大的陡峭山区,风场模拟理论还有待发展;一个是栅格上的风吹雪空间参数化需要大量的下垫面数据,如地表粗糙度、植被参数等。如何提出一种行之有效且精度可以接受的风吹雪空间参数化方案是亟须解决的一个重要问题。

4.2.4　积雪表面升华与风吹雪升华

长久以来,许多研究者都指出了雪升华在雪水文过程中独特而重要的作用(Pomeroy et al.,1997;Lundberg and Koivusalo,2003;Neumann et al.,2008)。雪面升华的发生和强度很大程度上受到当地气候环境以及积雪性质演化的影响。新鲜的干雪一般较易发生风吹雪现象,而在融雪期,随着积雪湿度的增加,风吹雪现象则出现机会较小。不同的积雪性质以及不同的气候条件下,所发生的雪面升华是相差很大的。首先需要明确的,是整个积雪期气候状况以及雪面性质的变化过程,从而分析雪面升华的阶段性。这里主要考虑了风吹雪与无吹雪状况下的不同。需要注意的是,不能用单一的临界风速来进行风吹雪升华计算。由于风吹雪发生的间歇性,在超过临界风速的时段里也有大量的时间无吹雪,若用临界风速的方法进行计算则会过高地估计升华量。

对于无吹雪的积雪表面，感热采用式（4-21）进行计算：

$$H = -\frac{\rho_a \cdot c_a}{\Phi_M \cdot \Phi_H} \cdot \frac{k^2}{\left[\ln\left(\frac{z_a - z_d}{z_0}\right)\right]^2} \cdot W_s \cdot (T_a - T_{ss}) \tag{4-21}$$

潜热采用式（4-22）进行计算，

$$LE = -\lambda_v \cdot \frac{0.622 \cdot \rho_a}{P \cdot \Phi_M \cdot \Phi_E} \cdot \frac{k^2}{\left[\ln\left(\frac{z_a - z_d}{z_0}\right)\right]^2} \cdot W_s \cdot (e_a - e_s) \tag{4-22}$$

式中，z_d 为 0 平面替代高度；z_0 是表面粗糙高度；$k = 0.4$；z_0 的变化在时空上非常大，如果没有足够的信息，一般取 $0.0005 \sim 0.005$。c_a 为空气比热；λ_v 为蒸发潜热；e_a 为空气水汽压；e_s 为雪表面水汽压；W_s 为测量风速。可以看出升华与凝结主要取决于雪面和空气之间的水汽压梯度。升华和蒸发的区分视融雪出现与否决定，当融雪出现时，需要使用蒸发潜热而不是熔化潜热。水气压和风速是主导潜热的关键。需要注意的是风吹雪发生时，风吹雪的升华会占据升华量的大部分。Φ_M Φ_H Φ_E 分别为针对空气动力、感热和潜热的大气稳定性校正系数。Ri 为理查森数（Richardson number），其中 Z_2 与 Z_1 分别代表两个不同观测高度，T_2 与 T_1 为对应的空气温度，v_2 与 v_1 为对应的风速。

$$Ri = \frac{2 \times 9.8 \times (Z_2 - Z_1) \times (T_2 - T_1)}{(T_2 + T_1 + 2 \cdot 273.2)(v_2 - v_1)^2} \tag{4-23}$$

对于风吹雪，由于无法准确地判断风吹雪发生的具体时间，考虑到风吹雪出现的概率，这里用如下式子计算雪升华：

$$sum = P \cdot Q_{bs} + (1-P) \cdot Q_{ss} \tag{4-24}$$

式中，Q_{ss} 为雪面升华；Q_{bs} 为风吹雪升华；P 为风吹雪发生概率；sum 为雪升华量。在融雪期，当雪面温度大于 0℃ 时，融雪现象发生，此时表现为雪面蒸发。同时假设当气温大于 0℃ 时，不出现风吹雪现象。

风吹雪升华表示为

$$Q_s = \int_0^{Z_b} \frac{1}{m(z)} \frac{dm}{dt} \eta(z) \, dz \tag{4-25}$$

式中，$m(z)$ 为某个高度 z 处风吹雪平均质量，这里假设 m_z 符合 gamma 分布；$\eta(z)$ 为高度 z 处风吹雪密度。Essery 等（1999）将之简化为

$$Q_s = \frac{b\sigma_2}{F(T)} \mu_{10}^5 \tag{4-26}$$

$$F(T) = \frac{L_s}{\lambda_T(T+273)} \left[\frac{L_s M}{R(T+273)} - 1\right] + \frac{1}{D\rho_s} \tag{4-27}$$

式中，σ_2 为 2m 风速处水汽压不饱和度；λ_T 为空气热导率；R 为通用气体常数；D 为水汽发散度；ρ_s 为水气压饱和密度；b 为常数。

4.2.5 积雪温度、密度及粒径变化

随着气温的升高以及太阳辐射的加强，积雪表面积内部经历一系列的变化，涉及积雪

粒径、积雪密度、积雪温度、含水量等多个方面。在高寒山区的雪积累前期，风吹雪的迁移对雪深有很大的影响。当气温达到0℃时，开始出现表层部分融雪，但持续时间相对较为短暂，无法形成融雪。随着气温的升高，雪层温度出现较为持久的0℃。融雪水经过下渗和再冻结的反复过程，使得雪层内部达到其最大持水量，进一步的能量输入则可产生融雪径流。虽然表面已有融雪水产生，但是在达到雪层最大持水能力之前，并无融雪径流出现。真正大规模的融雪径流在气温稳定在0℃以上时发生。融雪水往往在流动途中就再冻结，其汇流时间远远大于一般意义上的降水事件。融雪水的再冻结在积雪底部形成大量冰体，雪表面也有结冰体。到融雪后期，降雪在很短时间内便融化形成径流。

（1）积雪温度变化

在雪积累期，积雪温度稳定在0℃以下。由于积雪的热传导率低，积雪各层之间的温度差异较大，一般温度梯度随雪层深度加深而增加。同时新雪的堆积以及雪层自身的作用使得温度梯度自表层往下呈现出不同变化特征。在融雪期，积雪消融与再冻结现象重复出现。随着气温的升高以及辐射的加强，雪层温度也间或超过0℃。雪层温度梯度随雪深增加而上升。由于风吹雪壳以及融雪再冻结层的影响，容易在积雪内部形成密度不连续层，从而造成温度梯度的不连续。随着雪层温度上升迅速，迎来积雪层的全面融化，此时融化现象明显，再冻结现象大大减少。降雪发生之后很短时间内便迅速消融。

（2）雪密度变化

自新雪降落起，随着积雪性质变化，积雪密度也相应改变。一般地，积雪密度改变主要有3方面原因：外界对雪表层的侵蚀作用、雪层自身的密实化过程以及融雪再冻结。在雪积累初期积雪密度较低，为200kg/m³左右，雪底层密度略高于表层。由于雪密实化作用，雪层密度有增加趋势。降雪过程以及积雪层中类似冰层的形成则改变了原有积雪层结构，形成完全不同的雪密度分布。一般而言，此时期积雪层可形成3个不同特征的积雪密度分布层：密度较低的雪表层、密度高的不连续层及密度相对低的深霜层。融雪期雪密度延续前期特点，在不连续层之上是随雪层深度增加而递增，而在之下的深霜层则是递减。当密实化过程完成后，积雪层密度整体基本保持稳定，积雪消融对雪密度影响不大。当融雪盛期来临时，降雪一般在雪密实化过程完成之前已全部融化，故积雪密度相对较低，雪密度随雪深增加而递增。

高寒山区积雪密度一般具有以下特征：①积雪密度有明显的分层特征，大致可分为表层雪、不连续层以及深霜层。②积雪密度一般随雪深递增，当深霜层形成后，雪密度随深度递减。③积雪密实化过程完成后，密度廓线基本不再变化，稳定在300kg/m³左右。

（3）雪粒径变化

随着积雪时间的延续，雪粒径逐渐增大，底层增大趋势更大于表层。在新雪降下，积雪层形成时间不长时，雪粒径一般较小。雪粒径随雪深增加而增加。新雪密度一般较低，在降雪之后往往能保持短时间的等粒径层。在随后时间里，积雪内部开始变化，积雪形成不同层次，如雪表层、不连续层和深霜层。积雪颗粒种类也在发生不同变化。在雪积累期，积雪以棱角分明的雪颗粒为主，在融雪期，雪颗粒更多地出现圆形，雪粒之间有很强的连接性。融雪前期雪层中出现一连续的紧密雪层，而最下层则表现为有棱角空隙较大的雪层。具体的积雪颗粒分类可参考相关文献（Dewalle and Rango，2008）。

4.2.6 积雪过程能量交换

（1）辐射

随着季节变化、太阳高度角的抬升，短波入射呈现增加趋势，同时也受到大气多变状况的影响。而短波的净入射值随着季节变化有缓慢增加趋势。在多云或降雪密集的天气情况下，短波净辐射几乎为0，与短波入射相同。反照率对短波辐射的影响是明显的。在雪积累期，由于雪面的高反照率，大多数短波辐射都被反射；只有到了融雪期，当积雪性状迅速变化时，短波净辐射才有明显增加。在融雪的后期，甚至于地表出露时，短波净辐射更加明显。需要注意的是，逐时短波辐射在白天变化是很大的，而在夜晚基本趋近于0。

当短波辐射进入雪层后，到达雪层不同深度的能量是有区别的。当积雪足够厚时，短波辐射全部被雪层所吸收，而当积雪浅薄时，一部分短波能量穿过雪盖进入地表。谢应钦和张金生（1988）观测认为表层5cm的积雪可以吸收约85%的短波辐射，短波辐射的有效深度为20cm左右。

一般地，新雪初降的时候反照率超过接近1.0，该现象在整个积雪期相差不大。随着积雪的时间演化，反照率逐渐下降。积雪反照率在太阳天顶角最高时为最大，而太阳高度角的变化以及雪表面的部分融化，从而使得雪面反照率每日都有一个下降过程。在雪积累前期，最低值一般为0.7左右，而在雪积累期，其最低值则升高至0.85左右。雪积累前期和雪积累期，反照率逐日变化特征相差并不大。这种情况在融雪期开始明显变化。一方面，逐时积雪反照率呈现出一日之内从高到低的变化特征；另一方面随着积雪表层性质的迅速改变、积雪的大量融化，逐日平均反照率也迅速降低。反照率的最低值出现在积雪化尽、土壤出露的时刻。

入射长波主要受到气象环境的影响，而向上长波辐射主要取决于雪面温度。长波入射变化范围较大。向上长波辐射值与雪层温度密切相关。向下长波辐射主要反映了大气状况的波动。和短波辐射一样，长波辐射也有明显的日内变化特征。

（2）湍流交换

一方面，积雪表层湍流能量交换主要包括积雪表面的潜热和显热变化。整个融雪期，潜热与显热在数量级上接近。显热主要反映了空气和积雪表面之间的热交换，取决于温度梯度，而潜热则表征了积雪表面的升华现象，取决于水汽压梯度。整个积雪期雪面温度大多数情况下低于空气温度，空气对雪面加热；而雪面水汽压大多数情况下高于近地面水汽压，出现大量的升华和蒸发，凝结现象很少出现。升华现象是积雪水文过程中，除降雪和融雪之外的另一个重要的质量损耗项。潜热与显热之间的关系可以概括为：波动相似、方向相反、数量相仿。另一方面，当风吹雪发生的时候，通常所用的梯度法以及类似方法都不能对风吹雪情况下的升华做出较好的解释，这是由于两者的发生机制是完全不一样的。

4.3　高寒山区积雪过程模拟

4.3.1　积雪模型研究发展概况

融雪过程是陆面水文过程研究的重要组成部分。历史上有过多次对融雪模型的系统评价研究，如世界气象组织（WMO，1986）以及美国陆军工程实验室的相关专著。总结雪模型近年来的发展趋势，可以将之概括为以能量过程模拟为核心，以空间分布为发展方向，更借助于遥感等先进观测技术，更全面地考虑地形及周边环境在积雪演化中的作用，越来越注重模拟结果的尺度转换以及气候变化的模拟评估。

单点上的积雪水热过程模拟已基本成熟，有着完善的数学描述体系。各积雪模型所采用的模拟方法上的差异，主要是考虑到模型建立的目标和数据可用性。长期以来，积雪模拟研究主要集中于积雪水热过程理论的创立和不同区域条件下积雪水热过程模拟，一大批有代表性的雪模型此时应运而生：以物理过程描述为侧重的，如 SNTHERM 和 SNOWPACK（Jordan，1991；Bartelt et al.，2002）；以径流模拟为目的的，如 NWSRFS SNOW-17 与 SRM（Anderson，1976；Martinec and Rango，1999）。

一直以来，人们清楚地认识到，单点的能量过程模拟绝不能代替流域。无论是对区域气候特征的准确把握，还是对流域水文过程的深入认识，无不依赖于对积雪空间异质性的准确把握，都离不开积雪过程的空间模拟，如 UEB 模型等（Tarboton，1996）。目前，有一定物理基础的融雪能量过程描述也出现在一些分布式水文模型中，如 DHSVM（Wigmosta et al.，1994）。积雪水热过程的空间分布模拟目前蓬勃发展，其中的主要问题为空间变量的确定以及空间异质性的体现，研究中更加侧重于地形及周边环境的影响、冻土与积雪相互作用以及林冠积雪。大多数雪水文模型的汇流过程仍然沿用经典的汇流方法，冻土等特殊下垫面在汇流中的作用考虑不多。

如何充分结合遥感技术实施连续的遥感监测，并引入融雪物理过程机制，是积雪水文学研究发展的方向（Seidel and Martinec，2004）。MODIS、NOAA AVHRR、Landsat TM 以及 SPOT 等卫星遥感数据所制作的雪盖图在气象水文模拟作发挥了很大的作用，融雪径流研究中大量地使用到了雪盖面积这一便于获取的遥感信息（Seidel and Martinec，2003）。在中国的高寒山区，自 1980 年起陆续开展了结合卫星遥感数据的融雪径流研究（张顺英和曾群柱，1986；张顺英等，1980；曾群柱等，1985；王建和李文君，1999）。SRM 融雪径流模型（snowmelt runoff model）在我国长期以来的积雪水文研究中得到了充分的应用，主要体现在利用遥感数据获取积雪面积并输入 SRM 模型进行融雪径流的模拟与预报（曾群柱等，1985，李弘毅与和王建，2008，王建和李文君，1999，马虹和程国栋，2003，刘俊峰等，2006）。在气候变化日益受到重视的今天，利用融雪模型评估气候变化对径流的影响成为当前融雪径流研究的热点。王建等（2001）、王建和李硕（2005）选择祁连山黑河流域作为高寒山区积雪流域的典型代表，分析了 1956～1995 年气候、积雪变化的状况和特点以及春季融雪径流的波动趋势，并利用融雪径流模型 SRM 和卫星遥感数据模拟气温上升框架下的融雪径流变化情势。

融雪水文模型的发展已经逐渐远离简单的概念性模型，而深入到分布式的物理模型。建立物理模型的主要困难之一是需要大量的观测数据以便进行模型的标定和验证。然而要获取这样丰富的数据是很困难的，于是在积雪模拟过程中常采用经验性的参数化方案（Anderson，1976）。这些参数化方案都做了非常大的简化处理，在冻土、风吹雪、雪深以及降雪的时空分布方面都考虑不足，空间变量如雪面粗糙度等更是采用经验的常量值来代替。然而任何精巧的参数化方案都不能解决基本观测数据缺失的问题。在确定融雪参变量的历史演变过程中，20 个世纪 90 年代统计和插值的方法还大量存在（Samelson and Wilks，1993）。

分布式模型所面临着的数据缺乏的问题，单靠地面观测设施的密集设立显然无法解决。遥感为积雪模拟的空间化提供了独到而丰富的数据来源，已经有一些研究将遥感数据结合到融雪径流模型并取得了较好的模拟结果（Martinec，1982；Rango et al.，1989；Brubaker and Rango，1996；Seidel and Martinec，2003）。MODIS 雪面积比例产品也在雪水当量模拟中有少量的应用，但与空间积雪的能量过程结合还不够深入（Salomonson and Appel，2004；Dery et al.，2005；Molotch and Margulis，2008）。总的来看，目前应用在积雪水文模型中主要的遥感数据只局限于雪盖面积相关产品，一些新的数据如反照率、雪面温度等并不被大多数的模型所采用。其中的原因一个是数据质量需要提高，一个是已经完善的积雪模型必须做出较大的改动来适应新的数据来源。同时，微波遥感技术的发展也为雪水当量的反演带来了新的契机，如车涛和李新（2005）利用被动微波遥感技术对中国地区雪水当量进行了估算。

利用遥感手段探测积雪参数已经掀起热潮，同时以实时、精细为目标的地面无线传输网络研究也悄然升温（Lundquist and Lott，2008；Alippi et al.，2007；Henderson et al.，2004）。相对于遥感测量和极耗财力的人员实地测量，建立自动测量并实现实时传输的积雪地面监测网络，不仅能实现更高的观测精度，保证数据的连续性，而且大大节约人力财力。无论从建立各种模型的角度出发，还是以实时预报为考量，积雪参数自动测量传输实时监测系统相对于以往监测手段有着无法比拟的优势，其高精度、高连续性的数据在与遥感数据的结合下，将真正实现空地一体化的海量数据库。

单点上的积雪水热过程模拟一般是假设积雪层在地表完全覆盖，地表坡度单一。当进行空间的积雪模拟时，这种假设随着栅格选取尺度的不同而产生较大的变化。如在加利福尼亚州内华达山 Emerald 湖流域实验结果认为：在 5 ~ 25m 格网，几乎没有信息损失（精度高），当使用 100m 格网时，将导致重大的错误（Bales et al.，1993）。Cline 等（1998a）也作了类似的尝试，他采用尺度下推的方法，将流域 DEM 从 30m 分辨率逐渐下降到 500m 分辨率，计算栅格上的能量过程，结果发现：250 ~ 500m 的分辨率转换过程中，所计算的结果并没有太大的差别。而当分辨率取到 90cm 的时候，雪水当量值开始出现 14% ~ 17% 的差别。分辨率的降低确实会使得雪水当量模拟不准。在积雪较浅薄的地区，积雪分布以破碎积雪带为主，此时实际的地表反照率和假设积雪全部覆盖的模拟值差别甚大。山区的地形起伏也会对积雪的模拟造成较大影响，不同坡度和曲率的等尺寸栅格上的积雪水热过程也是完全不同的。将单点上的能量过程模拟直接应用于栅格必然会出现较大的误差，这是积雪水热过程空间参数化必须要解决的问题。Yang（2008）在对统计的 45 个积雪模拟进行比较时，总结出大约有 1/4 的模型考虑了子象元尺度上的地形对降水、气温插值以及雪深分布的影响。

利用栅格内积雪衰减曲线进行雪水当量估算已被证明是有效的（Cline et al.，1998b）。这种方法为不同栅格融雪之间的尺度转换研究提供了非常有益的思路，积雪衰减曲线规律可看作是联系不同时空尺度融雪过程的纽带。现在存在于衰减曲线上的缺点包括：公式定义多种多样，物理意义不明确，不同尺度栅格之间的衰减曲线转换缺乏严格的推导，降水以及风吹雪等在衰减曲线中的作用不清楚，虽然已有部分研究开展（Cline et al.，1998a；Essery and Pomeroy，2004；Pomeroy et al.，2004；Bloschl，1999；Ohara et al.，2008），也有部分工作和能量过程相结合（Liston，2004），但缺乏根本的联系能量过程与积雪衰减曲线的方法，并且相对于衰减曲线的重要性而言，相关验证工作还开展得较少。

4.3.2 积雪过程水热耦合模拟方法

1. 积雪质量平衡

积雪可以认为是冰、液、汽三相混合的多孔介质，其中各相的体积比满足如下的方程：

$$\theta_i + \theta_l + \theta_v = 1 \tag{4-28}$$

式中，θ_i 为体积含冰量；θ_l 为体积含水量；θ_v 为体积水汽含量。在本小节中，参量下标 i 代表冰，下标 l 代表液态水，下标 v 代表水汽。对于雪层中的每一相，质量平衡方程可以分别写为如下形式：

对于冰，质量平衡方程可写为

$$\frac{\partial \rho_i \theta_i}{\partial t} + \dot{M}_{iv} + \dot{M}_{il} = 0 \tag{4-29}$$

式中，ρ_i 为冰密度；$\dot{M}_{iv}$ 和 $\dot{M}_{il}$ 表示单位时间内冰转化为液态水、水汽的质量。

对于液态水，质量平衡方程可写为

$$\frac{\partial \rho_l \theta_l}{\partial t} + \frac{\partial U_l}{\partial z} + \dot{M}_{lv} - \dot{M}_{il} = 0 \tag{4-30}$$

式中，ρ_l 为液态水密度；U_l 为水流通量；z 为地表以下深度；$\dot{M}_{lv}$ 表示单位时间内液态水转化为水汽的质量。

对于水汽，质量平衡方程可写为

$$\frac{\partial \rho_v \theta_v}{\partial t} + \dot{M}_{lv} - \dot{M}_{iv} = \frac{\partial (D_{eff} \partial \rho_v / \partial z)}{\partial z} \tag{4-31}$$

式中，D_{eff} 为水汽扩散系数，其他各参量意义同前。近似可以认为水汽温度为雪层的温度。

积雪中的水汽扩散系数 D_{eff} 可写为（Jordan et al., 1991）

$$D_{eff} = D_{es0} \left(\frac{1000}{P_a} \right) \left(\frac{T}{273.15} \right)^6 \tag{4-32}$$

式中，D_{es0} 为 0℃ 1000mbar 时的水汽扩散系数；P_a 为大气压；T 为雪层温度。

对于雪层中的水流过程，雪层中的水流速度可以表示为

$$v_1 = -\frac{K_1 \theta_1 g}{\theta_1 \mu_1} \tag{4-33}$$

式中，K_1 为导水系数；θ_1 为体积含水量；μ_1 为水在 0℃ 时的动力黏滞度。K_1 可以表示为（Jordan et al., 1991）

$$K_1 = K_{max} s_e^3 \tag{4-34}$$

$$K_{max} = 0.077 d^2 e^{-0.0078 \rho_1 \theta_1} \tag{4-35}$$

式中，d 为雪的颗粒直径；s_e 为有效液体饱和度，表示如下

$$s_e = \frac{s - s_r}{1 - s_r} \tag{4-36}$$

式中，s 为雪层含水量，s_r 为残余水饱和度，φ 为孔隙度，研究表明残余含水量 $\theta_r = s_r \phi$ 在 0 ~ 0.4 的范围内。联立以上各式，可以得到雪层中的水流流速 v_1，进而求得水流通量为

$$U_1 = \rho_1 \theta_1 v_1 = -\frac{K_1}{\mu_1} \rho_1^2 g \tag{4-37}$$

式中各个参量意义同前。

积雪层压实主要考虑 3 个物理过程：新雪导致的结构破坏（由风或热力作用导致的结晶破坏）、雪的重力压实和融雪作用（冻融循环及液态水结晶导致的雪层结构变化）。雪层总的压实速率 C_{Ri} 为这 3 个过程作用之和：

$$C_{Ri} = \frac{1}{\Delta z_i} \frac{\partial \Delta z_i}{\partial t} = C_{R1,i} + C_{R2,i} + C_{R3,i} \tag{4-38}$$

$$\frac{1}{\Delta z_i} \frac{\partial \Delta z_i}{\partial t} = -c_3 c_2 c_1 \exp\left[-c_4 (T_f - T_i) \right] + \frac{P_{s,i}}{\eta} - \frac{1}{\Delta t} \max\left(0, \frac{f_{ice,i}^n - f_{ice,i}^{n+1}}{f_{ice,i}^n} \right) \tag{4-39}$$

$C_{R1,i}$ 为新雪导致的结构破坏引起的压实速率，$C_{R1,i}$ 由温度决定（Anderson, 1976）

$$C_{R1,i} = -c_3 c_2 c_1 \exp\left[-c_4 (T_f - T_i) \right] \tag{4-40}$$

式中，c_3 为参数，表示温度为 0 摄氏度时的相对压实速率；c_4 以及 c_1 为参数，与雪层中冰含量有关；c_2 为参数，与雪层中液态水含量有关；T_f 为冰的融化温度；T_i 为雪层温度。

重力压实作用导致的压实速率 $C_{R2,i}$ 为雪层上部压力 $P_{s,i}$ 的线形函数：

$$C_{R2,i} = \frac{P_{s,i}}{\eta} \tag{4-41}$$

这里 η 为黏性系数，为雪层密度和温度的函数：

$$\eta = \eta_0 \exp\left[c_5 (T_f - T_i) + c_6 \frac{w_{ice,i}}{\Delta z_i} \right] \tag{4-42}$$

式中，η_0、c_5 和 c_6 为常数；$P_{s,i}$ 为雪层上部积雪的重量；$w_{ice,i}$ 为雪层中含冰的质量。

雪层融化导致的压实速率 $C_{R3,i}$ 为

$$C_{R3,i} = -\frac{1}{\Delta t}\max\left(0, \frac{f_{ice,i}^{n}-f_{ice,i}^{n+1}}{f_{ice,i}^{n}}\right) \tag{4-43}$$

式中冰的相对含量 $f_{ice,i}$ 由下式计算：

$$f_{ice,i} = \frac{w_{ice,i}}{w_{ice,i}+w_{liq,i}} \tag{4-44}$$

式中，$w_{ice,i}$ 为雪层中含冰的质量；$w_{liq,i}$ 为雪层中含液态水的质量。

2. 积雪能量平衡

对于表层以下的积雪层，能量平衡方程可以写为

$$\frac{\partial[C_s(T_s-T_f)]}{\partial t}-L_{il}\frac{\partial\rho_i\theta_i}{\partial t}+L_{lv}\frac{\partial\rho_v\theta_v}{\partial t}=\frac{\partial}{\partial z}\left(K_s\frac{\partial T_s}{\partial z}\right)-\frac{\partial}{\partial z}\left(h_v D_e\frac{\partial\rho_v}{\partial z}\right)+\frac{\partial I_R}{\partial z} \tag{4-45}$$

表层积雪层吸收表面的能量输入（E_{sur}），对于表层积雪层，能量平衡方程写为

$$\frac{\partial[C_s(T_s-T_f)]}{\partial t}-L_{il}\frac{\partial\rho_i\theta_i}{\partial t}+L_{lv}\frac{\partial\rho_v\theta_v}{\partial t}=\frac{\partial}{\partial z}\left(K_s\frac{\partial T_s}{\partial z}\right)-\frac{\partial}{\partial z}\left(h_v D_e\frac{\partial\rho_v}{\partial z}\right)+\frac{\partial I_R}{\partial z}+E_{sur} \tag{4-46}$$

$$E_{sur}=RS_{net}+\varepsilon RL_d-\sigma\varepsilon_s(T_s^n)^4+E_h+E_e-C_p U_p(T_p-T_f) \tag{4-47}$$

式中，C_s 为积雪比热；K_s 为积雪热导系数；RS_{net} 为净短波辐射；RL_d 为向下长波辐射；ε 为积雪比辐射率，一般取为 0.98；σ 为波尔兹曼常数；E_h 为显热通量；E_e 为潜热通量；C_p 为降水的比热容，其数值与降水的状态（雪或水）有关；U_p 为降水速率；T_s 为雪层温度；T_p 为降水温度。

若忽略水汽对质量变化的影响，则可以采用参数化的雪的热导系数 K_s' 来描述水汽对能量平衡的影响：

$$\frac{\partial[C_s(T_s-T_f)]}{\partial t}-L_{il}\frac{\partial\rho_i\theta_i}{\partial t}=\frac{\partial}{\partial z}\left(K_s'\frac{\partial T_s}{\partial z}\right)+\frac{\partial I_R}{\partial z} \tag{4-48}$$

其中，参数化的 K_s' 可表示为（Sun et al., 2007）

$$K_s'=K_s+k_v \tag{4-49}$$

$$k_v=\left(-0.06023+\frac{-2.5425}{T_s-289.99}\right)\times\frac{1000}{p} \tag{4-50}$$

式中，p 为大气压，k_v 为雪层内水汽对热导系数的影响，其余各参量意义同前。

3. 积雪层热力学参数

热焓 h 代表了某一均质雪层所具有的热量。假设 0℃ 的液态水热焓为 0，则对于雪中不同的相来说，

$$\begin{aligned} h_1 &= c_1(T-273.15) \\ h_i &= c_i(T-273.15)-L_{il} \\ h_v &= c_v(T-273.15)-L_{lv} \end{aligned} \tag{4-51}$$

式中，参量下标 i 代表冰，下标 l 代表液态水，下标 v 代表水汽，c_i，c_1，c_v 分别为冰、液

态水、水汽的比热容，其他各参量意义同前。积雪的比热容 C_s 可表达为

$$C_s = c_i \rho_i \theta_i + c_l \rho_l \theta_l + c_v \rho_v \theta_v \tag{4-52}$$

$$c_i = 92.96 + 7.37 T_k \tag{4-53}$$

式中，c_i、c_l、c_v 分别为冰、液态水、水汽的比热容；ρ_i、ρ_l、ρ_v 分别为冰、液态水、水汽的密度；θ_i、θ_l、θ_v 分别为冰、液态水、水汽的体积含量。

积雪热传导系数 K_s 的选取，一般表示为

$$K_s = 2.22362 \left(\frac{\rho_s}{\rho_l} \right)^{1.885} \tag{4-54}$$

式中，ρ_s、ρ_l 分别为雪和液态水密度。

4. 积雪层辐射传输过程

积雪层辐射传输过程采用 SINCAR（snow, ice, and aerosol radiative）模型来描述，并采用 Toon 等（1989）提出的辐射传输解来计算。在模型中积雪反照率及各层吸收的辐射量由太阳高度角、积雪层底面反照率、大气沉降气溶胶浓度及冰的等效粒径来决定（Flanner and Zender, 2005; Flanner et al., 2007）。

Toon 等（1989）提出的辐射传输解需要获得各积雪层和各波段的光学特性：光学衰减深度 τ，单散射反照率 ω，不对称散射参数 g，可表示为

$$\tau = \sum_1^k \tau_k \tag{4-55}$$

$$\omega = \sum_1^k \omega_k \tau_k \Big/ \sum_1^k \tau_k \tag{4-56}$$

$$g = \sum_1^k g_k \omega_k \tau_k \Big/ \sum_1^k \omega_k \tau_k \tag{4-57}$$

k 代表各积雪层，各积雪层的光学衰减深度取决于质量消光系数 ψ 以及各雪层的质量 w_k，表示为

$$\tau_k = \psi_k w_k \tag{4-58}$$

为了计算得出光学衰减深度 τ、单散射反照率 ω、不对称散射参数 g 的光学有效值（标记为 $*$），对各波段采用 delta 变换（delta scaling），表示为（Wiscombe and Warren, 1980）

$$\tau^* = (1 - g^2 \omega) \ \tau \tag{4-59}$$

$$\omega^* = (1 - g^2) \ \omega / (1 - g^2 \omega) \tag{4-60}$$

$$g^* = g / (1 + g) \tag{4-61}$$

对于每个积雪计算网格，辐射传输的计算共进行两次，分别为直射光和散射光的入射辐射量。初始状态下，各个雪层 i 所吸收的辐射量（$S_{sno,i}$）可认为是地面的辐射量，这是因为积雪反射率需要在下一计算时间步长中得出。由于每个积雪土壤单元均需要在垂向上计算温度变化，地表吸收的太阳辐射通量（S_g）取决于总积雪的吸收量（S_{sno}），可以表示为

$$S_g = 1 - \left[\alpha_{soi} (1 - f_{sno}) + (1 - S_{sno}) f_{sno} \right] \tag{4-62}$$

$$S_g = S_{sno}f_{sno} + (1-f_{sno})(1-\alpha_{soi}) \tag{4-63}$$

为了将公式扩展到多层积雪的辐射吸收计算并提高运算效率,加权的地表积雪和无雪单元辐射吸收量可简化表示为

$$S_{g,i} = S_{sno,i}f_{sno} + (1-f_{sno})(1-\alpha_{soi})\frac{S_{sno,i}}{1-\alpha_{sno}} \tag{4-64}$$

该加权算法应用于计算直接辐射、散射辐射、可见光以及近红外光辐射。在计算得到地表辐射通量后(考虑植被冠层的影响),将积雪层辐射吸收因子($S_{g,i}$)乘以地表入射辐射量,从而得到积雪层及其下方各层的太阳辐射量。

5. 积雪层粒径演化

积雪粒径用冰的等效粒径来描述(Grenfell and Warren,1999)。雪层中冰的等效粒径 r_e 定义为不同雪粒子半径的加权平均值,权重为表面积。这样雪层中冰的等效粒径 r_e 为比表面积的函数:

$$r_e = 3/(\rho_{ice}SSA) \tag{4-65}$$

式中,ρ_{ice} 为冰的密度;SSA 为雪粒的比表面积。

粒径的变化是由干雪导致的粒径变化、液态水变化导致的粒径变化、新降雪和液态水重结晶作用所决定的,可以用下式计算:

$$r_e(t) = [r_e(t-1) + dr_{e,dry} + dr_{e,wet}]f_{old} + r_{e,0}f_{new} + r_{e,frz}f_{rfrz} \tag{4-66}$$

式中,$r_{e,0}$ 为新降雪的等效粒径;$r_{e,frz}$ 为重结晶液态水等效粒径;$dr_{e,dry}$ 为干雪变化导致的粒径变化;$dr_{e,wet}$ 为液态水导致的粒径变化;f_{old} 表示雪层中的上一时刻的老雪比例;f_{new} 表示新降雪比例;f_{rfrz} 为再冻结液态水比例。

干雪变化导致的粒径变化可以用下式计算:

$$\frac{dr_{e,dry}}{dt} = \left(\frac{dr_e}{dt}\right)_0 \left(\frac{\eta}{r_e - r_{e,0} + \eta}\right)^{1/\kappa} \tag{4-67}$$

其中 $\left(\dfrac{dr_e}{dt}\right)_0$、$\eta$、$\kappa$、$r_{e,0}$ 为参数。

4.4 网格尺度积雪模拟及积雪衰减曲线

由于地形和地表覆盖的不同,积雪的分布及其融化具有很大的空间异质性。Essery 和 Pomeroy(2004)总结了积雪分布和积雪融化的空间异质性,归纳起来就是:积雪空间分布和积雪融化的空间异质性有着一定的联系,其中影响因素包括太阳辐射、坡度、朝向、下垫面条件、风向等。如同 Donald 等(1995)所指出的,固定地区的最大积雪累积量是地形和植被高度的函数,且逐年的积雪衰减遵循着固定的衰减模式。气象台站以及积雪相关属性观测相当于是一个点上的观测,如果在大的流域上进行融雪模拟,单点的积雪观测显然是不够的。由于无法在不同的区域建立一种完全基于物理过程的数学模型,积雪衰减曲线被用来表示一种经验性或者统计性的积雪衰减规律。以栅格为单元进行空间积雪状态

模拟时，一般都采用栅格内雪比例的概念，而雪比例主要从积雪衰减曲线获得。积雪衰减曲线可定义为：在一定单元地表面积内，雪水当量分布随雪盖比例变化的函数关系定义为积雪衰减规律。将该函数关系以二维坐标的形式表示出来，即为积雪衰减曲线。

积雪衰减曲线概念的使用已有很长的历史。在这些演变之中，虽然都采用了雪盖衰减曲线这个概念，但其内涵并不一致，一般可以分作两类：第一类是利用雪盖衰减曲线来估算融雪径流。例如，Anderson（1973）将之用于估算雪水当量和雪盖面积之间的关系，而Martinec（1980）在SRM模型中使用衰减曲线随时间变化的经验关系和遥感图像来获得各个时间点上雪盖面积的插值。第二类是利用雪盖衰减曲线估算雪水当量的变化。这主要用于解决积雪消融的空间异质性，把栅格雪比例和雪深联系起来，主要用于判别栅格或整个流域的雪水当量衰减，模拟雪水当量变化特征，如BATS模型以及Luce等所作的工作等（Yang and Dickinson，1996；Luce et al.，1999）。由于栅格内能量分布的不均匀、坡度、朝向及植被覆盖等影响积雪分布，需要对积雪衰减曲线做出修正。修正结果表明，考虑了异质性的衰减曲线和假设较大初始值的栅格同质性积雪衰减曲线是相似的（Essery and Pomeroy，2004），Luce和Tarboton（2004）也证明流域内积雪衰减曲线的形状在不同的年份变化很小。从各项研究可以可看出，衰减曲线有着显著的非线性特征。以下列出几种不同的衰减曲线形式。

1）Martinec（1982）将积雪衰减曲线的概念使用在流域或高程带的积雪分布模拟上，采用了使用遥感数据获取雪盖面积，制作了雪盖–时间衰减曲线图，改进的衰减曲线使用了累积度日数代替时间作为坐标。代表性的衰减曲线经验公式为

$$f = \frac{1}{1 + \exp(bn)} \tag{4-68}$$

取 b 为系数，n 为天数，当 $f = 0.5$ 时，取 $n = 0$。

2）Luce等（1999）定义衰减曲线为雪水当量的衰减，同时进行了归一化处理，以确定融雪峰值并避免在不同的情况下使用不同的衰减曲线，经过演算及与实际数据拟合，该曲线有如下形式：

$$f = \begin{cases} 0.18\sqrt{SWE_a/SWE_{max}}, & 0 \leq SWE_a/SWE_{max} \leq 0.13 \\ 0.42\sqrt{SWE_a/SWE_{max} - 0.11}, & 0.13 \leq SWE_a/SWE_{max} \leq 0.34 \\ (SWE_a/SWE_{max})^{1.5}, & 0.34 \leq SWE_a/SWE_{max} \leq 1 \end{cases} \tag{4-69}$$

3）Yang等（1997）、Essery和Pomeroy（2004）等在反照率观测的试验基础上，给出了如下形式：

$$f = \tanh\left(\frac{SWE_a}{a}\right) \tag{4-70}$$

式中，SWE_a 和 SWE_{max} 分别代表平均雪水当量和最大雪水当量，a 为待确定系数。

这些积雪衰减曲线都是从一些固定点的实际衰减曲线测量之后综合得到的，具有相当大的经验性。由于没有考虑到流域地形特征、下垫面等对积雪消融的物理规律，因而具有很大的经验性，只能运用于特殊的流域（Donald et al.，1995）。针对具体的下垫面进行积雪衰减曲线的参数标定，虽然有一定的代表性，但仍然不能完全解决地域性问题。同时，

一个融雪季节往往会经历几次融雪过程，融雪过程中又会有新的降雪积累发生，这对积雪衰减曲线的标定是很大的阻碍。能量过程是解释积雪衰减曲线变化的最根本所在，虽然一些纯数学的方法已用于判断积雪衰减曲线走势（Ohara et al.，2008，Seidou et al.，2006，Liston，2004），也有一些方法结合了遥感数据并通过积雪衰减曲线推算积雪能量过程（Cline et al.，1998b，Molotch and Margulis，2008），但与能量过程的结合仍然不够，处理融雪过程中的降雪等仍显不足。如何综合利用各种数据，结合能量过程进行积雪衰减曲线的标定，仍然是一个重要待解决的问题。

为推求理想状态下的积雪衰减曲线形式，首先需要假设：在特定单元区域的不规则地形条件下，综合能量过程输入是均匀的，雪盖性质以及融化过程是均匀的。

相关研究表明，融雪前期单元区域上均匀性质雪盖的雪深分布可以近似表示为对数正态分布（Donald et al.，1995），

$$f(d_s;\mu,\sigma) = \frac{1}{\sqrt{2\pi}\,(d_s)\,\sigma}\exp\left\{-\frac{\left[\ln(d_s)-\mu\right]^2}{2\sigma^2}\right\} \tag{4-71}$$

$$\mu = \ln\left[E(d_s)\right] - \frac{1}{2}\ln\left[1+\frac{\mathrm{Var}(d_s)}{E(d_s)^2}\right] \tag{4-72}$$

$$\sigma^2 = \ln\left[1+\frac{\mathrm{Var}(d_s)}{E(d_s)^2}\right] \tag{4-73}$$

假设雪层密度均一，同时积雪状态处于地表即将出露的临界状态，又设此时平均雪水当量为 SWE_0，可写为如下形式，

$$f(\mathrm{SWE}) = \frac{1}{\sqrt{2\pi}\,(\mathrm{SWE})\,\sigma}\exp\left[-\frac{(\ln(\mathrm{SWE})-\mu)^2}{2\sigma^2}\right] \tag{4-74}$$

$$\mu = \frac{1}{2}\ln\left(\frac{\mathrm{SWE}_0^2}{1+C_s^2}\right) \tag{4-75}$$

$$\sigma^2 = \ln(1+C_s^2) \tag{4-76}$$

其中，

$$C_s^2 = \frac{\mathrm{Var}(\mathrm{SWE})}{E(\mathrm{SWE})^2} \tag{4-77}$$

在建立了雪水当量的分布密度函数模式后，即可建立单元面积内雪盖比例（SCA）和雪水当量（SWE）之间的关系表达式。假设融雪状态是均匀的，在达到地表出露临界状态 C 之后，概率分布区现有 M 的偏移量（代表融雪水当量的期望偏移），于是此时的雪盖比例可表示为

$$\mathrm{SCA} = \int_M^\infty f(\mathrm{SWE})\,\mathrm{dSWE} \tag{4-78}$$

于是有如下的推断结果（其中 erfc 为互补误差函数），（Donald et al.，1995；Essery and Pomeroy，2004）

$$\mathrm{SCA} = \frac{1}{2}\mathrm{erfc}\left[\frac{\ln(M/\mathrm{SWE}_0)+\sigma^2/2}{\sqrt{2}\,\sigma}\right] \tag{4-79}$$

此时存在的平均雪水当量和初始平均雪水当量之间的关系为

$$\frac{\text{SWE}_{\text{avg}}}{\text{SWE}_0} = \frac{1}{2}\text{erfc}\left[\frac{\ln(M/\text{SWE}_0) - \sigma^2/2}{\sqrt{2}\,\sigma}\right] - \text{SCA}\frac{M}{\text{SWE}_0} \qquad (4\text{-}80)$$

上式建立了雪盖比例和雪水当量之间的直接联系。通过标定，则可获得具有重要意义的积雪衰减曲线。这里需要标定的量包括：初始平均雪水当量 SWE_0、C_s，通过这两个参数便可以获得衰减曲线的一般形状，如果要判断某个积雪覆盖率情况下的 SWE，则只需要联合上式便可推断，这里将两式合并表达为以下简单形式：

$$F = f(K) \qquad (4\text{-}81)$$

式中，F 代表 SCA；K 代表 $\dfrac{\text{SWE}_{\text{avg}}}{\text{SWE}_0}$；$f$ 为两者之间的函数关系。Essery 和 Pomeroy（2004）经过数值模拟认为可用如下式子近似模拟：

$$F = \tanh\left(1.26\frac{K}{\sigma}\right) \qquad (4\text{-}82)$$

一般地，σ 可以通过实地的方法进行参数标定。

第5章 高寒山区冰川分布与融化过程

5.1 青藏高原冰川分布及其对区域水资源的贡献

冰川是指极地或高山地区地表上多年存在并具有沿地面运动状态的天然冰体，一般可分为源头的粒雪盆和流出的冰舌两部分。冰川冰有一定的可塑性，受重力或压力作用发生流动，主要分为大陆冰盖（冰盖冰川）和山岳冰川两类。其中，大陆冰盖主要分布在南极和格陵兰岛，而山岳冰川则分布于中纬、低纬高寒山区的山顶以及山坡处，青藏高原分布的大量冰川便是中纬度山岳冰川的典型代表。在全球范围，陆地面积的1/10为冰川所覆盖，而4/5的淡水资源储存于冰川（冰盖）之中（莫杰和彭娜娜，2018）。

根据最新版本的《兰多夫冰川目录》（*Randolph Glacier Inventory*），除去南极和格陵兰岛的冰盖（但包括冰缘地区）以外，全球的冰川面积约为706 000km^2。尽管只占包括南极和格陵兰岛冰盖的全球总冰储量的约1%，这些山岳冰川的消融对当前的全球海平面上升却有着极为重要的贡献（Hock et al.，2019）。在气候变暖的背景下，全球范围内的冰川消融及其对海平面的影响正受到越来越多的关注。Gardner等（2013）结合了实地冰川观测、遥感测绘与重力场观测结果，估计在2003年10月至2009年10月全球冰川消融量平均为每年259±28 Gt，相当于海平面每年上升0.71±0.08mm，这一数值约为观测到的实际海平面上升速率的30%。Hock等（2019）系统比较了6个已开发的全球冰川模型，采用这些模型结合不同的大气环流模式（general circulation models，GCMs）和不同的代表性浓度路径（representative concentration pathways，RCP）排放情景，预测了未来气候条件下，除去南极和格陵兰岛的冰盖（但包括冰缘地区）以外的冰川消融情况，结果表明，到21世纪末期全球冰川质量相比2015年将减少约18±7%（RCP2.6）或36±11%（RCP8.5），相当于海平面升高94±25mm（RCP2.6）或200±44mm（RCP8.5），且随着气温升高，冰川质量变化对每摄氏度气温升高的响应程度也在增强。研究表明，随着冰川消融，冰川储量中的水将被释放，释放水量将经历一个先增加后下降的过程，这是由于在达到冰川径流峰值后，减小的冰川面积将无法再支撑融化水量的增加；而在冰川完全消融后，冰川所在流域年径流可能恢复到冰川消融前的水平，但融化季节的径流则可能下降，威胁冰川供水流域的水资源安全（Huss and Hock，2018）。

冰川的形成与发育取决于地形条件和降水、气温组合。自第三纪中期以来，中国西部山地的强烈隆升，以及南亚季风、西风环流、高原季风和山地局部环流带来的降水为冰川发育提供了良好的基础条件，从而使中国成为世界上中低纬度山岳冰川最发育的国家（刘时银等，2015）。中国的冰川主要分布在西藏、新疆、青海和甘肃四个省（自治区），青藏高原是我国冰川的最主要分布区，作为世界"第三极"，青藏高原地区分布有 36 793 条现代冰川，冰川总面积约为 50 000km²，总冰储量约为 4500km³，主要以喜马拉雅山、念青唐古拉山、昆仑山、喀喇昆仑山、天山等几个山系为中心集中分布。其中，天山、祁连山等山脉分布的冰川向北进入我国西北干旱地区，为包括塔里木河、黑河、疏勒河等流域在内的干旱地区流域提供水源；而青藏高原南部分布的冰川则进入暖湿森林峡谷并主要集中在林芝以下的雅鲁藏布江流域，形成了中国最大的易贡-帕隆山地冰川中心。就冰川性质而言，青藏高原主要分布着三类冰川，分别为海洋性冰川，即有着丰富夏季风降水的温型冰川，分布于青藏东南部和四川西部、云南西北部；亚大陆型或亚极地型冰川，主要分布在祁连山的大部分、昆仑山东段、唐古拉山东段、念青唐古拉山西段、冈底斯山部分、喜马拉雅山中东段的北坡及喀喇昆仑山北坡；极大陆型或极地型冰川，环境极其寒冷干燥，分布于中、西昆仑山和羌塘高原、帕米尔高原东部、唐古拉山西部、冈底斯西段、祁连山的西部等（姚檀栋和姚治君，2010）。

自 20 世纪 80 年代以来，由于气候不断变暖，全球大多数冰川处于强烈退缩状态，而青藏高原的大多数冰川也经历了显著的退缩。基于全国第 1、2 次冰川编目数据，青藏高原冰川面积在近 50 年退缩了 23%（吴立宗，2004），但不同区域表现略有差异。Yao 等（2012）分析了多年观测得到的青藏高原及其周围区域 82 条冰川的后退速率、7090 条冰川的面积减小速率和 15 条冰川的物质平衡观测数据，发现青藏高原及其周围区域的冰川在过去 30 多年经历了显著萎缩，表现为冰川长度和面积的减小，以及冰川物质的负平衡。最大范围的冰川退缩发生在除喀喇昆仑山之外的青藏高原其他各山脉，而冰川消融退化程度从喜马拉雅山脉向高原中部递减，在帕米尔高原东部最不明显。基于遥感产品的分析近年来也揭示了青藏高原不同区域冰川变化的差异性，Brun 等（2017）通过所有可获得的 ASTER 光学遥感影像产品计算了 2000～2016 年青藏高原地区的高程连续变化情况，从而得到了 2000～2016 年青藏高原及其周围区域冰川物质平衡的空间分布情况。结果表明，在 2000～2016 年，青藏高原及其周围区域的冰川总质量平均每年变化为-16.6±3.5 Gt，念青唐古拉山的冰川退化最明显（平均每年减小 4.0±1.5 Gt），而喀喇昆仑的冰川质量则略有增加（平均每年增加 1.4±0.8Gt），这一反常的增加也被称作喀喇昆仑异常（Karakoram anomaly），可能与近年来昆仑山脉/喀喇昆仑山脉的冬季降水增加和夏季气温下降等原因有关。时间变异性方面，20 世纪上半叶，青藏高原冰川仍处于冰川前进期或逐渐从冰川前进期向后退期过渡；50 年代起，冰川观测资料逐渐增加，根据当时的观测资料，50 年代冰川退缩比例占总冰川条数的 2/3，而 60 年代则观测到了冰川物质的正平衡，出现了雪线下降和冰川前进的迹象；80 年代以来，冰川后退重新加剧，特别是进入 90 年代，冰川退缩强于 20 世纪以往任何一个时期（姚檀栋和姚治君，2010）。

青藏高原作为"亚洲水塔"，哺育了许多重要的亚洲河流，其中包括长江、黄河、狮泉河、雅鲁藏布江、怒江和澜沧江等重要河流，为我国数以亿计的人口提供了重要的水源保障。此外，"亚洲水塔"也通过印度河、恒河、布拉马普特拉河等河流为巴基斯坦、印度、尼泊尔及东南亚许多国家提供了重要水资源（Brun et al.，2017）。在高寒山区流域，冰川融化是流域关键水文过程，冰川融化径流是重要的水资源来源，在某些内陆干旱流域甚至起到比降水更为重要的作用。在气候变化的背景下，冰川消融对未来冰川供水流域的可持续发展提出了挑战，日益得到学术界和社会各界的广泛关注。从趋势上看，短期内冰川退缩将使河流水量增加，受冰川融水补给比例较大的湖泊面积扩张、水位上升。而随着冰川持续退缩，冰川融水将会减少。此时以冰川融水为主要补给的河流，特别是中小河流将面临干涸的威胁；同时极端气候事件带来的冰川消融也可能增加洪水灾害的风险，消融期冰川径流与汛期雨量的叠加将进一步增加汛期径流的分配比例，与此同时，冰雪融水对土壤、地下水补给的增加亦将对枯水期径流的稳定产生积极的作用（姚檀栋和姚治君，2010）。

近年来，许多研究开始借助水文模型研究冰川径流对流域总径流的贡献，研究表明，不同流域冰川覆盖面积比例不同，冰川变化对水文过程的影响有所差异。Zhang 等（2013）采用加入冰川模块的变化下渗能力（variable infiltration capacity，VIC）模型，对青藏高原主要流域径流进行模拟，在 1981～2010 年，冰川面积超过 15000km^2 的印度河 Besham 水文站上游流域，冰川融化贡献的径流比例达到了 48.2%，其次分别为雅鲁藏布江上游（11.6%）、长江源（6.5%）、怒江上游（4.8%）、澜沧江—湄公河上游（1.4%）和黄河源（0.8%）；Su 等（2016）采用上述历史期率定的模型预测青藏高原主要流域未来径流变化，认为在短期内（2011～2040 年）青藏高原主要流域径流将保持稳定、略微增加，而在长期（2041～2070 年）青藏高原主要流域径流将增加 2.7%～22.4%，主要原因是降水增加和冰川融水的加速增加，特别在狮泉河河流域和雅鲁藏布江上游，冰川融水的加速增加是未来径流增加的最主要原因。Zhao 等（2019）对 VIC 模型的冰川融化和冰川演进模块进行了扩展和改进，模拟和预测了除狮泉河以外的青藏高原主要流域的径流变化情况。模拟结果表明，21 世纪末相比 2010 年，各流域冰川面积在 RCP4.5 情境下将继续减小 62.1%（黄河源）、80.9%（长江源）、95.6%（澜沧江—湄公河上游）、79.6%（怒江上游）和 75.8%（雅鲁藏布江上游），且 21 世纪下半叶的冰川退缩速率要明显快于 21 世纪上半叶。在 5 个流域中，只有长江源的冰川径流在 2010 年还未达到峰值，在 21 世纪 20 年代达到峰值后下降，其余 4 个流域的冰川径流在 2010 年已经进入下降段，到 21 世纪末，相比 2010 年，5 个流域的冰川径流在 RCP4.5 情境下将减小 61.3%（黄河源）、65.4%（长江源）、95.7%（澜沧江—湄公河上游）、80.1%（怒江上游）和 71.6%（雅鲁藏布江上游），但总体而言，未来降水的增加抵消了冰川径流的减少，从而未来青藏高原主要流域的径流预测值均有所增加。Lutz 等（2014）采用 SPHY 模型预测未来青藏高原主要流域冰川径流除狮泉河以外均略有下降，总体而言，由于未来降水的增加，各流域径流在未来均有所增加；而 Immerzeel 等（2010）采用 SRM 模型预测的结果则认为，尽管青藏高原主要流域未来降水均增加，但由于冰川径流的显著减少，未来（2046～2065 年）相比 2000～2007 年除黄河源以外径流有不同程度的下降，降水增加不能补偿冰川径流的减小。综上所述，由于不同模型对冰川及其他冰冻圈模块考虑的复杂程度差异，不同模型对未来冰川径流及受冰川影响流域总径流的预测结果存在较大不确定性，需要进一步开发适合青藏高原高寒流域的水文模型，合理考虑冰川过程，从而更加准确地预测未来的冰川退缩与径流变化情况，更好地服务于受冰川影响流域未来水资源的适应性利用与生态环境的可持续发展。

5.2 黑河冰川分布及其对水文水资源的影响

黑河流域是我国西北干旱地区的第二大内陆河流域，近年来，黑河流域建立了较为完善的流域观测系统，已经成为我国重要的内陆河研究基地。位于祁连山区的"七一"冰川是黑河上游山区开展冰川物质平衡观测较早的冰川，属于亚大陆型冰川。该冰川位于祁连山走廊南山北坡，冰川融水汇入北大河支流柳沟泉河。1958 年，中国的冰川研究就开始于"七一"冰川，此后于 20 世纪 70 年代、80 年代等均进行过较大规模的考察。观测表明，2002 年和 2003 年"七一"冰川的零平衡线海拔（equilibrium line altitude，ELA）分别为5012m 和 4940m，平均为 4970m，相比 70 年代的 4600m 和 80 年代的 4670m 出现了迅速上升，冰川物质平衡由 70 年代的正的物质平衡变为 21 世纪初的负的物质平衡，且变化过程逐渐加剧，反映了全球气候变暖背景下黑河冰川对气候变化的响应（蒲健辰等，2005）。

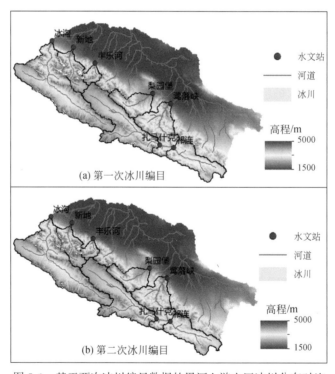

图 5-1 基于两次冰川编目数据的黑河上游山区冰川分布对比

遥感技术的发展，使得借助遥感手段监测冰川的动态变化成为冰川学研究发展的重要趋势，也有效解决了现代冰川研究中高山区资料受限等问题。中国科学院兰州冰川冻土研究所在 1981 年根据航拍影像，编纂得到了《中国冰川目录Ⅰ——祁连山区》（王宗太，1981）。根据这一冰川目录，黑河流域山区（包括黑河干流，北大河及其他支流）20 世纪60 年代共有冰川约 970 条，总面积为 360km²，平均面积约为 0.37km²，（怀保娟等，

2014）。冰川末端的平均海拔为 4100m，雪线高度为海拔 4400～4500m（王璞玉等，2011）。根据 2010 年第二次冰川编目数据（Guo et al. 2014），黑河流域冰川数目退缩至约800 条，退缩数量明显；总冰川面积由约 360km² 退缩至约 230km²，平均面积约 0.29km²，总面积退缩比率约为 36%（图 5-1）。其中，黑河干流上游（莺落峡上游）山区 1960 年的冰川面积为 67.3km²，约占流域总面积的 0.7%，冰储量为 13.5 亿 m³；2010 年冰川面积为31.1km²，相比 1960 年退化 54%，冰储量为 5.3 亿 m³，减少约 63%（表 5-1）（王宇涵等，2015）。整个黑河流域祁连山区的年冰川融水量约为 3 亿 m³，占总体河流径流量的 8%，是流域水资源的重要组成部分（怀保娟等，2014）。

表 5-1　黑河上游山区冰川面积及冰川径流变化

流域（控制水文站）	冰川面积/km²		冰川储量/亿 m³	
	1960 年	2010 年	1960 年	2010 年
黑河东支（祁连）	12.5	6.5	2.1	0.9
黑河西支（扎马什克）	42.5	20.4	8.8	3.3
黑河上游（莺落峡）	67.3	31.1	13.5	5.3
梨园河（梨园堡）	18.2	9.6	3.4	1.3

注：改编自王宇涵等，2015

5.3　冰川物质平衡及其估算

5.3.1　冰川物质平衡的概念

冰川的物质平衡（mass balance）表征了冰川的积累与消融，是冰川发育水热条件的综合反映，对冰川一系列物理性质及冰川的变化有着重要影响。冰川的物质平衡变化是气候变化和气候波动的必然结果。降水量（特别是降雪量）的增减以及气温（特别是夏季气温）的高低是造成冰川进退的主要因素。此外，影响冰川表面物质平衡变化的因素还包括风速、相对湿度、太阳辐射等气象条件以及雪的粒径、新旧程度、表面冰碛物的特征、冰川表面坡度坡向等冰川本身物理特征（卿文武等，2008）。冰川的积累主要形成于降水、冰川融水再冻结等过程。在冰川积累期，由于气温低，辐射强度低，冰川表面能量不足以产生冰川消融；且降水主要以降雪方式落下，积雪经过压实作用，造成冰川的积累。冰川的积累量大于消融量，产生正平衡。冰川的消融主要是由于气温、风速、相对湿度、太阳辐射等气候影响下的冰川融化和蒸发（升华）。在冰川消融期，由于气温高，辐射强度大，多余能量使得冰川表面升温和相变，造成冰川融化出流。冰川的积累量小于消融量，便产生负平衡，冰川消退。一般来说，北半球冰川消融时间在 6～8 月，其余时间为冰川积累期；南半球冰川消融时间在 12 月至翌年 2 月，其余时间为积累期。

冰川的物质平衡特征值包括：①物质平衡水平，指冰川上总积累与总消融的平均值；

②物质平衡差额，指冰川积累与冰川消融之间的差额；③物质平衡梯度，指冰川物质平衡差额随高度的变化梯度；④物质平衡速率，指单位时间内的积累、消融和物质平衡差额；⑤物质平衡结构，指物质纯平衡与物质总平衡之间的比例关系，也称冰川的稳定性系数。在大多数研究中，冰川的物质平衡差额最受关注，它表征了气候波动下冰川表面物质收支状况，决定了冰川径流的变化过程。普遍地，冰川的物质平衡差额可以定义为

$$MB = c - a + f \tag{5-1}$$

式中，MB 为冰川物质平衡；c 为冰川积累量；a 为冰川消融量；f 为冰川"内补给"部分，即消融产生的融水在冰川雪层中的再冻结量。冰川上热和水的条件是不断变化的，每年度的物质平衡量也有所差异。若积累量大于消融量，便出现正平衡，有利于冰川的发育；若积累量小于消融量，便产生负平衡，导致冰川后退。

5.3.2　基于观测的冰川物质平衡估算方法

准确模拟受冰川影响较大的流域径流，需要合理估计冰川的物质平衡，而估计冰川物质平衡的方法主要可分为基于观测的估计方法和基于模型的估算方法。本小节首先介绍基于观测的冰川物质平衡估算方法。

传统的冰川观测方法是直接在冰川上布设测点，进行系统的定期观测，然后综合各测点的测量结果，计算出整个冰川或冰川上某一部分在全年或某一时段的物质平衡及其各分量。测点的多少及布设位置与冰川的规模、形态有关，一般是按等高线分纵向和横向剖面布置，纵向上，等高线的间距为 100~200m，横向上，测点之间的距离为 50~100m。冰川消融观测在消融区进行，一般采用花杆或竹竿；而冰川累积量观测则主要是在积累区进行，主要方法是雪坑法，同时在测点处也应设立测杆作为辅助观测。最终将上述测点观测得到的纯消融量和纯累积量在地形图中按照等值线法或等高线法扩展到整个冰川，计算整个冰川的物质平衡（刘时银等，2012）。通过冰川多年物质平衡的累计值，就可以得到这一冰川总的质量变化情况。全球最早的冰川表面物质平衡观测在瑞士阿尔卑斯山的 Rhone 冰川，于 1874~1908 年进行了不连续的观测；而全球最长时间的冰川物质平衡连续观测位于瑞典，这一观测点从 1945 年就已经开始了连续观测。目前，全球范围内的有物质平衡观测的冰川已超过 340 条，有大约 70 条冰川已经拥有了超过 20 年的连续物质平衡观测，这些观测都被编入了全球冰川观测服务系统（World Glacier Monitoring Service, WGMS）（Radic and Hock，2014）。而在青藏高原的中国境内部分，目前有至少 15 条冰川拥有实地的物质平衡观测。2006~2010 年，大多数冰川呈现出负的物质平衡，青藏高原东南部的帕隆藏布 12 号冰川呈现的负的物质平衡数值最大（-1698mm/a），而帕米尔高原东部的慕士塔格冰川则呈现正的物质平衡（Yao et al.，2012）。传统冰川观测方法精度相对较高，但成本昂贵，且对于地形条件险恶、自然环境恶劣的地区无法测量。评估冰川退化对区域或流域水资源的影响，需要将从单独冰川的物质平衡观测空间插值到区域或流域尺度的所有冰川，通过这一方法获得的全球冰川变化及其对海平面的影响被政府间气候变化专门委员会（Intergovernmental Panel on Climate Change，IPCC）第四次评估报告所采用，

但总体而言,目前的冰川物质平衡升尺度方法仍较为有限,效果亦有待进一步评估,随着遥感技术的进步和模拟手段的增加,这些局部的冰川物质平衡观测更多被用来标定遥感冰川产品或率定冰川径流模型。

传统的冰川测绘方法通过重复航空摄影等方法,对比不同时期的冰川长度、面积和体积的变化,而随着遥感技术的不断发展,遥感卫星所携带的各种传感器精度和灵敏度都有了很大的提高,为通过遥感手段在区域尺度上直接监测冰川物质平衡提供了可能。目前,常用的卫星高度计包括 TOPEX/Poseidon（T/P）、ERS Radar Altimeter（RA）、ENVISAT RA-2,以及 Ice,Cloud and land Elevation Satellite（ICESat）等。由于高程数据与一般遥感影像不同,表现形式一般为沿轨道均匀分布的一系列具有特定间隔和半径的点,脚点在地面的范围为椭圆形,一般采用点的中心代表该点处的高程值,因此需要采用重叠点对分析、共线分析和交叉点分析等方法测量冰川的高程变化（寇程等,2015）。例如,Brun 等（2017）通过所有可获得的 ASTER 光学遥感影像产品计算了 2000～2016 年青藏高原地区的高程连续变化情况,从而得到了 2000～2016 年青藏高原及其周围区域空间分布的冰川物质平衡情况,并计算了位于不同流域的冰川的负的物质平衡会给所在流域带来的额外的冰川融水流量。

除卫星高度计以外,卫星提供的重力场数据也为分析区域尺度的冰川质量变化提供了另一种可能。2002 年发射的重力恢复与气候实验卫星（gravity recovery and climate experiment,GRACE）可以提供全球的地表重力场时空分布情况,其时间分辨率相比高度计大大提高（半月）,但空间分辨率却较差（约 100km×100km）。相比使用卫星高度计的测绘方法,重力场方法无须假设冰的密度,就可以直接得到冰川变化部分的质量,但由于其较粗分辨率,重力场方法只能估算大区域的冰川质量变化,无法分析单一冰川的物质平衡。此外,这一方法也需要其他大气、水文或陆面模型来模拟水文、大气等其他水文分量的质量变化,从而分解出冰川质量的变化,因而可能引入较大的不确定性。Gardner 等（2013）比较分析了通过冰川实地观测升尺度、卫星高度计 ICESat 和重力卫星 GRACE 三种方法得到的 2003～2009 年全球冰川质量变化结果,发现基于冰川实地观测升尺度的结果和基于 GRACE 卫星的结果存在较大的差异。基于 ICESat 和基于 GRACE 卫星的结果在较大的受冰川影响的区域表现较为一致,而基于冰川实地观测升尺度得到的结果则倾向于给出更为剧烈的负的物质平衡,因而仅采用局地冰川观测进行空间插值的结果可能高估了冰川融化带来的影响。

5.3.3　基于观测的冰川物质平衡估算方法

除了上述基于观测的冰川物质平衡的直接估算方法外,基于模型的冰川动态模拟方法也越来越得到广泛的应用,这些方法综合考虑温度、降水等气象要素对冰川物质平衡的影响,同时通过冰川体积–面积的经验关系或冰川动力学性质等方式得到冰川体积变化,从而估算冰川消融释放的水量,可用于对历史冰川动态的评估和对未来气候条件下冰川动态的预测。基于冰川物质平衡弹性来估算冰川动态变化,是一种较为简单的模拟冰川动态的方式。所谓物质平衡弹性，指的是由即时温度和降水变化导致的冰川物质平衡的变化，一般可以通过冰川的物质平衡观测来进行率定。在一定的时间窗口（Δt）内的冰川质量变化（ΔM）可以由下式获得（Radic et al., 2014）：

$$\frac{\Delta M}{\Delta t} = S\left(\frac{\mathrm{d}\dot{b}}{\mathrm{d}T}\Delta T + \frac{\mathrm{d}\dot{b}}{\mathrm{d}P}\Delta P\right) \tag{5-2}$$

式中，ΔT 和 ΔP 分别为温度和降水的变化值；$\frac{\mathrm{d}\dot{b}}{\mathrm{d}T}$ 和 $\frac{\mathrm{d}\dot{b}}{\mathrm{d}P}$ 分别为冰川物质平衡对温度和降水变化的弹性；S 为冰川表面面积；$\dot{b}$ 为冰川物质平衡，单位为 m/a 水当量。许多研究发现，在湿润地区或海洋性气候区域的冰川比极地和大陆型冰川对气温和降水变化更加敏感。因此，如果能够量化冰川物质平衡弹性与气候要素之间的关系，就可以将弹性数值从有观测的冰川外推至无观测的冰川，从而估算区域乃至全球尺度的冰川物质平衡。Slangen 等（2012）进一步区分了暖季和冷季的物质平衡弹性，并利用 12 个未来全球气候模式（GCMs）的气温和降水数据预测到 21 世纪末，全球冰川融化将使得海平面上升 130 ~ 250mm。

除了基于物质平衡弹性的方法之外，大多数冰川模型通过分别模拟冰川的消融和累积来计算冰川物质平衡。这些计算冰川表面物质平衡及冰川演化的模型的核心可分为三个部分：累积量的估算、融化量的估算和冰川几何特征的演化（Hock et al., 2019）。对于以冰川为中心（glacier-centric）的模型，一般需要将每条冰川分为不同高程带，采用线性或非线性公式将网格尺度的较粗分辨率的气温、降水数据扩展到不同高程带上，然后采用一定的阈值来将降水划分为液态降雨和固态降雪，其中的降雪量即可作为冰川表面的累积值。以 Huss 和 Hock（2015）开发的全球冰川演进模型（global glacier evolution model, GloGEM）为例，首先利用数字高程模型（digital elevation models, DEMs）将每条冰川划分为 10m 间隔的高程带。各月的气温直减率（lapse rates）通过 ERA-Interim 在分析产品每个网格的 1000 ~ 500hPa 压力值对应位势高度（geopotential height）的气温计算获得，通过各月的直减率将粗网格的气温产品插值到冰川不同的高程带。类似地，GloGEM 假设降水随高程也是线性变化，这个线性梯度 $\mathrm{d}P/\mathrm{d}z$ 先随高程增加，每上升 100m 高程降水增加 1% ~ 2.5%，在冰川高程范围大于 1000m 的情况下，冰川最高的 25% 的高程带范围内降水随高程按照指数函数衰减。对于降雨和降雪的划分，Huss 和 Hock（2015）采用双阈值的方式，即气温 0.5℃ 以下，所有降水均为降雪形式，气温 2.5℃ 以上，所有降水均为降雨形式，在 0.5 ~ 2.5℃ 的降雪比例线性折算。又以 Maussion 等（2019）开发的全球开源冰川模型（open global glacier model）为例，该模型首先根据地形信息和冰川数据库信息做出所求冰川的流线（flow line），然后将流线按照一定间隔划分成不同段（间隔大小取决于冰川面积大小），气温的直减率采用固定的 6.5℃/km，而降水相态的划分同样采用双阈值，即气温 0℃ 以下，所有降水均为降雪形式，气温 2℃ 以上，所有降水均为降雨形式，在 0 ~ 2℃ 的降雪比例线性折算，阈值大小可以根据模拟情况进行调整。对于冰川表面消融量的计算则可以分为较为简单的温度指数方法（temperature-index approach）和较为复杂的能量平衡方法（energy-balance approach）。由于冰川表面融化量直接决定了区域或流域尺度的冰川融化径流，该部分算法将在 5.4 节中详细描述。冰川表面的累积量与融化量相减，再考虑一部分融化量的再冻结过程，即可得到冰川表面的物质平衡。

冰川模型对于冰川动态的模拟，还需要考虑冰川的前进和后退，这样才能更准确地预测历史和未来的冰川动态变化。由于冰川真实厚度的空间分布较难获取，较为简单的冰川演进考虑方式是采用冰川体积–面积的经验关系（volume-area scaling）或冰川体积–长度的经验关系（volume-length scaling）。一般而言，冰川体积（V）–面积（A）关系可表示为

$$V = cA^\gamma$$
$$A = (V/c)^{\frac{1}{\gamma}}$$

(5-3)

根据 Radic 和 Hock（2010）在全球的统计结果，参数 c 和 γ 可分别取值 0.0365 和 1.375。Zhao 等（2019）对 VIC 模型的冰川融化和冰川演进模块进行了扩展和改进，以其冰川演进方式为例，由空间分布的冰川数据集得到冰川初始面积，由式（5-3）可得冰川的初始体积和初始平均冰川厚度。从每年冰川物质平衡计算结果，可以得到每年的冰川体积变化量（本年度 9 月 30 日相比前一年 9 月 30 日的冰川体积变化量），从而得到新的一年的冰川体积，再根据式（5-3）得到新一年的冰川面积。假设冰川的前进和后退都是从冰川最低的高程带开始，当冰川后退，最低高程带的面积减少，如果减小至 0，则继续减小更高高程带的冰川面积；而如果冰川前进，则最低高程带的面积增加，但增加幅度有一个上限，如果超过这一上限，需要在当前最低高程带以下再增加一个含有冰川的高程带。其他模型如 Huss 和 Hock（2015）、Giesen 和 Oerlemans（2013）等也都采用了类似的冰川演进模式，但所选参数有所差异，Huss 和 Hock（2015）在每年年末还会更新各高程带的冰川厚度。近来，也有一些模型采用动量守恒或质量守恒等方法计算冰川厚度的空间分布，如OGGM 采用质量守恒法反推冰川厚度，同时采用冰川动力学方法考虑冰川演进，取代了较为简易的冰川体积–面积的经验关系，不过模拟结果对蠕变参数（creep parameter）等的设置较为敏感，其适用性还需要进一步评估与改进（Maussion et al.，2019）

5.4 冰川融化径流估算

5.4.1 冰川融化径流

冰川变化对水文过程的影响主要为冰川融水补给地表径流，汇入河流、湖泊、湿地等，除此以外也会有一部分补给壤中流，进而对河流等水体产生影响（Yang et al. 2007；姚檀栋和姚治君，2010）。在气候变暖背景下，冰川消融加快，冰川消融对未来冰川供水流域的可持续发展提出了威胁与挑战，也日益得到学术界和社会各界的广泛关注。关于冰川融化径流/冰川径流，一般有不同的定义，需要格外注意。比较常见的定义包括以下两种：①从受冰川影响的面积上产生的径流，即所有在冰川底端产生的溪流中的径流，根据这一定义，冰川径流包括所有受冰川影响面积上的融水、降雨以及其他的表层、侧向和冰

川内部的向计算冰川面积的入流；②由冰川的质量减少所导致的额外径流（excess discharge），因而当冰川处于正的物质平衡时，根据这一定义，冰川融化径流并不存在，而只有当冰川处于负的物质平衡、冰川质量减少时，才存在冰川径流，在这种定义下，冰川融化径流就等于5.3节所述的通过冰川物质平衡得到的冰川质量减少量（Radic et al.，2014）。Huss 和 Hock（2018）在采用 GloGEM 预测全球主要流域冰川径流变化时采用的是前一种定义，即冰川径流等于所有冰川覆盖面积上的冰川融化（包括雪、粒雪和冰）加上降雨，再减去再冻结的部分。而大多数水文模型采用的是后一种定义，如 GBEHM 以及 VIC-glacier 等（Zhao et al.，2019），只考虑冰川体积减小带来的额外径流。本章所述冰川融化径流亦采用第二种定义。

冰川融化径流计算方法主要分为两大类，即基于能量平衡原理的物理模型和基于气温指标的概念统计参数模型（度日因子模型）（卿文武等，2008；方潇雨等，2015）。其中，度日因子模型的核心是建立物质平衡与气温指标的统计关系，是一种半经验模型。该模型结构简单，只考虑温度一种气候要素，不能对冰川表面复杂的能量与物质交换过程进行描述，但其所需参数较少且易于获取，能够广泛应用于不同尺度的冰川物质平衡和积雪消融的计算。能量平衡模型具有明晰的物理意义，该模型基于冰川积累消融的物理过程，考虑了各种气候因子的影响，通过各项能量的收支计算来估计冰川表面的相变情况，从而估计冰川表面的物质平衡。随着辐射等气象要素观测逐渐丰富，能量平衡模型的应用越来越广泛（康尔泗，1994）。

5.4.2 基于气温指数的冰川融化径流计算

基于气温指数的冰川融化径流计算方法主要有冰川平衡线法和度日因子法，其中度日因子法的应用最为广泛。该方法通过度日模型计算冰川或积雪的消融水当量，进而换算为冰川融化径流的方法。在以往研究中，基于度日模型计算冰川或积雪的消融水当量的普遍采用以下形式：

$$\mathrm{MWE} = \mathrm{DDF} \cdot \mathrm{PAT} \tag{5-4}$$

式中，MWE 为冰川或积雪的消融水当量（mm）；DDF 为冰川或积雪消融的度日因子，[mm/(d·℃)]；PAT 为计算时段内的正积温（d·℃），最普遍的计算方法为

$$\mathrm{PAT} = \sum_{t=1}^{n} H_t \cdot T_t \tag{5-5}$$

式中，T_t 为某天（t）的日平均气温（℃）；H_t 为逻辑变量，当 $T_t \geqslant 0$℃时，$H_t = 1$；当 $T_t < 0$ 时，$H_t = 0$。

当冰川表面覆盖积雪时，将积雪和冰川融化过程统一考虑如下：如果有积雪覆盖，先融积雪，积雪消融完毕再开始融化冰川。融冰融雪度日因子在不同地区可能有所不同，在一年内的不同时段也可能不同（张勇和刘时银，2006）。每年的冰川融化水深乘以当年的冰川面积，得到当年的冰川融化径流量。

度日因子方法首先由 Finsterwalder 和 Schunk（1887）在阿尔卑斯山冰川的研究中提

出，在随后的一个世纪内，度日因子模型被广泛应用到格陵兰冰盖和冰岛、挪威等地的冰川研究中，并取得了良好的效果。在众多的冰雪融水径流模型中，度日模型是模拟冰川与积雪融水径流的有效方法之一，尤其在资料缺乏的偏远山区。研究表明，度日模型在流域尺度上能够模拟出与能量平衡模型所得到的类似结果（张勇和刘时银，2006）。而在流域尺度上，如 HYMET 模型、SHE 模型、UBC 模型等，许多水文模型采用度日因子模型作为计算冰川平衡及冰川径流的子模块，并取得了良好的应用效果。

大多数冰川模型或考虑冰川的水文模型均采用温度指数方法计算冰川表面的融化量。Huss 和 Hock（2015）的 GloGEM 模型模拟步长为月，每个月的消融量直接通过该月的气温正积温乘以一个度日因子（degree-day factor）获得；而 Maussion 等（2019）开发的 OGGM 的模拟步长同样为月，与 GloGEM 略微不同的是气温积温的计算方法不是正积温，而是将所有温度高于−1℃的气温进行累加，这是由于考虑到在气温低于0℃且高于−1℃时同样可能存在融化，而度日因子大小则通过实际观测的冰川物质平衡进行率定。

基于度日因子模型计算冰川径流的缺陷在于，由于其只考虑温度指标，而缺乏对与温度相关性较弱的能量项的考虑，该方法的物理性较差，计算精度较低。为解决这些问题，国内外研究尝试对度日模型进行了不同的修正，如在传统度日因子中加入了其他气象要素（如太阳辐射等）或冰川物理变量（如海拔高度、坡度坡向等），从而提高模型的模拟能力和时空分辨率。

5.4.3 基于能量平衡的冰川融化径流计算

除了度日因子等气温指数方法外，基于能量平衡的冰川融化计算也得到了较为广泛的应用，该方法通过能量平衡模型计算冰川的融化热，进而通过水的融化潜热得到冰川消融量。基于能量平衡，冰川融化热而通过能量平衡法计算冰川表面消融，需要充分考虑冰川表面能量平衡各分量。冰川表面能量平衡认识和预测冰川对气候变化响应的重要方法，也是联系气候变化与冰川物质平衡和冰川融水径流的物理纽带。冰川表面的能量收入主要为净辐射；而能量支出潜热通量（首先为融化潜热通量，其次为蒸发潜热通量）。这种能量平衡的组成表明在平均状况下，感热通量促进冰川融化，而蒸发潜热通量则抑制冰川融化。

冰川表面的能量平衡可以表示为（Hock，2005）

$$Q_N + Q_H + Q_L + Q_R = Q_C + Q_M \tag{5-6}$$

式中，等号左边为能量收入项，其中 Q_N 为净辐射，Q_H 为显热（为负时为支出项），Q_L 为潜热，Q_R 为降雨的附加能量；等式右边为能量支出项，其中 Q_C 为透射辐射，Q_M 为融化热。Giesen 和 Oerlemans（2013）开发的全球冰川模型采用了简化版本的能量平衡法计算冰川表面融化量，其中融化能量（Q_M）可以分成净太阳辐射（S_{net}）和所有其他的辐射通量（ψ），写作气温（T_a）的函数：

$$Q_{\mathrm{M}} = S_{\mathrm{net}} + \psi$$

$$= (1-\alpha)\,\tau S_{in,\mathrm{TOA}} + \begin{cases} \psi_{\min} + bT_a, & T_a \geq T_{\mathrm{tip}} \\ \psi_{\min}, & T_a < T_{\mathrm{tip}} \end{cases} \tag{5-7}$$

式中，净太阳辐射通过大气顶部的入射太阳辐射（$S_{in,\mathrm{TOA}}$）乘以大气传导系数（τ），再减去由反照率（α）代表的出射部分的辐射量计算得到；反照率（α）的大小在降雪事件发生后随着时间推移而指数下降，同时随着积雪深度的逐渐变薄，冰川表面的反照率也按照指数方程减小至冰的反照率。而太阳辐射之外的其他辐射（即长波辐射）与气温之间存在函数关系，当气温低于阈值温度 T_{tip} 时，其他辐射 ψ 存在一个最小值 $\psi_{\min}$；而当气温高于阈值温度时，则假设其他辐射 ψ 则随温度升高而线性增加。

分布式水文模型 GBEHM 同样采用能量平衡法计算冰川表面融化量。融化能量 Q_{M} 表示为（Gao et al., 2018）

$$Q_{\mathrm{M}} = Q_{\mathrm{N}} + Q_{\mathrm{H}} + Q_{\mathrm{L}} + Q_{\mathrm{R}} - Q_{\mathrm{C}} \tag{5-8}$$

其中各分量的计算方法如下：

$$Q_{\mathrm{N}} = S_{in}(1-\alpha) + (L_{in} - L_{out})$$
$$Q_{\mathrm{H}} = \rho C_{\mathrm{p}} C_{\mathrm{H}} u (T_{\mathrm{m}} - T_{\mathrm{s}})$$
$$Q_{\mathrm{L}} = L\rho C_{\mathrm{E}} u (q - q_{\mathrm{s}})$$
$$Q_{\mathrm{R}} = \rho_{\mathrm{w}} c_{\mathrm{w}} R (T_{\mathrm{r}} - T_{\mathrm{s}}) \tag{5-9}$$

式中，S_{in} 为向下短波辐射；α 为反照率，L_{in} 为向下长波辐射；L_{out} 为向上长波辐射；ρ 为空气密度（$\mathrm{kg/m^3}$）；C_{p} 为空气的比热 $[\mathrm{J/(kg \cdot K)}]$；$C_{\mathrm{H}}$ 为热量的输送系数，取 0.002；u 为风速（$\mathrm{m/s}$）；T_{m} 为气温（K）；T_{s} 为冰川表面温度（K）；T_{r} 为雨水温度；L 为水的蒸发潜热（$T_{\mathrm{s}} = 0℃$ 时）或冰的升华潜热（$T_{\mathrm{s}} < 0℃$ 时）（$\mathrm{J/kg}$）；C_{E} 为水汽的输送系数，取 0.0021；q 为空气比湿；q_{s} 为饱和比湿；ρ_{w} 为水密度（$\mathrm{kg/m^3}$）；c_{w} 为水的比热容（$\mathrm{J/(kg \cdot K)}$）；R 为单位时间单位面积降水量（$\mathrm{m^2/s}$）。

冰川表面反照率的计算，GBEHM 采用 Oerlemans 和 Knap（1998）提出的方案，考虑了粒雪、新雪及冰表面的反照率的不同。其中，雪面反照率 α_{s} 的计算方法如下：

$$\alpha_{\mathrm{s}} = \alpha_{\mathrm{firn}} + (\alpha_{\mathrm{frs}} - \alpha_{\mathrm{firn}}) \exp\left(\frac{s-i}{t^*}\right) \tag{5-10}$$

式中，α_{firn}、α_{frs} 分别为粒雪、新雪的日均反照率特征值，分别取 0.65，0.8；t^* 为从新雪反照率下降后接近与粗粒雪反照率所需要时间的特征值，取值 21.3，单位为 d；s 为上次降雪的年积日，i 为实际当天的年积日。当积雪深度 d 逐渐减薄接近 0 时，利用下式进行从积雪反照率向裸冰反照率的平滑过渡模拟：

$$\alpha = \alpha_{\mathrm{s}} + \alpha_{\mathrm{i}} - \alpha_{\mathrm{s}} \exp\left(-\frac{d}{d^*}\right) \tag{5-11}$$

其中，α_{i} 为裸冰反照率的特征值，通常取 0.34；d 为雪深；d^* 为雪深的特征值，通常取 3.2cm。

上述计算得到的融化能量 Q_{M} 可以进一步得到融化水量。某些冰川模型还考虑了冰川表面融化水量的再冻结，如 Giesen 和 Oerlemans（2013）开发的全球冰川模型对于年尺度的冰川表面物质平衡（MB）计算公式如下：

$$\mathrm{MB} = \int_{\mathrm{year}} \left\{ P_{\mathrm{snow}} + (1 - r) \min\left(0, \; -\frac{Q_{\mathrm{M}}}{\rho_{\mathrm{w}} L_{\mathrm{f}}} \right) \right\} \mathrm{d}t \tag{5-12}$$

式中，P_{snow} 为固态降雪量，即冰川表面的累积量，而 ρ_{w} 为水的密度，L_{f} 为水的相变潜热，r 为再冻结系数，即融化能量 Q_{M} 导致的冰川融水当中，又有比例 r 重新冻结。根据前文所述第二种冰川径流的定义，年尺度的冰川表面物质平衡如果为负，就会产生相应的冰川融化径流。上述方法可以独立应用于冰川模型，同时也可以耦合至分布式水文模型中，如本项目开发的分布式水文模型 GBEHM，目前在青藏高原诸多流域已经得到了较好的应用，取得了不错的模拟效果（Gao et al.，2018）。

第6章 高寒山区冻土分布和土壤冻融过程

6.1 高寒山区冻土分布及变化特征

冻土是指温度低于0℃的含冰土壤或岩层，一般分为季节性冻土和多年冻土两类。其中，季节性冻土在冬季发生冻结，在夏季全部融化；而多年冻土的持续冻结时间通常达到三年及以上（徐斅祖等，2010）。在全球气候变化的大背景下，显著的温升将导致大范围的冻土退化，对冻土区的生态水文过程产生了重要的影响（张廷军，2012）。例如，1930~2000年，高纬度季节冻土的最大冻深减少了约30cm（Frauenfeld and Zhang，2011）；1956~1990年，西伯利亚北缘的多年冻土活动层厚度增加了约30cm（Zhang et al.，2005）；1973~2004年，阿拉斯加冻土退化地区的湿地面积明显萎缩（Avis et al.，2011）。

相比于高纬度冻土区，以青藏高原为代表的高海拔冻土区对于气候变化的响应更为敏感（Cheng and Wu，2007）。1970~2000年，我国多年冻土的覆盖面积下降了18.6%，尤其是在青藏高原，多年冻土的面积由$1.50\times10^6\,km^2$缩减为$1.05\times10^6\,km^2$，减小了约30%；同时，高原上的冻土退化在未来仍将持续，甚至加速（Cheng and Jin，2013）。青藏高原地区的冻土退化呈现出显著的时空变异性。在时间维度上，青藏高原的冻土在1976~1985年相对稳定，1986~1995年出现区域性的冻土退化，并在1995年之后退化速度不断加快；在空间维度上，青藏高原东部和东北部边缘地区的冻土退化速度比高原中部要快（Jin et al.，2011）。其中，地温的升高是冻土退化的主要原因之一，例如，1980~2007年多年冻土边界处的年均地表温度升温速率为0.6℃/10a，超过了气温上升的速率（Wu et al.，2013）。

冻土退化表现在多年冻土范围缩小、多年冻土活动层增厚、季节性冻土最大冻结深度减小等方面。1995~2007年，青藏公路沿线的活动层厚度平均每年增厚7.5cm（Wu and Zhang，2010）。在青藏高原东北部的黄河源区，钻孔观测表明，与20世纪70年代相比，玛多县的多年冻土边界向西移动15km，黄河沿观测站的多年冻土边界向北移动了2km；与80年代相比，黄河源区多年冻土的下界普遍上升了50~80m，玛多县北坡的多年冻土下界从海拔4270m上升到了4350m，野牛沟的多年冻土下界从4320m上升到了4370m；玛多县平均最大季节冻深从80年代的2.35m下降到了90年代的2.23m，多年冻土区冻结层上水温度普遍上升0.5~0.7℃（Jin et al.，2009）。而在黑河上游，在1960~2007年，站点观测发现季节性冻土最大冻结深度以4.0cm/10a的速率减小，在这48年间，最大冻结深度减小了19.2cm（Wang et al.，2015）。

6.2 地表辐射传输过程

6.2.1 地表反照率

地表反照率是指入射太阳短波辐射中被地表反射部分所占的比例，反映了地表反射太阳辐射的能力（Li and Garand，1994；孙俊等，2011）。作为大气圈、生物圈和陆地圈交互过程中最为重要的变量之一，地表反照率通过控制地表能量平衡，进而影响到大气边界层的结构和稳定性、下垫面的热力学性质（地表温度、向上长波辐射和能量收支）以及生态系统内部的物理、生理和生物地理化学过程（Wang et al.，2001，2002a，2002b）。

高寒山区作为地球冰冻圈的重要组成之一，相比高纬度极地地区，海拔更高，纬度更低，空气较为稀薄，太阳辐射也较强（Su et al.，2006），准确确定地表反照率的大小对于高寒山区的研究而言尤为重要。截至目前，现有研究对地表反照率相关过程的认知仍十分有限（Wang et al.，2007a），一些常用计算方法对于反照率存在明显误估，严重影响模型模拟和预报的能力。例如，美国国家环境预报中心（National Centre for Environmental Prediction）的 NCEP 气候预报模型和欧洲中期天气预报中心（European Centre for Medium Range Weather Forecasts）的 ECMWF 气候预报模型高估了北半球高纬度森林地区的反照率，导致最后地表温度模拟结果偏低 10 ~ 15 ℃（Betts and Ball，1997；Baldocchi et al.，2000）。从 20 世纪 80 年代开始，随着卫星遥感技术的不断进步，基于卫星观测反演地表反照率的相关研究陆续开展（Staylor and Wilber，1990；Csiszar and Gutman，1999；Sun et al.，2017）。相比传统地面观测与航测，卫星遥感数据可以提供大范围、空间连续的观测结果（Wang et al.，2007c），运行维护成本较低，观测数据比较客观，不受人工操作等的影响（Li and Garant，1994）。以往研究指出，卫星遥感产品可以及时捕捉地表反照率的时空变化（Zhong and Li，1988；Csiszar and Gutman，1999），同时在地势平坦、下垫面较为均一的地区，有着较高的精度。例如，MODIS 地表反照率产品（MOD43B3，version 4）在青藏高原改则地区的绝对误差在±0.02 以内（Wang et al.，2004），达到了用于气象模拟的要求（Henderson-Sellers and Wilson，1983；Sellers，1993）。不过，卫星遥感产品自身也存在明显的不足之处。由于云层对可见光和近红外的反射较强，卫星遥感只能开展晴空观测；卫星产品的空间分辨率较低（$10^2 \sim 10^3$ m），在地形急变地区应用时误差比较大；同时，时间分辨率较低，数据的连续性较差，难以反映反照率的日内变化过程。因此，以地面站点处的反照率连续观测为基础，结合卫星遥感数据进行空间扩展，可以实现借助二者各自的优势，为高寒山区提供较为可靠的反照率数据，更好地服务于当地的科学研究和生产应用（Zhong and Li，1988）。

地表反照率的主要控制因素为入射辐射类型、入射方位以及下垫面的结构与光学特性 Dickinson，1983；Wang，2005b；Wang et al.，2007c）。从时间上看，反照率的日内与季节变化均较强，一些随机因素，包括风场的扰动、露水霜冻等，同样会引起反照率的剧烈变化

（徐兴奎和田国良，2000；Wang et al.，2007c）；从空间上看，高寒山区的下垫面类型沿海拔、纬度和坡向呈现出条带状的分布，地表反照率主要是冰川积雪、土壤和植被三者共同作用的结果。

1. 冰川积雪

冰川积雪对太阳短波辐射具有很强的反射能力，而且随着冰川积雪的演变，其物理性质（即冰雪粒径、垂直分层、含水量、炭黑和矿物粉尘等杂质及污化程度）发生改变，反照率取值出现明显的变化（Wiscombe and Warren，1980；Aoki et al.，2011）。在高寒山区（以青藏高原地区为代表），冰川积雪对于当地春季的地表反照率影响显著（Yasunari et al.，1991；杨修群和张琳娜，2001）。在积雪覆盖区域，新雪的反照率一般为 0.72 ~ 0.82，演变为陈雪时，反照率下降到 0.50 ~ 0.70，之后伴随着杂质的沉积和剧烈消融，该值会不断下降，甚至最后低于 0.30，同时伴随着积雪的消融、再结晶和压实等过程，积雪表面的镜面反射会增强，反照率的各向异性变得尤为突出（徐兴奎和田国良，2000）；在冰川覆盖区域，地表反照率主要受到其表面状况的影响，干燥冰面的反照率和新雪类似，而湿润冰面的反照率为 0.2 ~ 0.5。

2. 土壤

土壤表面的反照率主要由入射辐射（包括天顶角和光谱信息等）、土壤类型和土壤颜色所主导。在一些地区，它还受到地表形态、土壤质地、土壤颗粒大小、土壤结构、土壤水及吸光性物质的影响（Dickinson，1983；Post et al.，2000）。由于涉及变量多，同时一些过程过于复杂，目前为止土壤反照率的参数化方案还亟须完善（Dickinson，1983；Liang et al. 2005；Wang et al.，2005a；Liang，2007；Yang et al.，2008）。由于太阳天顶角和近地表土壤水的连续观测数据相对较易获取，以往研究通过建立二者和土壤反照率之间的函数关系对其进行反演。

太阳天顶角主要影响土壤反照率的日内变化过程（Wang et al.，2005c；Yang et al.，2008）。以往研究指出，在青藏高原海拔 4000 m 以上的地区，不考虑太阳天顶角会导致地表反照率日变化幅度偏小约 70 %（Zheng et al.，2018）。Wang 等（2005c）将天顶角加入到 Noah 陆面模型的反照率计算中，发现对辐射和地表通量的日内模拟效果明显改进。目前，所有刻画"天顶角-反照率"关系的函数表达中，Dickinson（1983）和 Briegleb 等（1986）共同提出参数化方案应用最为广泛。该参数化方案基于二流近似辐射传输方程对半无限冠层反照率的求解，同时经过地面和卫星观测数据的验证，具有良好的精度（Roesch et al.，2004；Schaaf et al.，2002；Wang et al.，2005b；Yang et al. 2008）。

近地表土壤水主要影响土壤反照率的季节性变化。在青藏高原地区的研究指出，不使用土壤水导致地表反照率的年内变化幅度偏小约 70 %（Zheng et al.，2018）。对于地表净辐射而言，不考虑土壤水将会导致净辐射在夏季被低估 3.8 ~ 10.6 W/m^2，该值与大气中二氧化碳浓度提升 1 倍所引起的净辐射变化相当（Chapin et al.，2000；Wang and Davison，2007）。对于"土壤水-反照率"关系的刻画，Idso 等（1975）和 Novak（1981，2010）发现土壤反照率随着近地表土壤水含量的增加线性减少。之后，该线性关系被普遍用来刻画近地表土壤水变化对于土壤反照率的影响（Dickinson et al., 1993；Liang et al., 1994；Bonan, 1996；Wang et al., 2007；Oleson et al., 2010）。20 世纪 90 年代以来，最新的实验观测表明土壤反照率随着近地表土壤水的增加而指数衰减（Muller and Décamps, 2001；Liu et al., 2002；Lobell and Asner, 2002；Wang et al., 2005a；Gascoin et al., 2009；Guan et al., 2009）。相比于线性关系，使用指数关系会增加低土壤含水量情况下反照率的变率，同时削弱高土壤含水含量情况下反照率的变率。因此，在地表土壤水短期急剧变化的时期，例如，干旱区单次降雨过后，以及高寒山区地表剧烈冻融时期，"土壤水–反照率"函数关系的变化会对地表能量收支产生显著影响，但是影响程度还有待进一步验证。

3. 植被

植被反照率，亦称冠层顶部反照率，与植被叶片的光学性质（如反射率和透射率）、叶片的物理性质（如几何形状和叶倾角）、冠层的空间结构（如叶片的水平与垂直分布、叶片之间的相互遮挡关系）和冠层内新老叶片的比例关系等密切相关（Dickinson, 1983；Sellers et al., 1985；Geol et al., 1988；Wang et al., 2005a）。冠层顶部反照率的计算模型可以分为以下四类：①几何模型（geometric model），该模型将冠层离散为更小的透明或者半透明单元，基于几何光学进行光影区，之后在不同分区内求解辐射传输过程模型，或者使用平均透过率理论（average transmittance theory）等简化方法对辐射传输过程进行求解，一些有代表性的模型包括 Egbert model（Egbert, 1976, 1977），Otterman model（Otterman, 1985, 1984），Li–Strahler model（Li and Strahler, 1985）等；②浑浊介质模型（turbid medium model），该模型将冠层视为半无限浑浊介质（turbid medium），并进行辐射传输过程的求解，一些代表性的模型包括 Kubelka–Munk（KM）theory based models, discrete models, radiative transfer equation models 等；③混合模型（hybrid model），该模型是几何模型和浑浊介质模型的结合，通常将几何模型中的离散单元视为浑浊介质（turbid medium），用于辐射传输求解，相比于其他模型，该模型的适用范围更广，既可用于各向同性的冠层，又适用于各向异性的冠层，但是模型复杂，计算费时；④计算机仿真模型，该模型基于 Monte Carlo method，通过将冠层离散为随机组合的叶片单元，实现辐射传输的求解，由于借助计算机模拟的优势，该方法可以包含更为细致的植被信息，包括叶片的形状以及叶片间距等，一些代表性的模型包括 Oikawa–Saeki model（Oikawa and Saeki, 1977），Smith–Oliver method（Smith and Oliver, 1972），Ross–Marshak model（Ross and Marshak, 1988）等。

6.2.2　地表能量收支

地表能量平衡方程如下所示：

$$R_n = R_{sd} + R_{ld} - R_{su} - R_{lu} \tag{6-1}$$

$$R_n = LE + H + G \tag{6-2}$$

式中，R_n 是净辐射；R_{sd} 是向下短波辐射；R_{ld} 是向下长波辐射；R_{su} 是向上短波辐射，根据地表反射率（α）计算得到，$R_{su} = R_{sd} \cdot \alpha$；$R_{lu}$ 是向上长波辐射，利用 Stefan-Boltzmann 定律、地表反射率、地表发射率和地表温度共同计算得到（Molion，1987；Hong and Jin，2008）；LE 是潜热通量；H 是显热通量；G 是地表热通量。

对于潜热和显热通量的计算，有三种较为常用的方法：①涡动法（eddy fluctuation method）；②空气动力学方法，亦称 bulk transfer method；③波文比法。

对于涡动法，地表和大气之间的水分和热量交换通常按下式进行计算：

$$\text{Flux} = \rho \cdot w \cdot \eta \tag{6-3}$$

式中，ρ 是空气密度；w 是垂直风速；η 是动量、温度或者相对湿度。该通量包括两部分，一部分是均值分量，另一部分是脉动分量，即偏离均值的部分。除去强对流天气，均值分量在小时及其以上时间尺度均近乎为零，陆气之间的水分和热量交换主要依靠脉动分量，即

$$\text{Flux} = \rho \cdot \overline{w' \cdot \eta'} \tag{6-4}$$

式中，w' 和 η' 是各自变量的脉动项。

因此，显热和潜热通量具体的计算公式为

$$\text{LE} = \lambda_v \cdot \rho_a \cdot \overline{w'q'} \tag{6-5}$$

$$H = C_a \cdot \rho_a \cdot \overline{w'T'} \tag{6-6}$$

式中，ρ_a 和 C_a 分别是空气的密度和比热容；λ_v 是气化潜热；T'、w' 和 q' 分别是气温、垂直风速和比湿的脉动项。

空气动力学方法利用两个不同高度 z_2 和 z_1 处的实测气温、水平风速和比湿来计算潜热和显热通量：

$$\text{LE} = \lambda_v \cdot \rho_a \cdot D_{\text{LE}} \cdot (u_2 - u_1) \cdot (q_2 - q_1) \tag{6-7}$$

$$H = C_a \cdot \rho_a \cdot D_H \cdot (u_2 - u_1) \cdot (T_2 - T_1) \tag{6-8}$$

式中，u_1 和 u_2 分别指在高度 z_1 和高度 z_2 处测量得到的水平风速；q_1 和 q_2 分别指在高度 z_1 和 z_2 处测量得到的比湿；T_1 和 T_2 分别指在高度 z_1 和 z_2 处测量得到的气温；D_{LE} 和 D_H 分别是潜热和显热通量的拖曳系数（drag coefficient），由大气的稳定性所决定。通常，D_{LE} 和 D_H 假定相等，它们的计算公式如下所示：

$$D_{\text{LE}} = D_H = \kappa^2 \left[\ln(z_2/z_1) \right]^{-2} \tag{6-9}$$

式中，κ 是卡门常数。

波文比（B）定义为显热和潜热通量的比值。结合上述空气动力动力学计算公式，当假定潜热和显热的湍流交换系数或拖曳系数（D_{LE} 和 D_H）相等时，潜热和显热通量求比值可以消除风速项，于是基于波文比法计算潜热和显热通量时不再需要用到风速观测：

$$B = \frac{\text{LE}}{H} = \frac{C_a \cdot \Delta T}{\lambda_v \cdot \Delta q} \tag{6-10}$$

结合能量平衡方程，可以进一步计算得到显热和潜热通量的具体表达：

$$H = \frac{R_n - G}{1 + B} \cdot B, \quad \text{LE} = \frac{R_n - G}{1 + B} \tag{6-11}$$

6.3 土壤冻融过程

6.3.1 土壤中的水分运动

土壤冻融是一个水热耦合过程。对于土壤水分运动的求解，由于其自身的复杂性，在很长一段时间内只能采用经验性方法。在早期，土壤水分运动的研究主要基于形态学的观点，着眼于土壤水的形态和数量，目的是服务于农田地区的生产和应用（黄昌勇和徐建明，2000），代表性的方法包括达西定律、毛管假说等。之后，白金汉首次将毛管势的概念应用到土壤水，开启了基于能态学进行土壤水运动研究的新途径。在 1931 年，Richards 发展了毛管势的概念，通过张力计测定土壤水的能量，对达西定律进行修正，得到非饱和流的 Richards 方程，即

$$\frac{\partial \theta_{w}}{\partial t} = -\nabla \left[K(\theta_{w}) \cdot \nabla \Psi(\theta_{w}) \right] \tag{6-12}$$

式中，θ_{w} 是液态水体积含量；t 为时间；Ψ 是土水势；$K(\theta_{w})$ 是非饱和导水率；∇ 是哈密顿算子。通过将土壤导水率和基质势建立函数关系，该方法将数学物理方程引入到土壤水的研究中，推进了该领域从静态、经验研究转变为动态、机理研究（雷志栋等，1999）。

在高寒山区，近地表土壤水在年内会经历周期性的冻融过程，出现水、冰和水汽三相共存的复杂状态，土壤水分运动的计算和相应的参数化方案要更为复杂。以往研究通常进行适当的简化，包括默认土体组分均匀分布，忽略相变过程导致的土体体积变化，从而将 Richards 方程改写为如下形式：

$$\frac{\partial \theta_{w}}{\partial t} = -\nabla \left[K(\theta_{w}) \cdot \nabla \Psi(\theta_{w}, \theta_{i}, \theta_{v}) \right] - \frac{\rho_{i}}{\rho_{w}} \cdot \frac{\partial \theta_{i}}{\partial t} - \frac{\rho_{v}}{\rho_{w}} \cdot \frac{\partial \theta_{v}}{\partial t} \tag{6-13}$$

式中，θ_{i} 表示固态冰体积含量；θ_{v} 表示水汽体积含量；ρ_{i}、ρ_{v} 和 ρ_{w} 表示冰、水汽和水的密度。

对于上述的方程求解，土壤水力参数的取值尤为重要，参数的精度将会严重影响最后计算结果的精度，尤其是比水容量、导水率和扩散率（高峰等，2009）。为了准确确定这三个参数取值，以往研究在 20 世纪七八十年代开展了大量的实验，建立相应变量的经验关系。Brooks 和 Corey 在 1964 年提出了幂函数形式的土壤水分经验关系式。Mualem（1976）从 Brooks-Corey 模型出发，结合土壤水分特征曲线和土壤饱和导水率，对其进行了扩展，推导出了计算导水率的新模型。进入 80 年代后期，相应的计算方法不断成熟，逐渐发展得到基于实验数据、物理模型和数学方法相结合的土壤水力参数估算方法（夏卫生等，2002）。在 1980 年，van Genuchten 提出了一个新的经验性模型，该模型不仅能够表征整个压力水头范围内的水分特征数据，还可利用孔径分布来估计导水率，并在之后得到广泛应用。Marcel 和 Feike（1998）认为直接测量土壤水力参数费时费力，同时由于土壤结构复杂，一些情况下的测量结果不可靠，于是采用神经网络来预测土壤的持水特性以及

土壤水力参数，理论上随着输入数据的增多，该方法的精确度会不断增加，但是由于经验方法自身的限制以及实测数据代表的影响，该方法难以移植。之后，Kutilek（2004）假设土壤孔隙尺寸的分布近似服从对数正态分布，结合已有的土壤水力参数模型，计算结果表明该方法可以更好地用于描述土壤水分特征曲线和非饱和导水率。

6.3.2 土壤中热传导

高寒山区土壤中的热量传输存在三种基本形式，第一种是传导热，主要依靠土壤颗粒、土壤液态水、土壤冰等构成的路径，进行热量传递；第二种是对流热，通过土壤液态水或者水汽的运动，在土壤内部不同位置间进行热量输移；第三种是相变热，通过水-冰之间相变过程所伴随的吸热与放热，影响土壤内的热量传递。土壤的热量平衡方程可以表述为如下形式（Flerchinger and Saxton，1989）：

$$-\left(C_s \frac{\partial T}{\partial t}-\rho_i L_i \frac{\partial \theta_i}{\partial t}-\rho_v L_v \frac{\partial \theta_v}{\partial t}\right)+\frac{\partial}{\partial z}\left[\lambda_s \frac{\partial T}{\partial z}\right]+\rho_w c_w \frac{\partial q_w T}{\partial z}+\rho_v c_v \frac{\partial q_v T}{\partial z}+h=0 \quad (6\text{-}14)$$

式中，等式左边从左向右分别表示土壤中的储热变化、冻融过程伴随的相变潜热、传导热、土壤液态水迁移伴随的对流热、水汽运动伴随的对流热，以及最后一项地表热通量；t 表示时间；z 表示土壤深度（m）；C_s 和 T 分别表示土壤体积比热 $[J/(m^3 \cdot K)]$ 和土壤温度（K）；L_i 是水-冰相变潜热（J/kg）；L_v 是水-水汽相变潜热；λ_s 表示土壤热传导率 $[W/(m \cdot K)]$；c_w 为液态水比热容 $[J/(kg \cdot K)]$；q_w 和 q_v 分别表示液态水和水汽通量（m/s）；h 为地表的能量通量（W/m^2）；ρ_i 表示冰的密度（kg/m^3）；ρ_v 表示水汽密度（kg/m^3）；ρ_w 表示液态水密度（kg/m^3）；θ_i 表示体积含冰量；θ_v 表示体积含水量。上式忽略了升华和凝华过程中的水汽和土壤含冰量的变化以及相关的热量过程。

目前计算土壤导热系数主要有两种方法，分别是 De Vries 方法（De Vries，1963）Johansen-Farouki 方法（Johansen，1977；Farouki，1981）。

De Vries 的参数化方案具有较为明确的物理意义，能够较为准确地模拟土壤热力学性质（Zhang et al.，2008）。该方案假设土壤是由空气或水构成的连续介质，而土壤骨架颗粒、冰、水或空气分散于其中，土壤的导热系数为各组分导热系数的加权平均。当液态含水量 $\theta_w > 0.05$ 时，则认为液态水为连续介质，土壤导热系数为

$$\lambda = \frac{f_{qw}\theta_q\lambda_q+f_{cw}\theta_c\lambda_c+f_{sw}\theta_s\lambda_s+f_{ow}\theta_o\lambda_o+f_{ww}\theta_w\lambda_w+\lambda_i+f_{aw}\theta_a\lambda_a}{f_{qw}\theta_q+f_{cw}\theta_c+f_{sw}\theta_s+f_{ow}\theta_o+f_{ww}\theta_w+\theta_i+f_{aw}\theta_a} \quad (6\text{-}15)$$

当 $\theta_w \leq 0.05$ 时，认为空气为连续介质，土壤导热系数为

$$\lambda = 1.25 \frac{f_{qa}\theta_q\lambda_q+f_{ca}\theta_c\lambda_c+f_{sa}\theta_s\lambda_s+f_{oa}\theta_o\lambda_o+f_{wa}\theta_w\lambda_w+\theta_i\lambda_i+\theta_a\lambda_a}{f_{qa}\theta_q+f_{ca}\theta_c+f_{sa}\theta_s+f_{oa}\theta_o+f_{wa}\theta_u+\theta_i+\theta_a} \quad (6\text{-}16)$$

式中，下标 q、w、s、c、o、i 和 a 分别代表砂粒、液态水、粉粒、黏粒、有机质、冰和空气；θ_x 表示 x 组分（x 为 q，w，s，c，o，i）的体积占比；λ_x 表示 x 组分的导热系数；f_{xy} 表示 y 介质（y 为 w，a）中 x 组分对应的加权因子，计算公式如下所示：

$$f_{xy} = \frac{1}{3}\left(f_{xy_1}+f_{xy_2}+f_{xy_3}\right) \quad (6\text{-}17)$$

式中，f_{xy1}，f_{xy2}，f_{xy3} 分别表示三个方向的加权因子。当假设土壤颗粒为球形时，上述计算公式变为如下形式：

$$f_{xy} = \frac{2}{3} \cdot \frac{1}{1+(\lambda_x/\lambda_y-1)g_x} + \frac{1}{3} \cdot \frac{1}{1+(\lambda_x/\lambda_y-1)(1-2g_x)} \tag{6-18}$$

式中，g_x 为 x 组分的形状因子，由该组分颗粒的主轴比例决定，它的取值如表 6-1 所示。

表 6-1　砂粒、黏粒、粉粒和有机质的形状因子

物质	形状因子 g
砂粒	0.144
黏粒	0.125
粉粒	0.144
有机质	0.5

对于含冰土壤，Johansen 方案也有较高的精度。对于非饱和土壤，其导热率可以表述为干土和饱和土壤导热率的线性组合，同时它也是温度和初始含水量的函数，计算方式如下：

$$\lambda(\psi_{\theta_{w,0}}, T) = K_e \lambda_{sat} + (1-K_e) \lambda_{dry} \tag{6-19}$$

式中，λ_{sat}、λ_{dry} 分别表示土壤在干燥和饱和时的导热率；$\theta_{w,0}$ 表示土壤的初始含水量，K_e 为克斯腾数（Kersten number），它们各自的计算公式如下所示：

$$\lambda_{sat} = \lambda_s^{1-\theta_s} \lambda_i^{\theta_s-\theta_u} \lambda_w^{\theta_u} \tag{6-20}$$

$$\lambda_{dry} = \frac{0.135\rho_d + 64.7}{2700 - 0.947\rho_d} \tag{6-21}$$

$$K_e = \begin{cases} T \geqslant T_f \begin{cases} 0.7\lg S_r + 1.0 & S_r > 0.05 \\ \lg S_r + 1.0 & S_r > 0.1 \end{cases} \\ T < T_f \ S_r \\ S_r = \dfrac{\theta_w + \theta_i}{\theta_s} \leqslant 1 \end{cases} \tag{6-22}$$

式中，λ_s、λ_i、λ_w 分别表示土壤矿物质、冰、液态水的导热率；ρ_d 表示土壤的干容重；θ_s 分别表示土壤的空隙率；S_r 表示土壤的相对保护度；T 为土壤的温度；T_f 为冻结温度。

对于土壤矿物质导热率（λ_s），在没有观测值时，可以采用下式进行估计：

$$\lambda_s = \frac{8.80\theta_{sand} + 2.92\theta_{clay}}{\theta_{sand} + \theta_{clay}} \tag{6-23}$$

其中，θ_{sand}、θ_{clay} 分别表示土壤砂土和黏土的体积百分比。

6.3.3　土壤冻融过程中的水热耦合传输

如 6.3.1 小节所述，土壤中水分传输和热量传输过程相互耦合（Boucoyous，1915；

Rose，1968a，1968b），热量的传输主要有热传导、对流传热和相变传热三种途径。一直以来，传导热和水－冰相变热都被认为是三者中最为重要的两个因素，根据 Taylor 和 Luthin（1978）的实验，对流热只占到传导热的 $10^{-3} \sim 10^{-2}$ 倍。因此，许多研究和陆面模型在计算土壤温度时，往往都只考虑这两项（Oleson et al.，2010）。当跨越冻结温度时，相变潜热引起的热量变化起到主导作用（Kay et al.，1981）；而在冻结温度两侧，传导热起到主导作用。然后，众多野外实验结果显示，在近地表处，水汽交换对水量和热量的传递起到决定性的作用，其输送的水量占总交换量的 10% ~ 30%，输送的热量占总交换量的 40% ~ 60%；而在土壤深度较大的位置，对流热的贡献急剧减小（Harlan，1973；Jackson，1973；Jackson et al.，1974；Westcot and Wierenga，1974；Rose，1968b；Cahill and Parlange，1998）。

　　对土壤冻融中的水热耦合传输而言，相变是其中极为重要的一环。自然界中，相变过程不仅涉及水分状态的变化，同时会影响土壤内部的水流路径，伴随土体体积的变化，出现冻胀和融沉等现象。以往研究基于室内试验和理论分析试图从微观角度对土壤中的相变过程进行细致分析。在 20 世纪 30 年代，Taber 等人提出了细颗粒土中水迁移的规律，以及结晶力模型，认为冰结晶时会在冰水系统中造成梯度压力，使液态水向冰晶生长的方向迁移，尤其是在极地、土壤含水量较高的地区，土壤中可能会形成巨大的冰锥。到 60 年代，Everett 基于毛细理论对冻胀及冻胀力的定量解释和估量，得到了抽吸力理论用于求解土粒子间隙中的吸水动力。其中，毛细理论认为冻结区内正在进行冻结的分凝水与未冻区相连，而未冻区内没有冰的渗入，冻结区内水的冻结量完全引起土体的冻胀，但是由于该理论认为土体冻结时产生的分凝冰只有一层，不能解释土体冻结过程中分凝冰分层的现象。在此基础上，Bouyscous、Beskow 等人将吸附力和薄膜水迁移理论结合起来，认为液相水沿冻土中土颗粒与冰之间的未冻水膜迁移，逐渐发展得到"吸附-薄膜"理论，得到广泛应用（陈肖柏等，2006）。

6.4　土壤冻结深度估计

6.4.1　土壤冻结深度的估计方法

　　估算季节性冻土的年最大冻结深度（maximum thickness of seasonally frozen ground，MTSFG）以及多年冻土活动层厚度（active layer thickness，ALT）的常用方法包括经验模型和数值模型两大类，其中经验模型包括 Stefan 模型、Kudryavtsev 模型等。Stefan 模型综合考虑了气象参数和土壤性质，参数需要较少、具有较强的物理意义，可用于反映气温、土壤含水量等更多因素对于土壤冻结深度的影响，同时计算精度相对较高，在国内外冻土研究中得到了较为广泛的应用。Stefan 方法的基本形式为（Woo，2012）

$$MTSFG = \sqrt{2\,\lambda_f n_f \tau / L \rho_1 \theta_f} \sqrt{DDF_a} \tag{6-24}$$

$$ALT = \sqrt{2\,\lambda_t n_t \tau / L \rho_1 \theta_t} \sqrt{DDT_a} \tag{6-25}$$

式中，MTSFG 为季节性冻土从地表到冻结锋面的年最大深度；ALT 是多年冻土从地表到融化土层的最大深度；DDF_a 为气温冻结指数（air freezing index）；DDT_a 为气温融化指数（air thawing index）；单位转换系数 τ 为一天中的秒数；转化系数 n 用于将气温积温转变为地温积温，在冬季节记为 n_f，在融化季记为 n_t；λ_f 为冻结季的土壤导热系数；λ_t 为融化季的土壤导热系数；L 为冰水混合物的相变潜热（latent heat of fusion）；ρ_l 为液态水的密度；θ_f 为冻结开始前土壤的液态含水量；θ_t 为融化季开始前土壤的液态含水量。

气温冻结指数 DDF_a，由一个冻结年中低于 0℃ 的日均气温绝对值累加得到。所谓冻结年，指的是从某一年的 7 月到下一年的 6 月，这样选取年份可以保证计算得到的气温冻结指数来自一个连续的冻结过程。与气温冻结指数类似，气温融化指数 DDT_a，由一个融化年中高于 0℃ 的日均气温绝对值累加得到的，其中，融化年即为 1 月开始的正常年份。

冻结开始前以及融化过程中土壤含水量的确定，一般采用实地测量的方法获得。为了得到冻结季的土壤导热系数 λ_f，以及融化季的土壤导热系数 λ_t，可以通过实地采样进行测定，或者采用土壤热力学的参数化方案对其进行估计，常用的方法包括 Johansen 方法、de Vries 方法等。

由于实际对冻土融化和冻结起作用的是地温而非气温，这里需要用到参数 n 将计算得到的气温积温转化为地温积温，地温积温和气温积温的转化关系如下式所示：

$$n_f = DDF_g/DDF_a \tag{6-26}$$

$$n_t = DDT_g/DDT_a \tag{6-27}$$

式中，DDF_g 为地表温度冻结指数；DDT_g 为地表温度融化指数，下标 g 表示地表温度。与气温冻结指数类似，地表温度冻结指数 DDF_g，是将一个冻结年中低于 0℃ 的日均地表温度绝对值累加得到；DDT_g 为地表温度融化指数，是将一个融化年中高于 0℃ 的地表温度绝对值累加得到。

在有地表温度观测的情况下，n 系数是不必要的，地表冻结/融化指数可以直接带入 Stefan 公式进行计算，取代气温冻结/融化指数与 n 系数的乘积。MODIS 可以提供分辨率 1km 的地表温度（land surface temperature，LST）产品，可以用来计算地表冻结/融化指数，但时间局限在 2000 年之后。在大多数情况下，地表温度相比气温不易获取，同时也不如气温便于进行空间插值。由于 n 系数的取值与地表条件有关（Klene et al.，2001），一些研究采用典型站点的 n 系数值代表该站点所属土地利用类型的 n 系数，从而反映下垫面性质的差异。

6.4.2　多年冻土分布的估计方法

常见的估计多年冻土范围的方法包括高程模型、年均气温模型、冻结数模型、冻土顶板温度模型（temperature at top of permafrost，TTOP）以及数值模型等。本节介绍 TTOP 模型，基本公式如下（Riseborough et al，2008）：

$$TTOP = (\lambda_t n_t DDT_a/\lambda_f - n_f DDF_a)/P \tag{6-28}$$

式中，TTOP 为多年冻土顶板即活动层底部的温度；λ_f 为冻结季土壤导热系数；λ_t 为融化季土壤导热系数；n_f 为冻结季 n 系数；n_t 为融化季 n 系数；DDF_a 为气温的冻结指数；DDT_a 为气温的融化指数；P 为一年中的天数（365d）。由于该模型默认冻土状态与地面气象条件相平衡，因此需要在较长时间内（如 10 年）对多年冻土顶板温度 TTOP 取多年平均值，作为该时期内平均的低温状态，如果多年平均的顶板温度低于 0℃，则认为该网格的冻土类型为多年冻土，否则为季节性冻土。Zou 等（2017）采用 TTOP 模型，尝试刻画整个青藏高原的多年冻土分布情况，与之前常用的冻土分布图以及实地勘测结果进行比较，发现 TTOP 模型可以较好地模拟区域多年冻土的分布，并能反映多年冻土的稳定程度。

第 7 章 | 分布式流域生态水文模型

7.1 分布式生态水文模型概述

分布式生态水文模型是以流域的整个生态水文系统为研究对象，根据降雨、蒸发、径流等水文过程和植被生长等生态过程，在自然界的运动规律建立相应的数学模型，借助于必要的计算工具（如计算机），模拟、分析和预测流域内水体和植被的存在方式、运动规律和分布状况等，为人类生活和生产提供服务。

7.1.1 分布式流域水文模型

相对于传统的集总式概念性水文模型而言，机理性的流域分布式水文模型能够比较真实地刻画流域的下垫面条件和水文特征（芮孝芳和石朋，2002）。目前，分布式水文模型研究的主要问题包括：模拟计算流域中的各个水文要素的状态量，如径流过程模拟；模拟分析气候变化和人类活动对径流、水质和生态的影响；通过对水文过程的模拟来把握流域水资源的演变规律。分布式水文模型在实践中的应用主要包括：水资源评价、洪水预报、干旱评估、土壤侵蚀及水沙迁移、水源污染影响、土地利用变化的影响、水生态环境演变、气候变化影响、水利工程影响等（熊立华和郭生练，2004）。

国外在分布式水文模型的研究比较早，应用领域十分广泛，模型的功能也较完善，在应用推广方面也很成功。例如，MIKE-SHE 是 20 世纪 90 年代丹麦水力学研究所（Danish Hydraulic Institute，DHI）在 SHE 模型基础上发展起来的一个综合性的分布式水文模型系统。该模型可以用于模拟陆地水循环中几乎所有主要的水文过程，包括水流运动、水质变化和泥沙运移。目前，该程序已成为一个用户接口友好的商业化软件程序包。该模型系统采用了模块化结构，用户可以根据需要建立适合于当地的水文条件和研究目的的模型结构。如今，MIKE-SHE 已广泛地被许多大学、研究部门和咨询工程公司采用，应用领域众多。

近些年来，在我国应用比较多的国外分布式水文模型有：TOPMODEL、TOPIKAPI、IHDM 和 SWAT 等模型，其中 SWAT（soil and water assessment tool）是由美国农业部（United States Department of Agriculture，USDA）农业研究中心（Agricultural Research Service，ARS）的 Jeff Arnold 博士 1994 年开发的。模型开发的最初目的是预测在大流域复杂多变的土壤类型、土地利用方式和管理措施条件下，土地管理对水分、泥沙和化学物质的长期影响。SWAT 模型采用日为时间步长，可进行长时间连续计算，但不适合于对单一洪水过程的详细计算。模型采用的数据通常都是可以从公开的公共数据库得到的常规观测数据。其计算效率高，即使是非常大的流域。可模拟长期影响。SWAT 模型提供了三种流域离散方法：子流域（sub-basin）、山坡（hillslope）和网格（grid），其中子流域是模型所采用的最主要划分方法。对每一个子流域，又可以根据其中的土壤类型、土地利用和管理措施的组合情况，进一步划分为单个或多个水文响应单元，该水文响应单元是模型中最基本的计算单元。从建模技术看，SWAT 采用了模块化设计思路，水循环的每一个环节对应一个子模块，十分方便模型的扩展和应用。SWAT 主要应用领域包括评价分析土地利用对水文过程和水质及气候变化的影响。

在我国，分布式水文模型的研究起步较晚，1995 年沈晓东等提出了一种在 GIS 支持下的动态分布式降雨径流模型，实现了基于 DEM 的坡面产汇流与河道汇流的数值模拟。黄平和赵吉国（1997）提出了三维动态水文数值模型的构想，并于 2000 年建立了描述森林坡地饱和与非饱和带水流运动规律的二维分布式水文模型。任立良和刘新仁（2000）在数字高程模型（DEM）技术的基础上，进行子流域集水单元勾画、河网生成、河网与子流域编码及河网结构拓扑关系的建立，然后在每一集水单元上建立新安江模型；再根据河网结构拓扑关系建立数字河网汇流模型（马斯京根法）。该模型应用在淮河史灌河流域，成功模拟了日流量过程。郭生练（2000）等建立了一个基于 DEM 的物理性分布式流域水文模型，用来模拟小流域的降雨径流时空变化过程，该模型仅需优化调整一个参数，即下渗能力校正系数，其他参数均可从基础数据中分析求得。李兰和钟名军（2003）提出了基于 GIS 的 LL-II 分布式降雨径流模型，其中采用变动生态产流模式来描述降雨产流的机理过程，并按照子流域来划分单元。杨井等（2002）建立了基于 GIS 的半分布式月水量平衡模型，其中月水量平衡模型采用郭生练等提出的两参数月水量平衡模型，该模型结构简单，优选参数少，可应用于无数据地区；该模型已应用于赣江和汉江流域的气候变化对水文水资源的影响评价。俞鑫颖和刘新仁（2002）建立了分布式冰雪融水雨水混合水文模型，该模型是基于 DEM 和 GIS 的网格式空间分布式水文模型，该模型在乌鲁木齐河山区流域上得到了应用。唐莉华和张思聪（2002）针对小流域构建一个水沙耦合的分布式水文模型。夏军等（2003，2004）将时变增益非线性水文系统（TVGM）与 DEM 结合，开发了分布式时变增益水文模型（DTVGM），该模型在西北黑河流域和华北潮白河流域得到了应用。对于黄河流域（面积约 75.2 万 km^2），刘昌明等（2004）在研究黄河流域水资源演化规律与可再生性维持机理时，考虑到黄河流域水文参数时空分布的极其不均匀特性，从不同时空尺度，针对洪水预报、水资源管理、气候变化与土地利用的影响分析 3 个层次的不同目标，研究了次降水径流过程、日水文过程、月/年水文过程 3 类不同的分布式水文模型。

贾仰文等（2005，2006）利用 WEP-L（water and energy transfer processes in large river basin）模型，并与集总式水资源配置模型相耦合形成水资源二元演化模型，对黄河流域的水资源演变规律进行了评估分析，该模型耦合模拟了天然水循环过程与人工侧支循环过程，较好地反映了人类活动影响下的黄河水资源演变规律。该模型针对黄河流域这样的超大型流域，为了克服采用小网格单元带来的计算灾难，以及采用过粗网格单元产生的计算失真问题，采用了"子流域内的等高带"为基本计算单元。依据 1km×1km 的 DEM 和实测数字河网，研究中将黄河流域划分成具有空间拓扑关系的 8485 个子流域和 38 720 个等高带，并采用"变时间步长"进行了 1956～2000 年长系列连续模拟计算。在每个基本计算单元中考虑了土地利用的空间变异。模型计算速度较快，因此该模型用于长系列连续模拟和水资源评价分析具有优势。

Yang 等（1998）依据流域的地貌特征，建立了以山坡为基本单元的物理性分布式水文模型 GBHM（geomorphology-based hydrological model），该模型首先将大流域划分为若干较小的子流域，然后利用流域的地貌特征参数，即流域的宽度方程和面积方程，将每个子流域划分为汇流区间并将汇流区间表示为一系列山坡，在同一个汇流区间内考虑了不同植被和土壤类型对山坡产流的影响。该模型不仅扩展了分布式模型的尺度，而且能较好地描述流域水文的空间变异性。因此，该模型既可用来模拟小流域的降雨径流过程，也可应用来模拟分析大流域和大区域的水文循环（Yang et al.，2002；Yang and Musiake，2003）。例如，在黄河流域，该模型虽采用了大尺度网格单元（10km×10km）来将流域离散，但是较好地解决了地形地貌、土壤、植被及土地利用等水文特征参数在 10km×10km 大网格内的参数化问题，即大网格内的地形、植被等参数都是基于小网格数据计算得到。模型对整个黄河流域进行了 1951～2000 年的连续模拟，分析了黄河流域径流量的时空变化规律和黄河断流原因（Yang et al.，2004）。另外，在定量地揭示降雨径流形成机理与地形、地貌、土壤、植被、水文地质和土地利用之间的关系，国内学者也做了一些有意义的工作。目前可以通过随机模拟理论和分形理论揭示河系生成中分叉规律，证明 Horton 河数、河长和面积 3 个地貌定律的正确性。

7.1.2 分布式陆面过程模型

陆面过程关注的是陆地下垫面与大气之间的范围。在太阳辐射、大气环流等外界条件的驱动下，陆地下垫面与大气圈之间物质、能量和动量不断发生交换的系统过程称为陆面过程，是大气环流与气候变化的基本过程之一（孙菽芬，2002）。一些研究认为，陆面过程应当包括陆面上的物理、化学、生物和水文等所有循环过程，以及这些过程对大气过程和气候变化产生的影响（牛国跃等，1997）。对陆面水文循环过程的研究表明，陆面水文过程包括下垫面向大气输运水汽，对大气温度、湿度等造成影响；同时也包括天气系统与气候状况对陆地水文过程造成的影响（苏凤阁和郝振纯，2001）。

美国国家大气研究中心（National Center for Atmospheric Research，NCAR）开发的通用陆面过程模型（community land model）CLM 4.0 版本作为研究模型。CLM 模型作为陆面过程模型，隶属于由 NCAR 主导的通用地球系统模型（community earth system model，CESM）开发项目。项目的主要目标，是基于超级计算机的计算结果，模拟全球气候过去、现在与将来可能的状况，项目得到美国国家科学基金会与美国能源部的资助与支持。CLM 自 2002 年 5 月发布首个公开版本 CLM 2.0 以来，目前已更新至 CLM5.0 版本。

CLM 主要分析气候变化条件下的陆面过程。作为一种广泛应用的陆面过程模型，CLM 具有突出的特点。CLM 对生态气候学的概念进行了规范化表达，并采用了定量化的方法进行分析。气候生态学涉及多个学科，关注的是人类活动影响下的植被变化及其对全球气候变化产生的影响。CLM 的中心是陆面生态系统，认为陆面生态系统是气候的主要影响因素，它能通过能量、水分、化学元素和气体循环来影响气候变化。在这一过程中，地表是 CLM 中的关键界面：气候变化的影响通过地表界面来影响人类与生态系统；另外，人类与生态系统也通过地表活动改变着全球气候与环境。此外，CLM 还通过多个子模块对陆面过程中的各个方面进行描述。

CLM 从多方面充分考虑了地表的非均匀性，并且通过引入若干个模块与子模型对陆面过程中的子过程进行模拟，包括生物地球物理过程、水文循环过程、生物地球化学过程、人类活动因素、动态生态系统过程等。

在地表的非均匀性方面，CLM 将地表的覆盖类型划分为 5 个基本类型，分别是冰川、湖泊、湿地、城市和植被覆盖。在每个网格单元中，根据地表覆盖的不同将网格划分为若干个子网格。对于植被覆盖的子网格，按照植物功能类型（plant functional types，PFTs）的不同，该子网格将会被进一步划分为若干子块，主要有森林、灌木、草地、农田等，每个子块都有特定的叶面积指数、茎面积指数和树冠高度参数。对每个 PFT 子块和子网格，模型在计算中将以柱状单元进行分析，单独考虑其能量与水分循环过程。

7.1.3 分布式流域生态水文模型现状与未来

尽管分布式水文模型近些年来取得了很大发展，且应用前景越来越广泛，但是在目前研究和应用中，还存在许多科学问题有待解决，这里仅归纳了三个与实践应用密切相关的问题。

1. 模型空间尺度及流域水文特性的空间变异性问题

水文理论研究和实践表明，不同时间和空间尺度的水文系统规律通常有很大的差异。对于机理性或物理性的分布式水文模型而言，用来描述流域水文过程的水流运动数学物理方程都是"点尺度的方程"。由于水文变量及参数在不同流域、不同空间尺度、不同下垫面条件存在着极大的变异性，当将这些"点尺度的方程"应用到流域时，使用不当会导致其失去其物理意义。因此，如何在考虑流域水文特性空间变异性的基础上，建立不同尺度空间的水文过程模拟方法，以及解决次网格参数化问题，成为目前分布式水文模型研究中的一个重要课题。

有许多把分布式模型推广应用到大流域的研究，其中被广泛关注的焦点是尺度问题（芮孝芳和石朋，2002）。通常，分布式水文模型所采用的水文模拟基本计算单元的尺寸一般需与流域空间范围和时域相协调。如对于大流域，采用非常小的计算单元，往往需要巨大的计算机内存和计算时间，使其丧失了实用意义。Kavvas（1999）曾指出，水文过程（或参数）在某一尺度上是不平稳的，但是在另一尺度上却是平稳的。他还认为对小尺度水文过程进行均化所形成的大尺度水文过程，可以消除小尺度水文过程中一些高敏感性的成分，因此可以考虑在描述大尺度水文过程时对守衡方程进行简化。Beven（2002）曾提出在分布式水文模型中，采用模型空间（model space）的概念，来替代 Freeze 和 Harlan（1969）蓝本中的以偏微分方程来描述流域内水流运动，以克服"点尺度"方程的尺度缺陷。

2. 水文模拟的不确定性与信息不足问题

水文系统中不确定性存在的广泛性、复杂性，再加上目前处理各种不确定性问题的研究方法仍处于探索阶段，使得水文模拟的不确定性问题研究成为当今水文科学研究一直在探讨的热点问题（夏军和左其亭，2006）。水文模拟过程中的不确定性，主要来源于 3 个方面：①参数的不确定性，这主要是由于水文变量和模型参数具有很大的随机性；②水文过程的不确定性，主要是由气象水文条件和水流运动的复杂性所引起的；③模型自身的不确定性，不同的模型或同一模型在不同的空间和时间分辨率下使用同样的参数可能会得到有较大差别的计算结果。目前，大部分的分布式的水文模型都是确定性模型，因此在分布式水文模型中如何考虑不确定性问题，是今后有待加强的课题。

有些不确定性，是由信息不明确或缺乏数据，或受观测资料的限制造成的。由于分布式水文模型需要大量的基础数据，数据不足问题尤其显得突出。除加强地面观测工作及数据共享外，今后将更多地依赖遥感与雷达等技术解决数据不足问题。在我国相关的遥感技术、气象雷达观测技术在水文中的应用较国外落后。如在雷达测雨技术方面，美国已建成了由 120 多台高质量多普勒雷达组成的覆盖全美的雷达测雨网，能够提供时段精确至 5min、空间分辨率小于 $1km^2$ 的雨量估计值，较好地满足了分布式水文模型对降雨时空分布信息的需要。我国在水文气象信息数据的管理和共享环节，也存在较大的差距，尤其是水文观测数据。

3. 应用研究不足

目前在国内，分布式水文模型成为水文水资源领域的研究热点课题，许多学者也提出了不同的模型。但相对于国外而言，国内分布式水文模型的研究开发缺乏规范化、通用化和商品化，在很大程度上影响了分布式水文模型的应用和推广。如目前，我国分布式流域水文模型虽然取得了较大的发展，但相关的科研成果还没有转化为生产力，真正应用于流域水资源管理和洪水预报的不多，也就是说在一定程度上还没有得到流域管理单位的认可。因此开展分布式流域水文模型的应用研究，在目前而言具有较强的潜在应用价值。

7.2　高寒山区分布式生态水文模型的功能与结构

7.2.1　高寒山区分布式生态水文模型的功能

基于黑河上游流域地形地貌特征及植被格局，耦合冻土–生态–水文过程，构建了适用于黑河上游典型植被和高寒山区分布式生态水文模型（GBEHM）。新模型在原有 GBHM 基础上，从数字高程模型生成河网水系并进行子流域划分，提取描述流域地形地貌的参数；结合下垫面地理信息数据，构建流域空间信息库；依据下垫面属性的空间变化，将流域在空间上离散为一系列"山坡–河谷"基本单元，并对每个单元赋值特征参数，形成流域空间的格网系统。GBEHM 在模型结构、冰冻圈水文过程、动态植被过程这三方面改进了已有的分布式水文模型和陆面过程模型的不足，以适应高寒山区流域的生态水文特点和气候变化下的生态水文预测需求。

7.2.2　山区分布式生态水文模型的结构

在平面结构上，采用 1km×1km 网格水平二维空间进行离散化，通过 DEM 提取河网，设置最小子流域面积的阈值（如 10km²），在研究区域内获得若干个子流域。基于 Horton-Strahler 的河网分级系统，建立河网汇流顺序及子流域间的拓扑关系。基于汇流距离，建立网格与所在子流域河道之间的拓扑关系和水力联系（图 7-1）。

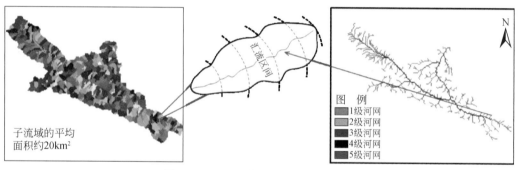

图 7-1　GBEHM 模型平面结构示意图

在山坡尺度上，模型对生态–水文过程进行耦合模拟，基本计算单元为"山坡–河谷"（hillslope-valley）。在流域尺度上，基于山坡–河网的拓扑关系和水力联系，进行多过程耦合数值模拟。在该尺度上，通过建立山坡与河道之间的水量交换，以及在河网汇流过程中地表水与地下水之间的交换，实现地表水与地下水的耦合模拟（图 7-2）。山坡与河道之间的水量交换与河道与地下水之间的水量交换均采用达西定律计算。在各级河道中，进一步根据汇流区间分段，并假设河道为矩形断面，采用运动波方程描述河道水力学过程。

7.2.3　山区分布式生态水文模型的基本单元

模型通过次网格参数化方案处理地形的垂直结构。假设 1km×1km 网格内的地形相似，由对称"山坡–河谷"组成，上坡形状参数包括坡度、坡长、坡向。针对山坡垂直结构，将其划分为地上（植被冠层）与地下（土壤和基岩），相关属性参数包括土壤、植被类型、地下水含水层深度等（图 7-3）。

基于分布式水文模型 GBHM 中的"山坡–河谷"计算单元，引入土壤垂向的水分和热

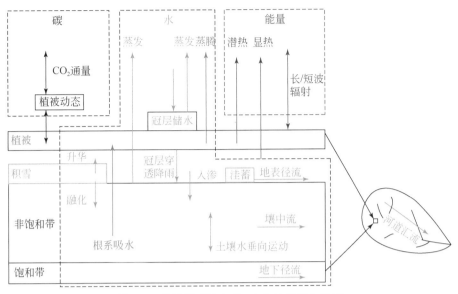

图 7-2　流域尺度的生态-水文过程耦合模拟

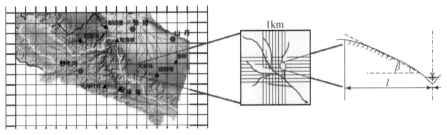

图 7-3　GBEHM 模型垂向结构示意图

量的传输方程,能够定量评估气候变暖背景下土壤冻融变化对水文过程的影响,进而分析对植被生长的影响。在植被生长期内,对土壤-植被-大气系统中的垂向水-热-碳交换过程进行耦合模拟。在非生长期内,考虑植被对水热传输过程的影响;建立了积雪和融雪、土壤冻融、降雨下渗等过程中的植被参数化方案(图 7-4)。

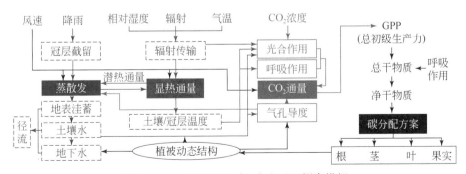

图 7-4　山坡尺度的生态-水文过程耦合模拟

7.3 山坡尺度生态–水文过程的参数化方法

7.3.1 冰冻圈水文过程

1. 积雪过程

（1）积雪层辐射传输过程

模型中，积雪层辐射传输过程采用 SINCAR（snow，ice，and aerosol radiative）模型来描述，并采用 Toon 等（1989）提出的辐射传输解来计算。积雪反照率及各层吸收的辐射量由太阳高度角、积雪层底面反照率、大气沉降气溶胶浓度及冰的等效粒径来决定（Flanner and Zender，2005；Flanner et al.，2007）。

对于每个积雪计算网格，辐射传输的计算共进行两次，分别为直射光和散射光的入射辐射量。初始状态下，各个雪层 i 所吸收的辐射量（$S_{\text{sno,i}}$）可认为是地面的辐射量，这是因为积雪反射率需要在下一计算时间步长中得出。

由于每个积雪土壤单元均需要在垂向上计算温度变化，地表吸收的太阳辐射通量（S_{g}）取决于总积雪的吸收量（S_{sno}），可以表示为

$$S_{\text{g}} = 1 - \left[\alpha_{\text{soi}} \left(1 - f_{\text{sno}} \right) + \left(1 - S_{\text{sno}} \right) f_{\text{sno}} \right] \tag{7-1}$$

$$S_{\text{g}} = S_{\text{sno}} f_{\text{sno}} + \left(1 - f_{\text{sno}} \right) \left(1 - \alpha_{\text{soi}} \right) \tag{7-2}$$

式中，α_{soi} 为土壤的反照率；f_{sno} 为积雪盖度。为了将公式扩展到多层积雪的辐射吸收计算并提高运算效率，加权的地表积雪和无雪单元辐射吸收量可简化表示为

$$S_{\text{g,i}} = S_{\text{sno,i}} f_{\text{sno}} + \left(1 - f_{\text{sno}} \right) \left(1 - \alpha_{\text{soi}} \right) \frac{S_{\text{sno,i}}}{1 - \alpha_{\text{sno}}} \tag{7-3}$$

式中，α_{sno} 为积雪的反照率。该加权算法应用于计算直接辐射、散射辐射、可见光以及近红外光辐射。在计算得到地表辐射通量后（考虑植被冠层的影响），将积雪层辐射吸收因子（$S_{\text{g,i}}$）乘以地表入射辐射量，从而得到积雪层及其下方各层输入的太阳辐射量（W/m²）。

（2）积雪层能量平衡

对于表层以下的积雪层，能量平衡方程可以写为

$$\frac{\partial \left[C_{\text{s}} \left(T_{\text{s}} - T_{\text{f}} \right) \right]}{\partial t} - L_{\text{il}} \frac{\partial \rho_{\text{i}} \theta_{\text{i}}}{\partial t} + L_{\text{lv}} \frac{\partial \rho_{\text{v}} \theta_{\text{v}}}{\partial t} = \frac{\partial}{\partial z} \left(K_{\text{s}} \frac{\partial T_{\text{s}}}{\partial z} \right) - \frac{\partial}{\partial z} \left(h_{\text{v}} D_{\text{e}} \frac{\partial \rho_{\text{v}}}{\partial z} \right) + \frac{\partial I_{\text{R}}}{\partial z} \tag{7-4}$$

表层积雪层的能量输入（E_{sur}），对于表层积雪层，能量平衡方程写为

$$\frac{\partial \left[C_{\text{s}} \left(T_{\text{s}} - T_{\text{f}} \right) \right]}{\partial t} - L_{\text{il}} \frac{\partial \rho_{\text{i}} \theta_{\text{i}}}{\partial t} + L_{\text{lv}} \frac{\partial \rho_{\text{v}} \theta_{\text{v}}}{\partial t} = \frac{\partial}{\partial z} \left(K_{\text{s}} \frac{\partial T_{\text{s}}}{\partial z} \right) - \frac{\partial}{\partial z} \left(h_{\text{v}} D_{\text{e}} \frac{\partial \rho_{\text{v}}}{\partial z} \right) + \frac{\partial I_{\text{R}}}{\partial z} + E_{\text{sur}} \tag{7-5}$$

$$E_{\text{sur}} = \text{RS}_{\text{net}} + \varepsilon \text{RL}_{\text{d}} - \sigma \varepsilon_{\text{s}} \left(T_{\text{s}}^{m} \right)^{4} + E_{\text{h}} + E_{\text{e}} - C_{\text{p}} U_{\text{p}} \left(T_{\text{p}} - T_{\text{f}} \right) \tag{7-6}$$

式中，t 表示时间（s）；z 表示土壤深度（m）；T_{s} 为积雪温度（K）；C_{s} 为积雪比热 [J/（m³·K）]；ρ_{i} 表示冰的密度（kg/m³）；ρ_{v} 表示水汽的密度（kg/m³）；θ_{i} 表示体积含

冰量（m^3/m^3）；θ_v 表示体积水汽含量（m^3/m^3）；K_s 表示积雪导热［$W/(m \cdot K)$］；h_v 表示水汽热焓（J）；D_e 表示水汽扩散速率（m^2/s）。RS_{net} 为净短波辐射（W/m^2）；RL_d 为向下长波辐射（W/m^2）；ε 为积雪比辐射率，一般取为 0.98；$\sigma = 5.670\,373 \times 10^{-8}\ W/(m^2 \cdot K^4)$ 为波尔兹曼常数；E_h 为显热通量（W/m^2）；E_e 为潜热通量（W/m^2）；C_p 为降水的比热容（J/K），其数值与降水的状态（雪或水）有关；U_p 为降水速率（mm/s）；T_p 为降水温度（K）；L_{il} 为冰－水融化潜热（J/kg）；L_{lv} 为液态水汽化潜热（J/kg）；T_f 为冻结温度（273.15K）。

积雪的比热容 C_s 可表达为

$$C_s = c_i \rho_i \theta_i + c_l \rho_l \theta_l + c_v \rho_v \theta_v \tag{7-7}$$

$$c_i = 92.96 + 7.37 T_k \tag{7-8}$$

式中，ρ_i、ρ_l、ρ_v 分别为冰、液态水、水汽的密度（kg/m^3）；θ_i、θ_l、θ_v 分别为冰、液态水、水汽的体积含量（m^3/m^3）。T_k 表示积雪温度（K）。

若忽略水汽对质量变化的影响，则可以采用参数化的雪的热导系数 K_s' 来描述水汽对能量平衡的影响：

$$\frac{\partial \left[C_s (T_s - T_f) \right]}{\partial t} - L_{il} \frac{\partial \rho_i \theta_i}{\partial t} = \frac{\partial}{\partial z}\left(K_s' \frac{\partial T_s}{\partial z} \right) + \frac{\partial I_R}{\partial z} \tag{7-9}$$

式中，参数化的 K_s' 可表示为

$$K_s' = K_s + k_v \tag{7-10}$$

$$k_v = \left(-0.06023 + \frac{-2.5425}{T_s - 289.99} \right) \times \frac{1000}{p} \tag{7-11}$$

式中，k_v 为雪层内水汽对热导系数的影响，其余各参量意义同前。

（3）积雪层水量平衡

积雪可以认为是冰、液、汽三相混合的多孔介质，其中各相的体积比满足如下的方程：

$$\theta_i + \theta_l + \theta_v = 1 \tag{7-12}$$

式中，θ_i 为体积含冰量（m^3/m^3）；θ_l 为体积含水量（m^3/m^3）；θ_v 为体积水汽含量（m^3/m^3）。在本节中，参量下标 i 代表冰，下标 l 代表液态水，下标 v 代表水汽。对于雪层中的每一相，质量平衡方程可以分别写为如下形式：

冰的质量平衡方程可写为

$$\frac{\partial \rho_i \theta_i}{\partial t} + \dot{M}_{iv} + \dot{M}_{il} = 0 \tag{7-13}$$

式中，ρ_i 为冰密度（kg/m^3）；$\dot{M}_{iv}$ 和 $\dot{M}_{il}$ 为单位时间内冰转化为水汽、液态水的质量（kg/s）。

水的质量平衡方程可写为

$$\frac{\partial \rho_l \theta_l}{\partial t} + \frac{\partial U_l}{\partial z} + \dot{M}_{lv} - \dot{M}_{il} = 0 \tag{7-14}$$

式中，ρ_l 为液态水密度（kg/m^3）；U_l 为水流通量（$kg/m^2/s$）；z 为地表以下深度（m）；

$\dot{M}_{\text{lv}}$ 表示单位时间内液态水转化为水汽的质量（kg/s）。

水汽的质量平衡方程可写为

$$\frac{\partial \rho_v \theta_v}{\partial t} - \dot{M}_{\text{lv}} - \dot{M}_{\text{iv}} = \frac{\partial(D_{\text{eff}} \partial \rho_v / \partial z)}{\partial z} \tag{7-15}$$

式中，D_{eff} 为水汽扩散系数（m²/s），其他各参量意义同前。近似可以认为水汽温度为雪层的温度。积雪中的水汽扩散系数 D_{eff} 可写为（Jordan et al.，1991）

$$D_{\text{eff}} = D_{\text{es0}} \left(\frac{1000}{P_a}\right) \left(\frac{T}{273.15}\right)^6 \tag{7-16}$$

式中，$D_{\text{es0}} = 0.92 \times 10^{-4}$ m²/s，为0℃ 1000mbar 时的水汽扩散系数；P_a 为大气压（mbar）。

对于雪层中的水流过程，雪层中的水流速度可以表示为

$$v_1 = -\frac{K_1 \rho_1 g}{\theta_1 \mu_1} \tag{7-17}$$

式中，K_1 为导水系数（kg/m）；θ_1 为体积含水量（m³/m³）；$g = 9.8$m/s²；μ_1 为水在0℃时的动力黏滞度，取为 $\mu_1 = 1.787 \times 10^{-3}$ N·s/m²。K_1 可以表示为（Jordan et al.，1991）

$$K_1 = K_{\max} s_e^3 \tag{7-18}$$

$$K_{\max} = 0.077 d^2 e^{-0.0078 \rho_1 \theta_1} \tag{7-19}$$

式中，d 为雪的颗粒直径（m）；s_e 为有效液体饱和度，表示如下：

$$s_e = \frac{s - s_r}{1 - s_r} \tag{7-20}$$

式中，s_r 为残余水饱和度，研究表明残余含水量 $\theta_r = s_r \phi$ 在 0~0.4 的范围内，取值可参考 $s_r = 0.07$ 和 $s_r = 0.04$（Jordan et al.，1991）。联立以上各式，可以得到雪层中的水流流速 v_1，进而求得水流通量为

$$U_1 = \rho_1 \theta_1 v_1 = -\frac{K_1}{\mu_1} \rho_1^2 g \tag{7-21}$$

式中各个参量意义同前。

（4）积雪层粒径演化

积雪粒径用冰的等效粒径来描述（Grenfell and Warren，1999）。雪层中冰的等效粒径 r_e 定义为不同雪粒子半径的加权平均值，权重为表面积。这样雪层中冰的等效粒径 r_e 为比表面积的函数：

$$r_e = 3 / (\rho_{\text{ice}} \text{SSA}) \tag{7-22}$$

式中，ρ_{ice} 为冰的密度（kg/m³）；SSA 为雪粒子的比表面积（m²/kg）。

粒径的变化是由干雪导致的粒径变化、液态水变化导致的粒径变化、新降雪和液态水重结晶作用所决定的，可以用下式计算：

$$r_e(t) = [r_e(t-1) + dr_{e,\text{dry}} + dr_{e,\text{wet}}] f_{\text{old}} + r_{e,0} f_{\text{new}} + r_{e,\text{frz}} f_{\text{rfrz}} \tag{7-23}$$

式中，t 为时间；$r_{e,0}$ 为新降雪的等效粒径，其值取为 54.5μm；$r_{e,\text{frz}}$ 为重结晶液态水等效粒径，其值取为 1000μm；$dr_{e,\text{dry}}$ 为干雪变化导致的粒径变化；$dr_{e,\text{wet}}$ 为液态水导致的粒径变化；f_{old} 表示雪层中的上一时刻的老雪比例；f_{new} 表示新降雪比例；f_{rfrz} 为再冻结液态水比例。

由干雪变化导致的粒径变化可以用下式计算：

$$\frac{\mathrm{d}r_{\mathrm{e,dry}}}{\mathrm{d}t} = \left(\frac{\mathrm{d}r_e}{\mathrm{d}t}\right)_0 \left(\frac{\eta}{r_e - r_0 + \eta}\right)^{1/\kappa} \tag{7-24}$$

式中，$\left(\dfrac{\mathrm{d}r_e}{\mathrm{d}t}\right)_0$、$\eta$、$\kappa$ 为参数，可以查表得到。r_0 为参数，表示最小粒径（m）。

（5）积雪压实过程

积雪层压实主要考虑 3 个物理过程：新雪导致的结构破坏（由于风或热力作用导致的结晶破坏）、雪的重力压实以及融雪作用（冻融循环及液态水结晶导致的雪层结构变化）。雪层总的压实速率 C_{Ri}（/s）为这 3 个过程作用之和：

$$C_{\mathrm{Ri}} = \frac{1}{\Delta z_i} \frac{\partial \Delta z_i}{\partial t} = C_{\mathrm{R1,i}} + C_{\mathrm{R2,i}} + C_{\mathrm{R3,i}} \tag{7-25}$$

$$\frac{1}{\Delta z_i} \frac{\partial \Delta z_i}{\partial t} = -c_3 c_2 c_1 \exp\left[-c_4(T_f - T_i)\right] + \frac{P_{s,i}}{\eta} - \frac{1}{\Delta t}\max\left(0, \frac{f_{\mathrm{ice,i}}^n - f_{\mathrm{ice,i}}^{n+1}}{f_{\mathrm{ice,i}}^n}\right) \tag{7-26}$$

式中，Δz_i 表示第 i 层积雪厚度 $C_{\mathrm{R1,i}}$（/s）为新雪导致的结构破坏引起的压实速率，由温度决定（Anderson，1976）：

$$C_{R1,i} = -c_3 c_2 c_1 \exp\left[-c_4(T_f - T_i)\right] \tag{7-27}$$

式中，c_3 为参数，表示温度为 0℃时的相对压实速率，其值取为 2.77×10^{-6}/s；c_4 为参数，取为 0.04/K；c_1 为参数，与雪层中冰含量有关；c_2 为参数，与雪层中液态水含量有关；$T_f = 273.15\mathrm{K}$；T_i 为雪层温度。

重力压实作用导致的压实速率 $C_{R2,i}$（/s）为雪层上部压力 $P_{s,i}$（kg/m²）的线形函数：

$$C_{\mathrm{R2,i}} = \frac{P_{s,i}}{\eta} \tag{7-28}$$

这里 η 为黏性系数（kg·s/m²），为雪层密度和温度的函数：

$$\eta = \eta_0 \exp\left[c_5(T_f - T_i) + c_6 \frac{w_{\mathrm{ice,i}}}{\Delta z_i}\right] \tag{7-29}$$

式中，η_0、c_5 和 c_6 为常数，$\eta_0 = 9 \times 10^5 \mathrm{kgs/m^2}$，$c_5 = 0.08$/K，$c_6 = 0.023\mathrm{m^3/kg}$；$P_{s,i}$ 为雪层上部积雪的重量；$w_{\mathrm{ice,i}}$ 为雪层中含冰的质量（kg/m²）。

雪层融化导致的压实速率 $C_{\mathrm{R3,i}}$（/s）为

$$C_{\mathrm{R3,i}} = -\frac{1}{\Delta t}\max\left(0, \frac{f_{\mathrm{ice,i}}^n - f_{\mathrm{ice,i}}^{n+1}}{f_{\mathrm{ice,i}}^n}\right) \tag{7-30}$$

其中，冰的相对含量 $f_{\mathrm{ice,i}}$ 由下式计算：

$$f_{\mathrm{ice,i}} = \frac{w_{\mathrm{ice,i}}}{w_{\mathrm{ice,i}} + w_{\mathrm{liq,i}}} \tag{7-31}$$

式中，$w_{\mathrm{ice,i}}$ 为雪层中含冰的质量（kg/m²），$w_{\mathrm{liq,i}}$ 为雪层中含液态水的质量（kg/m²）。

2. 冻土过程

(1) 土壤水热平衡基本方程

Ⅰ. 水量平衡方程

非饱和带中土壤水分垂向一维迁移的描述方程可以分基于水势（ψ-based）、基于含水量（θ-based）和混合（mixed）三种形式，其中混合形式稳定性和精度最好（Celia et al.，1990），表述如下：

$$\begin{cases} \dfrac{\partial \theta(z,t)}{\partial t} = -\dfrac{\partial q_v}{\partial z} + s(z,t) \\[2mm] q_v = -K(\theta,z)\left[\dfrac{\partial \psi(\theta)}{\partial z} - 1\right] \end{cases} \tag{7-32}$$

式中，z 为土壤深度，$\theta(z,t)$ 为 t 时刻距离地表深度为 z 处的土壤含水量；q_v 为土壤水通量；$K(\theta,z)$ 是土壤非饱和导水率；$\psi(\theta)$ 为土壤水势；$s(z,t)$ 是土壤的蒸发量。

Ⅱ. 热量平衡方程

考虑土壤导热、相变热、液态水和水汽迁移伴随的对流热，土壤的热量平衡方程可以表达为如下形式（Flerchinger and Saxton，1989）：

$$-\left(C_s \frac{\partial T}{\partial t} - \rho_i L_f \frac{\partial \theta_i}{\partial t}\right) + \frac{\partial}{\partial z}\left[\lambda_s \frac{\partial T}{\partial z}\right] + \rho_1 c_1 \frac{\partial q_1 T}{\partial z} + \rho_v c_v \frac{\partial q_v T}{\partial z} + h = 0 \tag{7-33}$$

从左往右，各项分别表示土壤储热变化、土壤冻融伴随的相变热、导热、液态水迁移伴随的对流热、水汽运动伴随的对流热、净辐射和源汇项。其中，C_s 和 T 分别表示土壤体积比热 $[J/(m^3 \cdot ℃)]$ 和土壤温度（℃），ρ_i 和 ρ_1 表示冰密度和水密度（kg/m^3），θ_i 表示体积含冰量，λ_s 表示土壤热传导率 $[W/(m \cdot ℃)]$，c_1 为液态水比热容 $[J/(kg \cdot ℃)]$，q_1 和 q_v 分别表示液态水和水汽通量（m/s），h 表示地表的能量通量 $[J/(m^2 \cdot s)]$。本模型中忽略水汽迁移的影响。

(2) 求解方案

在没有植被和积雪的影响下，FRM（force restore method）方法能较为精确地计算浅层土壤温度随边界强迫的变化。当地表存在积雪或植被，各层土壤属性和水分条件分布不均时，需要求解土壤热传导方程才能较为准确地模拟土壤温度。

Ⅰ. 求解条件

当没有积雪覆盖时，土壤上边界发生的能量交换包括辐射、显热、潜热等。假设从土壤表面进入土壤的热通量为 h，则 h 可以表达为

$$h = R_n + L_n + H + \text{Le} \tag{7-34}$$

式中，R_n，L_n，H 和 Le 分别表示土壤表层吸收的净短波辐射、长波辐射、显热和潜热。

当地表有积雪覆盖时，模型将积雪和土壤的热量平衡方程联立求解。

热传导方程的数值求解还依赖于土壤的初始温度和下边界条件。土壤厚度较大时，多数模型在下边界给定零热通量。但是土壤中零热通量的位置往往不知道，在土壤厚度较小时，下边界依然存在显著的热通量。Hirota 等（2002）对 FRM 方法进行了扩展，提出了一

个简单可行的估算深层土壤温度的方法，可用于设定热传导方程的下边界条件：

$$\beta \frac{\partial T_N}{\Delta t} = \frac{2}{C_N D_a} G_{N-1} - \frac{2\pi}{\tau} (T_N - \overline{T})$$

$$D_a = \left(\frac{\lambda \tau}{C_N \pi} \right)^{0.5}$$

$$\beta = \left(1 + 2\frac{\Delta z}{D_a} \right) \tag{7-35}$$

式中，T_N 表示底层（第 N 层）的土壤温度；$\overline{T}$ 表示深层土壤的平均温度；G_{N-1}、Δz 表示第 $N-1$ 层和第 N 层之间的地热通量和厚度；τ 表示一年内的秒数；λ 和 C_N 分别表示土壤的热传导率和比热容。根据理想情况下热传导方程的解析解，土壤的多年平均温度不随深度变化（图 7-5）。因此，此参数近似等于浅层土壤的多年平均温度，甚至在没有土壤温度观测时，可由多年平均气温替代。

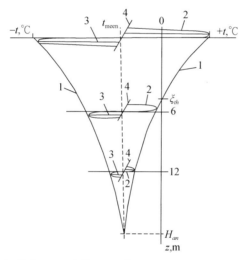

图 7-5　理想状态下，不同深度土壤温度的最大值、最小值和平均值

1 表示温度波动最大范围；2 表示地表温度和 6m、12m 处的温度波动；3、4 表示
0m、6m 和 12m 温度波动幅度；ξ_{th} 表示季节性融化深度；H_{an} 表示多年平均气温的传
播深度；t_{mean} 表示多年平均气温；z 表示土壤深度；t 表示地表温度变化幅度

Ⅱ. 数值离散方法

土壤分层离散结构如图 7-6 所示。

如图 7-6，在垂直方向上将土壤进行分层，每层分别由一个节点表示（如虚线所示，具有相应的 Z_i、λ_s、T_i、C_{si}、$\theta_{l,i}$ 等状态和参数变量），并使用有限差分法将基本方程在时间和空间上进行离散。在不考虑相变的情况下，离散结果如下所示：

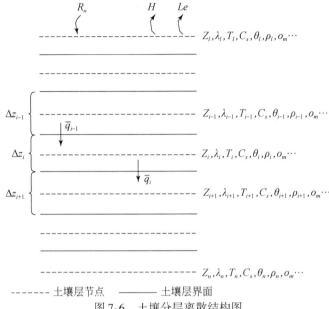

图 7-6 土壤分层离散结构图

$$0 = -\frac{\Delta z_i}{\Delta t}\left[C_i(T_i^{j+1}-T_i^j)\right]$$

$$+\left(\frac{\overline{\lambda}_{i-1}}{z_i-z_{i-1}}+\rho_l c_l \overline{q}_{i-1}\right)\left[\eta(T_{i-1}^{j+1}-T_i^{j+1})+(1-\eta)(T_{i-1}^j-T_i^j)\right] \qquad (7\text{-}36)$$

$$-\left(\frac{\overline{\lambda}_i}{z_{i+1}-z_i}+\rho_l c_l \overline{q}_i\right)\left[\eta(T_i^{j+1}-T_{i+1}^{j+1})+(1-\eta)(T_i^j-T_{i+1}^j)\right]$$

式中，各变量的下标 i 表示土壤层序，上标表示时间步长。ΔZ_i、C_i、T_i、Z_i 分别表示各层土壤的厚度、比热、温度和距离地表的深度。η 是 Crank-Nicolson 方法的参数，当 $\eta=1$ 时为全隐式格式，$\eta=0$ 时为显式格式。$\overline{\lambda}_{i-1}$ 表示第 $i-1$ 层与第 i 层之间的导热率，具体计算方法见下节参数化方案。$\overline{q}_{i-1}$ 表示第 $i-1$ 层与第 i 层间土壤液态水通量。

经整理，可得到如下线性方程组：

$$r_i = a_i T_{i-1}^{j+1} + b_i T_i^{j+1} + c_i T_{i+1}^{j+1} \qquad (7\text{-}37)$$

其中

$$a_i = -\eta\left(\frac{\overline{\lambda}_{i-1}}{z_i-z_{i-1}}+\rho_l c_l \overline{q}_{i-1}\right)$$

$$b_i = \frac{\Delta z_i}{\Delta t}C_i+\eta\left(\frac{\overline{\lambda}_{i-1}}{z_i-z_{i-1}}+\frac{\overline{\lambda}_i}{z_{i+1}-z_i}+\rho_l c_l\ (\overline{q}_{i-1}+\overline{q}_i)\right)$$

$$c_i = -\eta\left(\frac{\overline{\lambda}_i}{z_{i+1}-z_i}+\rho_l c_l \overline{q}_i\right)$$

$$r_i = C_i \frac{\Delta z_i}{\Delta t} T_i^j + (1-\eta) \left[\left(\frac{\overline{\lambda}_{i-1}}{z_i - z_{i-1}} + \rho_l c_l \overline{q}_{i-1} \right) (T_{i-1}^j - T_i^j) - \left(\frac{\overline{\lambda}_i}{z_{i+1} - z_i} + \rho_l c_l \overline{q}_i \right) (T_i^j - T_{i+1}^j) \right]$$

对于表层土壤，热量平衡方程的差分格式如下：

$$0 = -\frac{\Delta z_1}{\Delta t} [C_1 (T_1^{j+1} - T_1^j)] + h^j + \frac{\partial h}{\partial T_1} (T_1^{j+1} - T_1^j)$$

$$-\left(\frac{\overline{\lambda}_1}{z_2 - z_1} + \rho_l c_l \overline{q}_1 \right) [\eta (T_1^{j+1} - T_2^{j+1}) + (1-\eta)(T_1^j - T_2^j)]$$

$$(7-38)$$

经整理可得第一层土壤的系数：

$$a_1 = 0$$

$$b_1 = \frac{\Delta z_1}{\Delta t} C_1 - \frac{\partial h}{\partial T_1} + \eta \left(\frac{\overline{\lambda}_1}{z_2 - z_1} + \rho_l c_l \overline{q}_1 \right)$$

$$c_1 = -\eta \left(\frac{\overline{\lambda}_1}{z_2 - z_1} + \rho_l c_l \overline{q}_1 \right)$$

$$r_1 = C_1 \frac{\Delta z_1}{\Delta t} T_1^j + h^j - \frac{\partial h}{\partial T_i} T_1^j - (1-\eta) \left(\frac{\overline{\lambda}_1}{z_2 - z_1} + \rho_l c_l \overline{q}_1 \right) (T_1^j - T_2^j)$$

根据上节，确定下边界的具体方法如下：

根据 j 时刻第 $N-1$ 层和第 N 层的土壤温度（模型初始时刻 $j=0$，T_i^0 均为已知）T_{N-1}^j、T_N^j 和深层土壤的平均温度 $\overline{T}$，估算下一个时刻第 N 层的土壤温度 T_N^{j+1}，

$$\beta \frac{T_N^{j+1} - T_N^j}{\Delta t} = \frac{2}{C_N D_a} G_{N-1} - \frac{2\pi}{\tau} (T_N^j - \overline{T}) \qquad (7-39)$$

其中，

$$\beta = \left(1 + 2 \frac{(z_N - z_{N-1})}{D_a} \right)$$

$$D_a = \left(\frac{\overline{\lambda}_{N-1} \tau}{2 C_N \pi} \right)^{0.5}$$

$$G_{N-1} = -\overline{\lambda}_{N-1} \frac{T_{N-1}^j - T_N^j}{z_N - z_{N-1}}$$

以上步获得的 T_N^{j+1} 作为下边界条件，求解热传输方程，获得第 1 至 $N-1$ 层的土壤温度 T_i^{j+1}，$i = 1, 2, \cdots, N-1$。此时，第 $N-1$ 层对应的系数如下所示：

$$a = -\eta \left(\frac{\overline{\lambda}_{i-1}}{z_i - z_{i-1}} + \rho_l c_l \overline{q}_{i-1} \right)$$

$$b = \frac{\Delta z_i}{\Delta t} C_i + \eta \left(\frac{\overline{\lambda}_{i-1}}{z_i - z_{i-1}} + \rho_l c_l \overline{q}_{i-1} \right) + \eta \left(\frac{\overline{\lambda}_i}{z_{i+1} - z_i} + \rho_l c_l \overline{q}_i \right)$$

$$c = 0$$

$$r = \frac{\Delta z_i}{\Delta t} C_i T_i^j + \left(\frac{\overline{\lambda}_{i-1}}{z_i - z_{i-1}} + \rho_l c_l \overline{q}_{i-1} \right) \left[(1-\eta)(T_{i-1}^j - T_i^j) \right]$$

$$\qquad - \left(\frac{\overline{\lambda}_i}{z_{i+1} - z_i} + \rho_l c_l \overline{q}_i \right) \left[\eta(-T_n^{j+1}) + (1-\eta)(T_i^j - T_n^j) \right]$$

求解第 1 至第 N–1 层土壤温度，并重复步骤 I 和步骤 II。

Ⅲ. 相变求解

每次求解热量传输方程后，定义第 i 层的剩余热为 H_i，

$$H_1 = h + \frac{\partial h}{\partial T_1}(T_f - T_1^j) + (1-\eta)F_1^j + \eta F_1^{j+1} - \frac{C_1 \Delta z_1}{\Delta t}(T_f - T_1^j)$$

$$H_i = (1-\eta)(F_i^j - F_{i-1}^j) + \eta(F_i^{j+1} - F_{i-1}^{j+1}) - \frac{C_i \Delta z_i}{\delta t}(T_f - T_i^n)$$

$$- \left(C_s \frac{\partial T}{\partial t} - \rho_i L_f \frac{\partial \theta_i}{\partial t} \right) + \frac{\partial}{\partial z}\left[\lambda_s \frac{\partial T}{\partial z} \right] + \rho_l c_l \frac{\partial q_l T}{\partial z} + \rho_v c_v \frac{\partial q_v T}{\partial z} + h = 0$$

$$F_i = -\overline{\lambda}_i \frac{T_i - T_{i+1}}{z_{i+1} - z_i} - \rho_l c_l \overline{q}_i (T_i - T_{i+1}) \qquad (7\text{-}40)$$

根据每层的土壤温度（T_i^{j+1}）、液态含水量（$\theta_{l,i}$）和含冰量（$\theta_{\text{ice},i}$）判断是否发生相变，判断的规则如下：

$$\begin{aligned} T_i^{j+1} > T_f \quad &\text{且} \quad \theta_{\text{ice},i} > 0 \qquad \text{融化过程} \\ T_i^{j+1} < T_f \quad &\text{且} \quad \theta_{l,i} > 0 \qquad \text{冻结过程} \end{aligned} \qquad (7\text{-}41)$$

如果相变条件满足，且 $|H_i| > 0$，则土壤中的冰含量按下式进行调整，如下：

$$\theta_{\text{ice},i}^{j+1} = \max\left(\theta_{\text{ice},i}^j - \frac{H_i \Delta t}{L_f \rho_{\text{ice}} \Delta z_i}, \ 0 \right) \qquad \frac{H_i \Delta t}{L_f} > 0$$

$$\theta_{\text{ice},i}^{j+1} = \min\left(\theta_{\text{ice},i}^j - \frac{H_i \Delta t}{L_f \rho_{\text{ice}} \Delta z_i}, \ \theta_{l,i}^j \frac{\rho_l}{\rho_i} + \theta_{\text{ice},i} \right) \qquad \frac{H_i \Delta t}{L_f} < 0 \qquad (7\text{-}42)$$

之后土壤液态含水量按照土壤的总含水量进行调整，如下：

$$\theta_i^{j+1} = (\theta_{\text{ice},i}^j - \theta_{\text{ice},i}^{j+1}) \frac{\rho_{\text{ice}}}{\rho_l} + \theta_i^j \qquad (7\text{-}43)$$

相变后可能还存在剩余热量用于土壤的升温或降温，剩余热量表示如下：

$$H_i^* = H_i - \frac{L_f \rho_{\text{ice}} \Delta z_i (\theta_{\text{ice},i}^j - \theta_{\text{ice},i}^{j+1})}{\Delta t} \qquad (7\text{-}44)$$

对于第一层的温度调整如下：

$$T_1^{j+1} = T_f + \frac{\Delta t}{c_i \Delta z_i} H_i^* \bigg/ \left(1 - \frac{\Delta t}{c_i \Delta z_i} \frac{\partial}{\partial} \frac{h}{T}\right) \tag{7-45}$$

其他层的土壤温度调整入下式：

$$T_i^{j+1} = T_f + \frac{\Delta t}{c_i \Delta z_i} H_i^* \tag{7-46}$$

（3）水热参数计算方案

Ⅰ. 土壤导水系数计算方案

导水率对土壤水分的运动至关重要，一般与含水量有关，即含水量多时导水率大，含水量少时导水率小。目前应用广泛的描述土壤导水率与土壤含水量关系的方案有 BC（Brooks and Corey，1964）、CP（Clapp and Hornberger，1978）、VG（van Genuchten，1980）等。其中本模型采用 VG 方法，如下所示：

$$\Theta = \frac{\theta - \theta_r}{\theta_s - \theta_r}$$

$$\psi = \frac{1}{\alpha} \left[\Theta^{-1/m} - 1 \right]^{1/n}$$

$$K(\Theta) = K_s \Theta^{1/2} \left[1 - (1 - \Theta^{1/m})^m \right]^2 \tag{7-47}$$

式中 θ、θ_s、θ_r、Θ 分别表示土壤的体积含水量、饱和含水量、剩余含水量、相对饱和度；Ψ 为土壤的水势（m）；K 和 K_s 分别表示土壤的导水率和饱和导水率（m/s）；n、α、m 均为与土壤质地相关的经验系数，$m = 1 - 1/n$。

在冻土中，冰的冻结填充了土壤孔隙，减小了土壤的有效孔隙度，并且破坏了原有孔隙的连通性，同时冰的形成导致土壤中的液态含水量迅速减小。因此，与融土相比，冻土的导水率迅速减小。关于冻土导水率的计算依然存在较多的争议，目前主流的方法有两种：一是主要考虑相变形成冰的阻塞效应，如认为冰的形成减小了土壤的有效孔隙度；二是认为冻结过程类似于变干过程，影响冻土导水率的主要是液态水，因此，计算导水率的方法与融土相同，只不过需要对液态水的含量进行修正。

本模型采用第二种方法。即在每一个时间步长内，根据热量传输方程的求解结果模拟每层土壤的相变量，调节土壤中的未冻水含量，以此作为计算土壤导水率的含水量，即

$$\Theta' = \frac{\theta_u - \theta_r}{\theta_s - \theta_r} \tag{7-48}$$

式中，θ_u 表示土壤的液态含水量。

Ⅱ. 土壤导热系数计算方案

目前计算土壤导热系数主要有两种方法，分别是 Johansen-Farouki 方法（Johansen，1977；Farouki，1981）和 De Vries 方法（De Vries，1963）。

1）De Vries 的参数化方案具有比较明确的物理意义，能够较准确地模拟土壤的导热（Zhang et al.，2008）。它假设土壤是由空气或水构成的连续介质，而土壤骨架颗粒、冰、水或空气分散其中，土壤的导热系数为各组分导热系数的加权平均。当液态含水量 $\theta_u > 0.05$ 时，则认为液态水为连续介质，土壤导热系数为

$$\lambda = \frac{f_{qw}\theta_q\lambda_q + f_{cw}\theta_c\lambda_c + f_{sw}\theta_s\lambda_s + f_{ow}\theta_o\lambda_o + f_{ww}\theta_u\lambda_w + \lambda_i + f_{aw}\theta_a\lambda_a}{f_{qw}\theta_q + f_{cw}\theta_c + f_{sw}\theta_s + f_{ow}\theta_o + f_{ww}\theta_u + \theta_i + f_{aw}\theta_a} \tag{7-49}$$

当 $\theta_u \le 0.05$ 时，认为空气为连续介质，土壤导热系数为

$$\lambda = 1.25\frac{f_{qa}\theta_q\lambda_q + f_{ca}\theta_c\lambda_c + f_{sa}\theta_s\lambda_s + f_{oa}\theta_o\lambda_o + f_{wa}\theta_u\lambda_w + \theta_i\lambda_i + \theta_a\lambda_a}{f_{qa}\theta_q + f_{ca}\theta_c + f_{sa}\theta_s + f_{oa}\theta_o + f_{wa}\theta_u + \theta_i + \theta_a} \tag{7-50}$$

式中，q、w、s、c、o、i、a 分别表示砂土、液态水、粉土、黏土、有机质、冰和空气；θ 与上述下标组合表示对应组分的体积；λ 与上述下标组合表示相应组分的导热系数；f_{xy} 表示 y 介质中 x 组分对应的加权因子。

$$f_{xy} = \frac{1}{3}(f_{xy_1} + f_{xy_2} + f_{xy_3}) \tag{7-51}$$

式中，f_{xy_1}、f_{xy_2}、f_{xy_3} 分别表示 3 个方向的加权因子，假设土壤颗粒为球形，则

$$f_{xy} = \frac{2}{3}\cdot\frac{1}{1+(\lambda_x/\lambda_y-1)g_x} + \frac{1}{3}\cdot\frac{1}{1+(\lambda_x/\lambda_y-1)(1-2g_x)} \tag{7-52}$$

式中，g_x 为 x 组分的形状因子，由该组分颗粒的主轴比例决定，如表 7-1 所示。

表 7-1   组分形状因子

物质	组分形状因子 g
砂土	0.144
黏土	0.125
粉土	0.144
有机质	0.5

2）对于含冰土壤，Johansen 的方案也可能有较高的精度，对于非饱和土壤，其导热率可以表述为干土和饱和土壤导热率的线性组合，同时它也是温度和初始含水量的函数，计算方式如下：

$$\lambda(\psi_{\theta_0}, T) = K_e\lambda_{sat} + (1-K_e)\lambda_{dry} \tag{7-53}$$

式中，λ_{sat}、λ_{dry} 分别表示土壤在干燥和饱和时的导热率 [W/(m·K)]；θ_0 表示土壤的初始含水量；K_e 为克斯腾数（Kersten number）。它们分别可由下式计算得到（j 为土壤的层数）：

$$K_e = \begin{cases} \max\left[0.0, \log_{10}(satw)+1.0\right], & \text{tsoil\_ sno }(j)\ge\text{tfrz} \\ satw, & \text{tsoil\_ sno }(j)<\text{tfrz} \end{cases}, \text{ tfrz 为冻结温度（K）}$$

$$satw = \frac{\text{h2osoi\_ liq }(j)/\rho_{H_2O} + \text{h2osoi\_ ice }(j)/\rho_{ice}}{\text{dz }(j)\times\text{watsat }(j)}, \text{ 其中 h2osoi\_ liq }(j) \text{ 和 h2osoi\_}$$

ice (j) 分别表示单位面积土层内的质量含水量和含冰量（kg/m²）。

$$\lambda_{sat} = \lambda_s^{1-\theta_s}\lambda_i^{\theta_s-\theta_u}\lambda_w^{\theta_u} \tag{7-54}$$

$$\lambda_{dry} = \frac{0.135\rho_d + 64.7}{2700 - 0.947\rho_d} \tag{7-55}$$

$$K_e = \begin{cases} T \geq T_f \begin{cases} 0.7\lg S_r + 1.0 & S_r > 0.05 \\ \lg S_r + 1.0 & S_r > 0.1 \end{cases} \\ T < T_f \quad S_r \\ S_r = \dfrac{\theta_u + \theta_i}{\theta_s} \leq 1 \end{cases} \tag{7-56}$$

式中，λ_s、λ_i、λ_w 分别表示土壤矿物质、冰、液态水的导热率；ρ_d 表示土壤的干容重；θ_u、θ_i、θ_s 分别表示土壤的液态水含量、冰含量和空隙率；S_r 表示土壤的相对饱和度；T 为土壤的温度；T_f 表示土壤的冰点。

在没有土壤矿物质导热率的观测时，可以采用下式进行估计：

$$\lambda_s = \frac{8.80\theta_{sand} + 2.92\theta_{clay}}{\theta_{sand} + \theta_{clay}} \tag{7-57}$$

式中，θ_{sand}，θ_{clay} 分别表示土壤砂土和黏土的体积百分比。

7.3.2 植被动态过程

1. 碳循环控制方程

碳循环基本控制方程如下所示：

$$\Delta C_{ecosystem} = NEE = \Delta C_{veg} + \Delta C_{soil} + \Delta C_{litter} \tag{7-58}$$

$$\Delta C_{veg} = NPP + \Delta C_{disturb} \tag{7-59}$$

$$NPP = GPP - R_{veg} = \Delta C_{leaf} + \Delta C_{root} + \Delta C_{stem} \tag{7-60}$$

$$\Delta C_{litter} = Veg_{to\_litter} - Litter_{to\_Air} - Litter_{to\_Soil} \tag{7-61}$$

$$\Delta C_{soil} = Litter_{to\_Soil} - Soil_{to\_air} \tag{7-62}$$

式中，$\Delta C_{ecosystem}$ [gC/(m$^2 \cdot$ d)] 是生态系统碳储量变化，等于生态系统净交换量 NEE [gC/(m$^2 \cdot$ d)]；ΔC_{veg} [gC/(m$^2 \cdot$ d)]、ΔC_{litter} [gC/(m$^2 \cdot$ d)] 和 ΔC_{soil} [gC/(m$^2 \cdot$ d)] 分别是植被、凋落物和土壤中碳储量变化；NPP [gC/(m$^2 \cdot$ d)] 是植被净初级生产力；$\Delta C_{disturb}$ [gC/(m$^2 \cdot$ d)] 为由干扰导致的植被碳库变化（如放牧、虫害等）；GPP [gC/(m$^2 \cdot$ d)] 是总初级生产力；Veg_{to_litter} [gC/(m$^2 \cdot$ d)] 表示由于植被凋落转移到凋落碳库的碳；$Litter_{to\_Air}$ [gC/(m$^2 \cdot$ d)] 表示凋落物分解后释放到大气中的碳；$Litter_{to\_Soil}$ [gC/(m$^2 \cdot$ d)] 表示凋落物通过分解进入到土壤的碳；$Soil_{to\_air}$ [gC/(m$^2 \cdot$ d)] 表示土壤分解释放到大气中的碳。

2. 光合作用过程

光合作用采用基于生物化学过程的光合模型（Farquhar et al., 1980；Collatz et al., 1991；Collatz et al., 1992）。其中，光合速率 A [μmol CO$_2$/(m$^2 \cdot$ s)] 利用下式计算：

$$A = \min(w_c, w_j) \tag{7-63}$$

式中，w_c 为 Rubisco 酶限制下的羧化速率（$\mu mol\ CO_2/m^2/s$），其计算如下：

$$w_c = \begin{cases} \dfrac{V_{cmax}(C_i - \Gamma_*)}{C_i + K_c(1 + O_x/K_o)} & \text{C3 植物} \\[2mm] V_{cmax} & \text{C4 植物} \end{cases} \tag{7-64}$$

式中，C_i（$\mu mol\ CO_2/mol\ air$）是胞间的 CO_2 浓度；O_x 是空气中氧气的浓度；Γ_*（$\mu mol\ CO_2/mol$）是没有暗呼吸情况下的 CO_2 补偿点。V_{cmax} [$\mu mol\ CO_2/(m^2 \cdot s)$] 是最大羧化速率，利用冠层温度 T_k 和活化能 E_{V_m} 来计算，采用 Arrhenius 方程：

$$C_i = fc_i \times C_a \tag{7-65}$$

$$V_{cmax} = V_m^{25} \cdot \exp\left(\dfrac{E_{V_m} \cdot (T_k - 298)}{R \cdot T_k \cdot 298}\right) \tag{7-66}$$

式中，C_a（$\mu mol\ CO_2/mol\ air$）是环境 CO_2 浓度；fc_i 是 C_i 与 C_a 的比值；V_m^{25} 是 25℃时的羧化速率；R [8.314 $J/(K \cdot mol)$] 是气体常数。计算如下：

$$\Gamma_* = \Gamma_*^{25} \cdot \exp\left(\dfrac{E_{\Gamma_*^{25}} \cdot (T_k - 298)}{R \cdot T_k \cdot 298}\right) \tag{7-67}$$

式中，Γ_*^{25} 是 25℃时的 CO_2 补偿点；$E_{\Gamma_*^{25}}$ 是 Γ_* 随温度的变化速率。K_c（$\mu mol/mol$）是 CO_2 的米氏常数，这两个参数都用 Arrhenius 方程计算：

$$K_c = K_c^{25} \cdot \exp\left[\dfrac{E_{K_c} \cdot (T_k - 298)}{R \cdot T_k \cdot 298}\right] \tag{7-68}$$

式中，E_{K_c} 是活化能；K_c^{25} 是 25℃时的米氏常数。K_o（$\mu mol/mol$）是 O_2 的米氏常数，利用下式计算：

$$K_o = K_o^{25} \cdot \exp\left(\dfrac{E_{K_o} \cdot (T_k - 298)}{R \cdot T_k \cdot 298}\right) \tag{7-69}$$

式中，E_{K_o} 是活化能量；K_o^{25} 是 25℃时的氧气米氏常数。

w_j [$\mu mol\ CO_2/(m^2 \cdot s)$] 是电子转移速率（RuBT 再生速率）限制下的羧化速率，计算如下：

$$w_j = \begin{cases} \dfrac{\alpha_q \cdot I \cdot J_m}{\sqrt{J_m^2 + \alpha_q^2 \cdot I^2}} \cdot \dfrac{C_i - \Gamma_*}{4 \cdot (C_i + 2\Gamma_*)} & \text{C3 植物} \\[4mm] \dfrac{\alpha_q \cdot I \cdot J_m}{4\sqrt{J_m^2 + \alpha_q^2 \cdot I^2}} & \text{C4 植物} \end{cases} \tag{7-70}$$

式中，I [$\mu mol/(m^2 \cdot s)$] 是光合有效辐射；α_q（$mol/mol\ photons$）是光能利用效率；J_m [$\mu mol\ CO_2/(m^2 \cdot s)$] 是最大电子转移速率。$J_m$ 是随着温度变化的，计算如下：

$$J_m = r_{J_m V_m} \cdot V_m^{25} \cdot \exp\left(\dfrac{E_{J_m} \cdot (T_k - 298)}{R \cdot T_k \cdot 298}\right) \tag{7-71}$$

式中，$r_{J_m V_m}$ 是 25℃时的 J_m 与 V_m^{25} 的比值；E_{J_m} 是活化能 [$J/(K \cdot mol)$]。

最后，冠层尺度的光合速率采用 Sellers 等（1992）提出的方案，计算公式如下：

$$GPP = Ac = A \cdot \frac{1 - \exp(-k_n \cdot LAI)}{k_n} \tag{7-72}$$

式中，Ac 是冠层尺度的光合速率；A 是叶片尺度的光合速率；k_n 是消光系数。

3. 呼吸过程

维持呼吸部分主要用于描述瞬时呼吸量，植物各个组织的呼吸对温度的依赖关系可表达为（Lloyd and Taylor，1994）

$$Rm = 12 \cdot respcoeff_{pft} \cdot k \cdot N \cdot f(T) \tag{7-73}$$

$$k = 7.4 \times 10^{-7} \cdot \frac{C_{atomic\_mass}}{N_{atomic\_mass}} \tag{7-74}$$

$$f(T) = \exp\left[308.56 \times \left(\frac{1}{56.02} - \frac{1}{T - 227.13}\right)\right] \tag{7-75}$$

$$N = \frac{C_{mass}}{Ratio_{C:N}} \tag{7-76}$$

式中，Rm 是维持呼吸速率 [gC/(m² · s)]；k 是呼吸速率（mol C/s）；N 是植被各器官中的氮含量（mol N），通过碳储量乘以碳氮比（$Ratio_{C:N}$）即可得到；T 为植被各器官的绝对温度（K）；12 是碳元素的原子质量；$respcoeff_{pft}$ 植物组织的单位基础呼吸速率 [mol/(mol · h)]，与植被类型有关（Ryan，1991；Sitch et al.，2003）。

生长呼吸基于 LPJ 和 Biome-BGC 模型中的计算方法（Sitch et al.，2003；Larcher，1995）：

$$Rg = 0.25 \times (GPP - Rm) \tag{7-77}$$

$$NPP = 0.75 \times (GPP - Rm) \tag{7-78}$$

即从 GPP 中减去维持呼吸后剩下的碳量，其中 25% 被用作于生长呼吸（Rg）。

异养呼吸包括凋落物分解、土壤碳库分解等过程。根据土壤呼吸对温度的依赖关系（Lloyd and Taylor，1994），地上凋落物分解依赖空气温度，地下凋落物和土壤碳库的分解依赖土壤温度与土壤湿度。

$$\frac{dC}{dt} = -kC \tag{7-79}$$

式中，C 为碳库的大小；t 为时间；k 为分解速率。

碳库逐日分解速率 k 为

$$k = \frac{(1/\tau_{10}) f(T) f(w_1)}{365} \tag{7-80}$$

式中，$1/\tau_{10}$ 为 10℃时凋落物和土壤碳库的分解速率；f（T）为表层土壤温度影响系数；$f(w_1)$ 为土壤湿度影响系数。

土壤湿度对凋落物分解采用 Foley（1995）方法：

$$f(w_1) = 0.25 + 0.75 \times w_1 \tag{7-81}$$

式中，w_1 为第一层土壤的土壤湿度，近似为凋落物的湿度。

4. 物候及植被生长

物候的状态主要通过 LAI 的季节变化来表述。在冬季，植被通常处于休眠状态，随着温度升高植被开始复苏，这个从休眠到复苏的转变采用生长积温（growing degree days，GDD）来判断，即累积的热量达到某一植被生长所需的能量时开始生长。参考 LPJ 模型（Sitch et al., 2003）和 TECO 模型（Weng and Luo, 2008）的方法，在刚开始生长的几天里植被各组织（根、茎、叶）生长需要的碳储存在非结构碳库（nonstructural carbon pool，NSC）中，在这个碳库耗尽之后各组织的碳全部来自植被光合作用。LAI 的动态变化由叶子的生长速率和凋落速率两者同时控制，如果生长速率大于凋落速率，则 LAI 增加，否则LAI 减少。在秋季如果 LAI 值小于一定的阈值（< 0.1）时植被进入休眠期。

积温的表达为

$$GDD = \sum_{d=1}^{365} T_{air} + GDD_{base} \tag{7-82}$$

其中，T_{air} 为大气温度；GDD 为生长积温。如果 GDD 大于 GDD_{onset}，则作物开始生长，当 GDD 达到 $GDD_{fullleaf}$ 达到生长季的高峰期。

植被的生长过程就是模拟碳库分配到叶、茎和根，以及凋落物的产生。模型包含了 6 个碳库：非结构碳库（NSC）、叶子碳库（Cleaf）、茎碳库（Cstem）和根碳库（Croot）。光合固定的碳（NPP）首先进入 NSC。然后根据 NSC 的大小和温度、湿度来计算可分配给植被各组织的碳（available C），参见 TECO 模型（Weng and Luo, 2008）。最后根据给定分配系数，将可分配碳分配到植被的根茎叶。表达如下：

$$AvailC_{to\_leaf} = \omega \cdot r_{leaf} \cdot AvailC \tag{7-83}$$

$$AvailC_{to\_root} = (1-\omega) \cdot r_{root} \cdot AvailC \tag{7-84}$$

$$AvailC_{to\_stem} = (1-r_{root}-r_{leaf}) \cdot AvailC \tag{7-85}$$

式中，r_{leaf} 是分配给叶子的碳的比例；r_{root} 是分配给根系的碳的比例；$AvailC_{to\_leaf}$、$AvailC_{to\_root}$、$AvailC_{to\_stem}$ 分别是分配到叶、根系、茎的碳。

在植被到达生长季高峰期后开始凋落，植被的 NPP 进入 NSC，并且植被的叶子和根以一定的速率凋落，凋落的部分进入凋落物碳库。

碳库周转是指存活的碳库进入到凋落物（地上、地下）碳库的速率，边材向芯材转化的速率。周转速率 ΔC_{turn} 与植被的寿命有关，随植被类型变化，表达如下：

$$\Delta C_{turn} = C_{leaf} \cdot f_{leaf} + C_{sapwood} \cdot f_{sapwood} + C_{root} \cdot f_{root} \tag{7-86}$$

式中，C_{leaf}、$C_{sapwood}$、C_{root} 分别是叶片、边材、根的碳库；f_{leaf}、$f_{sapwood}$、f_{root} 分别是叶片、边材、根的周转速率（a^{-1}）。计算出周转的碳后从相应的植被组织碳库中扣除，从叶子和根出来的碳进入到地上和地下凋落物碳库中，从边材中出来的碳进入到芯材碳库，表达为

$$\Delta C_{heartwood} = C_{sapwood} \cdot f_{sapwood} \tag{7-87}$$

$$\Delta C_{L,ag} = C_{leaf} \cdot f_{leaf} - Decom_{L,ag} \tag{7-88}$$

$$\Delta C_{L,bg} = C_{root} \cdot f_{root} \cdot P - Decom_{L,bg} \tag{7-89}$$

$$\Delta C_{soil} = f \cdot (Decom_{L,ag} + Decom_{L,bg}) - Decom_{soil} \tag{7-90}$$

式中，f 是凋落物分解后进入土壤碳库的比例；$\text{Decom}_{L,\text{ag}}$、$\text{Decom}_{L,\text{bg}}$、$\text{Decom}_{\text{soil}}$ 分别是凋落物地上和地下、土壤碳库的分解速率。$\Delta C_{\text{heartwood}}$ 表示芯材碳储量变化；$\Delta C_{L,\text{ag}}$ 表示地上凋落物碳储量变化；$\Delta C_{L,\text{bg}}$ 表示地下凋落物碳储量的变化；ΔC_{soil} 表示土壤碳储量的变化；P 表示细根所占的比例。

5. 干扰过程

模型中主要考虑了放牧对植被生长所造成的影响。

载畜量（stocking rate，SR）是单位面积的放牧数量。承载力（grazing capacity，GC）是一个区域的牧草产量所能承受的最大家畜数量，可表示为

$$\text{GC} = \frac{\text{area}_{\text{grass}} \cdot \text{grass}_{\text{production}} \cdot \text{ur}}{\text{grazing}_{\text{period}} \cdot \text{stock}_{\text{intake}}} \tag{7-91}$$

式中，$\text{area}_{\text{grass}}$ 表示可利用草地的面积（km^2），$\text{grass}_{\text{production}}$ 表示利用期内草地的单产量（kg/km^2），ur 表示利用率，其中，高寒草甸的全年放牧利用率为 60%～70%；$\text{grazing}_{\text{period}}$ 为放牧天数（d）；$\text{stock}_{\text{intake}}$ 为动物的日进食量 [$\text{kg/(h} \cdot \text{d)}$]，本书每个羊单位的日采食量按 5kg 鲜草（合 1.2kg 干草）计算。

7.3.3 生态-水文过程耦合

1. 陆表能量过程

（1）陆表辐射传输
Ⅰ. 反照率计算

近地层（ground cover，低矮植被）的光谱反射率（pectral reflectance）$A_{\Lambda,\mu}$ 对直接辐射和漫辐射分别记为 $A_{\Lambda,b}$ 和 $A_{\Lambda,d}$，计算公式如下所示：

$$A_{\Lambda,\mu} = I\uparrow_g V_g + (1-V_g) a_{s(\Lambda)} \tag{7-92}$$

式中，$a_{s(\Lambda)}$ 为土壤的光谱反射率（假定各向同性）；$I\uparrow_g$ 为近地层向上漫辐射与入射辐射的比值；V_g 为近地层所占的比例。$A_{\Lambda,\mu}$ 会随太阳高度角和地面状况的变化而变化。

Ⅱ. 辐射传输

模型基于双流路近似（two-stream approximation），考虑截留、反射、传播和吸收等过程，计算辐射通量。以下内容，下标含有 c 的表示冠层中的变量，含有 g 的表示近地层中的变量，含有 s 的表示土壤层（soil）中的变量，含有 gs 表示近地层和土壤层共同变量。

计算公式如下所示（Dickson，1983）：

$$-\bar{\mu}\frac{\mathrm{d}I\uparrow}{\mathrm{d}L} + [1-(1-\beta)\omega]I\uparrow -\omega\beta I\downarrow = \omega\bar{\mu}K\beta_0 e^{-KL} \tag{7-93}$$

$$-\bar{\mu}\frac{\mathrm{d}I\downarrow}{\mathrm{d}L} + [1-(1-\beta)\omega]I\downarrow -\omega\beta I\uparrow = \omega\bar{\mu}K(1-\beta_0) e^{-KL} \tag{7-94}$$

式中，$I\uparrow$ 和 $I\downarrow$ 分别为向上和向下漫辐射通量与入射通量的比值；μ 为入射光天顶角余弦；K 为单位叶面积上直射光线的光学高度（optical depth），满足 $K = G(\mu)/\mu$，$G(\mu)$ 为 μ 方

向上的投影叶面积（projected area of leaf elements）；$\bar{\mu}$ 为单位叶面积上漫辐射光学高度倒数的均值；β 为漫辐射通量向上散射计算所需参数；β_0 为计算直射通量向上散射所需参数；ω 为植物元（phyto-element）的散射系数（scattering coefficient）；L 为累积叶面积指数（$\mathrm{m^2/m^2}$），计算时使用面平均值除以植被盖度得到。

式中，$\omega\beta$ 的计算公式为

$$\omega\beta = \frac{1}{2}\left[\alpha+\delta+(\alpha-\delta)\cos^2\bar{\theta}\right] \tag{7-95}$$

式中，$\omega=\alpha+\delta$；α 为叶子的反射系数；δ 为叶子的透射系数；θ 为平均叶倾角。

β_0 的计算公式如下式所示：

$$\beta_0 = \frac{1+\bar{\mu}K}{\omega\bar{\mu}K}a_s(\mu) \tag{7-96}$$

式中，$a_s(\mu)$ 为单一散射反照率（single scattering albedo），计算公式为

$$a_s(\mu) = \omega\int_0^1 \frac{\mu'\Gamma(\mu,\mu')}{\mu G(\mu')+\mu'G(\mu)}\mathrm{d}\mu' \tag{7-97}$$

$$\Gamma(\mu,\mu') = G(\mu)G(\mu')P(\mu,\mu') \tag{7-98}$$

式中，$P(\mu,\mu')$ 是散射相方程（scattering phase function）；μ' 是散射通量天顶角的余弦；μ 为入射光天顶角余弦；$G(\mu)$ 为 μ 方向上的投影叶面积（projected area of leaf elements）；$G(\mu')$ 表示 μ' 方向上投影叶面积。

为了简化方程，假设散射各向均匀（isotropic scattering），可得 $P(\mu,\mu') \propto \dfrac{1}{G(\mu')}$，又考虑到归一化方程（normalizing expression）$\displaystyle\int_{-1}^1 P(\mu,\mu')G(\mu')\mathrm{d}\mu'=1$，有 $P(\mu,\mu')=\dfrac{1}{2\cdot G(\mu')}$，$\Gamma(\mu,\mu')=\dfrac{1}{2}\cdot G(\mu)$；计算时，忽略辐射通量计算公式中直射通量项。

Ⅲ. 辐射吸收

冠层和近地层吸收的辐射采用下式计算：

$$F_{\Lambda,\mu(c)} = V_c\left[1-I\uparrow_c-(1-A_{\Lambda,\mu})\ I\downarrow_{gs}^c - \mathrm{e}^{-KL_{tc}}(1-A_{\Lambda,b})\right]F_{\Lambda,\mu(0)} \tag{7-99}$$

$$F_{\Lambda,\mu(gs)} = \left\{(1-V_c)(1-A_{\Lambda,\mu})+V_c\left[I\downarrow_{gs}^c(1-A_{\Lambda,d})+\mathrm{e}^{-KL_{tc}}(1-A_{\Lambda,b})\right]\right\}F_{\Lambda,\mu(0)} \tag{7-100}$$

式中，$F_{\Lambda,\mu(0)}$ 为波长区间为 Λ、方向为 μ 的入射辐射（$\mathrm{W/m^2}$）；$F_{\Lambda,\mu(c)}$ 为冠层吸收的辐射（$\mathrm{W/m^2}$）；$F_{\Lambda,\mu(gs)}$ 为近地层吸收的辐射（$\mathrm{W/m^2}$）；V_c 为冠层所占比例；$I\uparrow_c$ 为冠层顶向上散辐射与入射通量的比值；$I\downarrow_{gs}^c$ 为穿过冠层的漫辐射；$\mathrm{e}^{-KL_{tc}}$ 为穿过冠层的直接辐射与入射通量的比值，只计算散射通量的时候该项取为 0，L_{tc} 为当地叶面积指数（local leaf area index）（$\mathrm{m^2/m^2}$）。其中 Λ 可表示见光、近红外光或者远红外光；μ 可表示直接辐射或者漫辐射。

最后冠层、近地层和土壤接受的净辐射通量的计算公式为

$$\mathrm{Rn_c} = <F_c> - 2\sigma_s T_c^4 \cdot V_c \delta_t + \sigma_s T_{gs}^4 \cdot V_c \delta_t \tag{7-101}$$

$$\mathrm{Rn_{gs}} = <F_{gs}> - \sigma_s T_{gs}^4 + \sigma_s T_c^4 \cdot V_c \delta_t \tag{7-102}$$

式中，$<F_c>$ 为冠层吸收的所有辐射通量之和（W/m²）；$<F_{gs}>$ 为近地层和土壤吸收的所有通量之和（W/m²）；σ_s 是斯特藩–玻尔兹曼常数 [W/(m²·K⁴)]；δ_t 是冠层对远红外辐射的透射率，计算公式为 $1-\mathrm{e}^{-L_{tc}/\bar{\mu}}$。

（2）陆表水热通量计算

陆表的水热平衡涉及冠层、近地层以及表层三层土壤。

其中，冠层温度 T_c（K）和近地层温度 T_g（K）的控制方程为

$$C_c \frac{\partial T_c}{\partial t} = \mathrm{Rn_c} - H_c - \lambda E_c \tag{7-103}$$

$$C_{gs} \frac{\partial T_{gs}}{\partial t} = \mathrm{Rn_{gs}} - H_{gs} - \lambda E_{gs} \tag{7-104}$$

式中，C_c 为冠层的热容量 [J/(m²·K)]；C_{gs} 分别为近地层和土壤层的热容量 [J/(m²·K)]；$\mathrm{Rn_c}$ 为冠层吸收的净辐射（W/m²）；$\mathrm{Rn_{gs}}$ 为近地层和土壤层吸收的净辐射（W/m²）；H_c 为冠层的显热通量（W/m²）；H_{gs} 为近地层和土壤层的显热通量（W/m²）；E_c 为冠层的蒸散发通量（kg/m²/s）；E_{gs} 为近地层和土壤层的蒸散发通量 [kg/(m²·s)]；λ 为汽化潜热（J/kg）。

冠层的蒸散发通量 E_c [kg/(m²·s)] 包括两部分：冠层截留蒸发 E_{wc} [kg/(m²·s)] 和植被蒸腾 E_{dc} [kg/(m²·s)]；近地层和土壤层的蒸散发通量 E_{gs} [kg/(m²·s)] 包括三部分：近地层截留蒸发 E_{wg} [kg/(m²·s)]、近地层植被蒸腾 E_{we} [kg/(m²·s)] 和土壤蒸发 E_s [kg/(m²·s)]。

三个土壤层的体积含水量 $\theta_i(i=1，2，3；\mathrm{m^3/m^3})$ 通过水热平衡方程求解：

$$\frac{\partial W_1}{\partial t} = \frac{1}{\theta_s D_1}\left[P_1 - Q_{1,2} - \frac{1}{\rho_w}(E_s + E_{dc,1} + E_{dg,1}) \right]$$

$$\frac{\partial W_2}{\partial t} = \frac{1}{\theta_s D_2}\left[Q_{1,2} - Q_{2,3} - \frac{1}{\rho_w}(E_{dc,2} + E_{dg,3}) \right]$$

$$\frac{\partial W_3}{\partial t} = \frac{1}{\theta_s D_3}(Q_{2,3} - Q_3) \tag{7-105}$$

其中，$W_i(i=1，2，3)$ 为第 i 个土层的相对体积含水率，满足 $W_i = \theta_i/\theta_s$；θ_s 为饱和体积含水率（m³/m³）；D_i（$i=1，2，3$）是第 i 个土层的厚度；P_1 为单位面积上地表入渗速率（m/s），是有效降水 P_0 速率 [$P_0 = P - (P_c + P_g) + (D_c + D_g)$，m/s] 和饱和导水率 K_s 的较小值；$Q_{i,i+1}$ 为单位面积上从第 i 个土层流向第 $i+1$ 个土层的水量（m/s）；Q_3 为单位面积上第三个土层的出流量（m/s）；E_s 为土壤蒸发速率 [kg/(m²·s)]；$E_{dc,1}$ 为冠层蒸腾速率 [kg/(m²·s)]；$E_{dg,1}$ 为近地层蒸发速率 [kg/(m²·s)]；ρ_w 为水的密度（kg/m³）。

水热通量的计算，类比于电路，即通量 = 潜在差别（potential difference）/阻抗系数，

具体公式如表7-2所示。

表7-2　通量计算公式

通量	潜在差别	阻抗系数
H_c	$(T_c-T_a)\,\rho c_p$	$\overline{r_b}/2$
H_{gs}	$(T_{gs}-T_a)\,\rho c_p$	r_d
H_c+H_{gs}	$(T_r-T_a)\,\rho c_p$	r_a
λE_c	$[e_*\,(T_c)\,-e_a]\,\rho c_p/\gamma$	$f\,(\overline{r_c},\ \overline{r_b},\ M_c)$
λE_{gs}	$[e_*\,(T_{gs})\,-e_a]\,\rho c_p/\gamma$	$f\,(\overline{r_g},\ \overline{r_d},\ M_g)$
λE_s	$[f_h\cdot e_*\,(T_{gs})\,-e_a]\,\rho c_p/\gamma$	$f\,(r_{surf,r_d})$
$\lambda E_c+\lambda E_{gs}+\lambda E_s$	$(e_a-e_r)\,\rho c_p/\gamma$	r_a

其中，T_a 是冠层内的空气温度（K）；e_a 是冠层内的水汽压（mb，即百帕）；ρ 为空气的密度（kg/m^3）；c_p 为空气的比热容 [J/(kg・K)]；γ 是湿度计常数（mb/K）；$\overline{r_b}$ 是冠层边界层阻抗（s/m）；$\overline{r_c}$ 是冠层气孔阻抗（s/m）；r_a 是冠层与参考高度间的空气动力阻抗（s/m）；r_g 是近地层气孔阻抗（s/m）；r_{surf} 是裸土表面阻抗（s/m）；f_h 是地表土壤气孔内的相对湿度；$e_*(T)$ 是温度 T 时的饱和水汽压（mb）；T_r 表示参考高度处气温（K）；e_r 表示参考高度处水汽压（mb）；r_d 表示地表与冠层空气之间的阻抗（s/m）。

2. 陆表水文过程

(1) 冠层截留

冠层截留 M_c（m）和近地层截留 M_g（m）的计算公式如下所示：

$$\frac{\partial M_c}{\partial t}=P_c-D_c-E_{cw}/\rho_w \tag{7-106}$$

$$\frac{\partial M_g}{\partial t}=P_g-D_g-E_{gw}/\rho_w \tag{7-107}$$

式中，P_c 为冠层的降水截留速率（m/s）；P_g 为近地层的降水截留速率（m/s）；D_c 为冠层截留的出流速率（m/s）；D_g 为近地层截留的出流速率（m/s）；ρ_w 为水的密度（kg/m^3）。

(2) 地表径流

当冠层截留的出流速率大于表层导水率时，多余水量在地表蓄积。当蓄积水量大于地表蓄水能力时，产生地表径流。考虑到坡面产流较快，可用 Manning 公式按恒定流计算方法计算：

$$q_s=\frac{1}{n_s}(\sin\beta)^{\frac{1}{2}}h^{\frac{5}{3}} \tag{7-108}$$

式中，q_s（mm^2/s）为单宽流量；n_s 为糙率系数，β（rad）与地形坡度有关，h（mm）为扣除地表最大蓄水深度的水深。

（3）土壤侧向流

模型考虑一维土壤侧向流 q_{sub}，如下式所示：

$$q_{\text{sub}} = \begin{cases} 0 & \theta \leq \theta_{\text{f}} \\ \alpha K(\theta, z)\sin(\beta) & \theta > \theta_{\text{f}} \end{cases} \tag{7-109}$$

式中，z 为土壤深度；$K(\theta, z)$ 为土壤非饱和导水率；α 为土壤导水率异质性系数；β 为山坡单元的坡度；θ_{f} 为田间持水率。

（4）地下水与河道水交换

模型采用达西定律来描述地下水潜水层与河道的水量交换，如下式所示：

$$\begin{cases} \dfrac{\partial S_{\text{G}}(t)}{\partial t} = \text{rech}(t) - L(t) - q_{\text{G}}(t)\dfrac{1000}{A} \\ q_{\text{G}}(t) = K_{\text{G}}\dfrac{H_1 - H_2}{l/2}\dfrac{h_1 + h_2}{2} \end{cases} \tag{7-110}$$

式中，$\partial S_{\text{G}}(t)/\partial t$ 为饱和含水层中的地下水储水量随时间的变化率；$\text{rech}(t)$ 为饱和含水层与上部的非饱和含水层之间的相互补给速率；$L(t)$ 为饱和含水层向下部岩层的渗漏量（mm/h）；$q_{\text{G}}(t)$ 为地下水与流域内河道之间交换的单宽流量；A 为山坡单元的坡面面积；K_{G} 为潜水层的饱和导水率；H_1、H_2 分别为水量交换前后的潜水层地下水位；h_1、h_2 分别为水量交换前后的河道水位；l 为山坡单元的坡长。

7.4 流域尺度的生态–水文耦合过程的参数化方法

7.4.1 地表水–地下水交换

模型采用一维 Richards 方程计算山坡非饱和带土壤水分的运动，如下式：

$$\begin{cases} \dfrac{\partial \theta(z,t)}{\partial t} = -\dfrac{\partial q_{\text{v}}}{\partial z} + s(z,t) \\ q_{\text{v}} = -K(\theta, z)\left(\dfrac{\partial \Psi(\theta)}{\partial z} - 1\right) \end{cases} \tag{7-111}$$

式中，z 为土壤深度；$\theta(z, t)$ 为 t 时刻距离地表深度为 z 处的土壤含水量；q_{v} 为土壤的垂向水分通量；$K(\theta, z)$ 为土壤非饱和导水率；$\Psi(\theta)$ 为土壤吸力，由土壤含水量确定；$s(z, t)$ 为土壤的蒸发量。

模型采用达西定律来描述地下水潜水层与河道的水量交换，如下式：

$$\begin{cases} \dfrac{\partial S_{\text{G}}(t)}{\partial t} = \text{rech}(t) - L(t) - q_{\text{G}}\dfrac{1000}{A} \\ q_{\text{G}}(t) = K_{\text{G}}\left(\dfrac{H_1 - H_2}{l/2}\right)\left(\dfrac{h_1 + h_2}{2}\right) \end{cases} \tag{7-112}$$

式中, $S_G(t)$ 为饱和含水层中的地下水储水量; $\text{rech}(t)$ 为饱和含水层与上部的非饱和含水层之间的相互补给速率; $L(t)$ 为饱和含水层向下部岩层的渗漏量; $q_G(t)$ 为地下水与流域内河道之间交换的单宽流量; A 为山坡单元的坡面面积; K_G 为潜水层的饱和导水率; H_1 和 H_2 分别为水量交换前后的潜水层地下水位; h_1 和 h_2 分别为水量交换前后的河道水位; l 为山坡单元的坡长。

7.4.2　流域河网汇流

各个计算网格的产流量作为侧向入流进入河道, 模型中河网汇流采用动力波方法求解, 如下式:

$$\begin{cases} q = \dfrac{\partial A}{\partial t} + \dfrac{\partial Q}{\partial x} \\[3mm] Q = \dfrac{S_0^{\ 1/2}}{n_r \cdot p^{2/3}} A^{5/3} \end{cases} \quad (7\text{-}113)$$

式中, q 为河道的侧向单宽流量; A 为河道的横截面面积; t 为时间步长, 取为 1 hr; x 为沿河道方向的距离; Q 为河道流量; S_0 和 n_r 为河床的坡度与糙率; p 为河道横断面的湿周。

7.5　分布式流域生态水文模型的主要参数

7.5.1　土壤参数

分布式流域生态水文模型需要两种土壤参数: 土壤厚度和土壤组分参数。

土壤厚度提供了土壤和地下水含水层的划分条件, 即土壤水运动方程的空间边界条件, 对土壤水文过程的模拟有重要的影响, 会直接影响到土壤水含量, 进而影响产流、蒸散发、植被生产力等多种水、能量、碳通量的模拟 (Zeng et al., 2008; Zeng and Decker, 2009)。土壤厚度数据一般通过实地调查, 依据土壤生成学理论进行空间插值及成果验证, 在小区域模型构建时, 一般使用实测的土壤厚度; 而在大尺度进行模型构建时, 需要用到相应的土壤数据产品。考虑到土壤数据制作需要大量的实地调查, 难度较大, 目前可供使用的土壤厚度产品较少, 主要有: FAO (1989) 的全球 8km 数据, Shangguan 等 (2013) 的中国 1km 数据以及 Pelletier 等 (2016) 的全球 1km 数据。但总体而言, 土壤厚度数据的不确定性较大。

土壤组分数据是土壤导水导热系数计算的重要依据 (见 7.3.1 小节), 目前土壤组分参数主要包括砂粒含量、黏土含量以及有机质含量。土壤组分参数的准确性同样影响模型土壤水含量以及水、能量、碳通量的模拟 (Shi et al., 2014; Zheng and Yang, 2016; Osborne et al., 2004)。土壤组分参数的选取类似于土壤厚度参数, 需要进行实地调查采样，而土壤组分数据产品的准确性依赖于采样的丰度以及空间插值方法的合理性。在小区域构建模型时，一般需要实地采样；而在大尺度构建时，需要用到现有的数据产品，如 HWSD 的全球 1km 数据（Nachtergaele et al., 2009）、Shangguan 等（2013）的中国 1km 数据等。

7.5.2 积雪参数

关于积雪参数，主要包括积雪热传导系数 K_s 和积雪反照率的选取。本研究结合多套实测数据，评价了积雪的热传导系数参数方案，以下方案可以较好地描述实际情况，表示为

$$K_s = 2.22362 \left(\frac{\rho_s}{\rho_l}\right)^{1.885} \tag{7-114}$$

式中，ρ_s、ρ_l 分别为雪和液态水密度（kg/m³）。

反照率的计算考虑了粒雪、新雪及冰表面的反照率的不同。其中，雪面反照率 α_s 的计算方法如下：

$$\alpha_s = \alpha_{firn} + (\alpha_{frs} - \alpha_{firn}) \exp\left(\frac{s-i}{t^*}\right) \tag{7-115}$$

式中，α_{firn}、α_{frs} 分别为粒雪、新雪的日均反照率特征值，分别取 0.65，0.8；t^* 为从新雪反照率下降后接近与粗粒雪反照率所需要时间的征值，取值 21.3；s 为上次降雪的年积日；i 为实际当天的年积日。

当积雪深度 d 逐渐减薄接近 0 时，利用下式进行从积雪反照率向裸冰反照率的平滑过渡模拟：

$$\alpha = \alpha_s + \alpha_i - \alpha_s \exp\left(-\frac{d}{d^*}\right) \tag{7-116}$$

式中，α_i 为裸冰反照率的特征值，取 0.34；d 为雪深；d^* 为雪深的特征值，取 3.2cm。

7.5.3 植被参数

1. 植被结构参数

木本植被的高度采用 Z_{top} 利用茎的生物量 C_{stem}（kgC/m²）进行计算，采用一个简单的异速生长模型，该模型假设高度与胸径的比值 t 是一个随植被类型变化的参数。植被的密度 s 采用固定值，木材密度取为 $d = 250$kgC/m²，在此条件下 Z_{top} 的计算公式如下：

$$Z_{top} = \left(\frac{3C_{stem}t^2}{\pi s d}\right)^{1/3} \tag{7-117}$$

其中，各参数参考表 7-3 进行估算。

表 7-3　木本植被高度与密度

植被类型	t	$s/(株/m^2)$
青海云杉	200	0.1
灌木	10	0.1

草本植物的高度采用总叶面积指数计算（Levis et al., 2003），如下：

$$H = 0.25 \cdot \text{LAI}_p \tag{7-118}$$

式中，LAI 根据叶生物量 C_{leaf} 和比叶面积 SLA 计算，参考 Biome-BGC；投影叶面指数（有效叶面积指数）LAI_p 采用固定系数 $\text{ratio}_{p:t}$ 乘以总叶面积 LAI_t 得到，参数如表 7-4 所示。

$$\text{LAI}_p = \text{ratio}_{p:t} \cdot \text{LAI}_t \tag{7-119}$$

$$\text{LAI}_t = C_{leaf}/\text{SLA} \tag{7-120}$$

表 7-4　植被叶面积计算参数

植被类型	$\text{ratio}_{p:t}$	SLA（m^2/gC）
高寒草甸	2.6	0.0093*
青海云杉	2.6	0.012**
灌木	2	0.032***

注：Peng et al., 2015；Oleson et al., 2010；＊＊孙建文等, 2010

根系的结构参数包括根深和根密度的垂直分布。根深是根系生物量的函数，根据 Vivek 等（2003）的相关研究，根密度（包含细根和粗根）垂直分布随着深度变化呈指数函数，可表示为

$$\rho(z,t) = A_i(t)\beta_i^{rz} = A_i(t)e^{-a_i z} \tag{7-121}$$

式中，i 为植被类型，z 为深度；β_i^{rz} 为根密度随深度的变化函数；$a_i = 1/L_i$，L_i 为与植被类型有关的一个参数；$A_i(t)$ 为 t 时刻的表层根密度（g/m^2）。

深度 z 处以上的根系生物量可通过对根密度的积分获得，表示为

$$B_z(t) = \int_0^z A(t)e^{-az}\mathrm{d}z = \frac{A(t)}{a}(1 - e^{-az}) \tag{7-122}$$

$$B(t) = B_\infty(t) = \frac{A(t)}{a} \tag{7-123}$$

式中，z 为深度；$B_z(t)$ 为 z 深度处的生物量；$B(t)$ 为 t 时刻根系总生物量；a 是植被类型变化的参数。

根的累积百分比可表示为

$$f(z) = \frac{B_z(t)}{B_\infty(t)} = 1 - e^{-az} \tag{7-124}$$

当包含根系生物量比例为 f 时，根的深度 d 为

$$d = \frac{-\ln(1-f)}{a} \tag{7-125}$$

在模型中根系深度通常定义为包含了 95.02%（$f=0.9502$）的根系生物量的根深度，所以根深 d 可以用如下公式计算：

$$d = \frac{-\ln(1-0.9502)}{a} \approx \frac{3}{a} \tag{7-126}$$

将以上几个方程联立起来就可以得到根密度与生物量之间的关系：

$$\rho(z,\ t) = a \cdot B\ (t)\ e^{-az} \tag{7-127}$$

式中，a 是随植被类型变化的经验参数，为了将根深、根密度与生物量关联起来，将 a 表达为生物量的函数 $a=b/B(t)$；b 为经验参数，最后可得根密度、根累积分布函数和根深的估算函数：

$$\rho(z,t) = b \cdot B\ (t)^{1-\alpha} \exp\left[-\frac{b}{B\ (t)^{\alpha}}z\right] \tag{7-128}$$

$$f(z,t) = 1 - \exp\left[-\frac{b}{B\ (t)^{\alpha}}z\right] \tag{7-129}$$

$$d(t) = \frac{3B\ (t)^{\alpha}}{b} \tag{7-130}$$

式中，$B\ (t)$ 为 t 时刻的根系总生物量（kg/m^2）；$d\ (t)$ 是 t 时刻的根深（m）；$\rho\ (z,t)$ 是 t 时刻的 z 深度处（m）的根密度（kg/m^2）；$f\ (z,t)$ 是 t 时刻、从地面到深度 z 处根的累积量占总根数量的比例；α 是控制根生长方向的系数，取值为 $[0,\ 1]$，取 0 时表示纵向生长，取 1 时表示横向生长。不同植被类型的根结构参数如表 7-5 所示。

表 7-5　植被根生物量参数　　　　　　　（单位：kg/m^2）

项目	北方森林	温带针叶林	苔藓	温带草地	作物
根生物量 B	13.73	7.95	10.4	7.67	0.87
表层根密度 A	0.20	0.20	0.40	0.40	0.40

2. 生理过程参数

在模型中，光合作用的计算主要需要两个参数，包括 25℃时的羧化速率（V_m^{25}）及光能利用效率（α_q）。呼吸作用的计算主要需要两个参数，包括植被组织的碳氮比（$Ratio_{C:N}$），以及单位植被组织的基础呼吸效率（$respcoeff_{pft}$）。以上参数都与具体的植被种类有关，在模型中概化为与植被功能型有关，需要试验测定得出。参考已有的试验研究，参数如表 7-6 所示（Sitch et al.，2003；Larcher 1995；Ryan et al.，1991）。

表 7-6　植被生理生化过程参数

植被类型	V_m^{25}	α_q	$Ratio_{C:N}$	$respcoeff_{pft}$
高寒草甸	78.2	0.06	25	0.025
青海云杉	54	0.06	40	0.018
灌木	52	0.06	25	0.030

3. 物候及植被生长参数

植被的物候参数主要包括临界积温，包括萌发临界积温与生长高峰期临界积温。其需要通过观测数据归纳分析确定。本研究参考已有研究结果，不同植被类型的参数如表 7-7 所示（Sitch et al., 2003；Weng et al., 2008）。

表 7-7 植被物候参数

植被类型	GDD_{onset}	$GDD_{fullleaf}$
高寒草甸	10	650
青海云杉	20	600
灌木	15	600

植被的生长参数主要包括植被不同组织的碳分配以及不同碳库的周转参数，都需要通过实验测定获得。本研究通过实地采样实验获得碳分配参数；而碳库周转参数需要长期同位素观测，在本研究中借鉴相关研究成果（Sitch et al., 2003），参数选取如表 7-8 和表 7-9 所示。

表 7-8 植被碳分配参数

植被类型	r_{leaf}	r_{root}	r_{stem}
高寒草甸	0.5	0.5	—
青海云杉	0.21	0.21	0.58
灌木	0.43	0.43	0.14

表 7-9 植被碳库周转参数

植被类型	f_{leaf}	f_{root}	$f_{sapwood}$
高寒草甸	1.0	0.5	—
青海云杉	0.5	0.5	0.05
灌木	1.0	1.0	0.05

7.5.4 流域水文参数

1. 地形地貌参数

地形地貌参数是基于山坡单元的分布式流域生态水文模型的重要参数。主要参数包括河网提取阈值、山坡单元坡长和山坡单元坡度。

河网提取阈值对于表达河网结构的模型至关重要，其直接决定了河网密度以及子流域划分，进而影响到山坡单元的划分。河网密度会直接制约河网与山坡单元的水力联系，影响土壤水和产流的模拟以及空间分布特征（Yang et al., 1998；Shen et al., 2016）。根据已有文献研究，认为10km²的河网汇流阈值可在中尺度上很好捕捉流域的地形地貌特点，同时与模型的空间分辨率有较好的匹配（Yang et al., 1998）。

山坡单元坡长（l）通过单元网格面积（A）与网格内河网长度（Δx）求得，如下所示：

$$l = \frac{A}{2\Delta x} \tag{7-131}$$

式中，A 与模型空间分辨率有关；Δx 与河网提取阈值有关，可通过 ArcGIS 的相关工具算出。

山坡单元坡度直接影响模型的产流模拟，一般情况下，山坡单元坡度可通过高精度数字高程信息取得，如 90m 或者 30m 的 DEM 数据，运用 ArcGIS 的相关工具可方便获得。

2. 产流过程参数

产流过程参数主要包括坡面参数和土壤参数两类。其中坡面参数包括坡面最大蓄水容量 P_{max} 以及 Manning 坡面糙率 n_s。P_{max} 的取值范围为 0 ~ 50mm，通常与土地覆盖类型有关（Crawford et al., 1966）；n_s 的取值范围为 0.025 ~ 1.5，通常与土地覆盖和植被长势有关（Chow，1959）。土壤参数主要包括土壤异质性参数 α，影响模型的侧向导水率，在模型中认为其与土地覆盖类型有关。通常情况下，以上参数需要经过实际测量，或者借鉴已测量的相似流域。

3. 汇流过程参数

汇流参数主要指河道的水力学参数，包括河道的宽度、深度、比降和糙率。通常情况下，以上数据需要通过相应河道断面的测量得出，或者借鉴已测量的相似断面进行参数移植。值得一提的是，目前高精度的遥感数据对于汇流参数的获取有很大潜力，如可用高精度的 DEM 数据分析得出河道比降；利用高精度的影像数据提取河道宽度和深度等。

第8章 | 黑河流域上游的分布式生态水文模拟

8.1 基础地理信息

8.1.1 数字高程

本书采用 SRTM（shuttle radar topography mission）数字高程模型（DEM），空间分辨率为 90m。在黑河流域上游范围，海拔为 1600～5400m。

8.1.2 土地利用与植被分布

本书采用的土地利用数据来自中国科学院寒区旱区环境与工程研究所（现整合入中国科学院西北生态环境资源研究院），空间分辨率为 1km。土地利用类型分为草地、裸土、灌丛、耕地、森林、湿地、积雪和冰川。植被数据来自"黑河流域上游生态水文过程耦合机理及模型研究"项目编制的黑河上游 1∶10 万植被图，在土地利用图基础上将植被细分类为针叶林、灌丛、荒漠、草原、草甸、高山植被、栽培植被和无植被地段。本书采用的叶面积指数（LAI）和光合有效辐射（FPAR）数据来自北京大学遥感与地理信息系统所，空间分辨率为 1km，时间分辨率为每 8 天一景，数据基于遥感产品并融合黑河流域地面观测校正。

8.1.3 土壤类型与土壤参数

本书中采用的土壤厚度和有机质组分（砂砾、黏土、有机质含量）来自中国科学院南京土壤研究所，基于第二次全国土壤调查，并在黑河流域进行了实地验证与观测，数据集的空间分辨率为 1km。土壤水力参数（饱和土壤水含量、残余土壤水含量）来自北京师范大学"面向陆面过程模型的中国土壤水文数据集"，数据重采样至 1km 分辨率。

8.2 气象数据及其空间插值

8.2.1 地面气象站网观测数据

模型输入的气象数据主要来源于国家气象站网的逐日观测（http：//data.cma.cn）数

据，包括日降水、日平均气温、日最高气温、日最低气温、相对湿度、日照时数以及日均风速。黑河流域上游有祁连和野牛沟两个国家气象站，周边有托勒、刚察、门源、永昌、山丹、张掖、高台、金塔、酒泉 9 个气象站。这些气象站主要布设在平原以及山区的河谷地带，高程分布范围为 1300 ~ 3400m。除降水以外的模型输入气象数据均由气象站点的观测数据通过空间插值得到。

降水数据除国家气象站的逐日观测外，还采用了甘肃省水文局设立的水文站观测的逐日雨量。黑河流域上游山区及其周边的水文站点包括祁连、扎马什克、莺落峡、双树寺、冰沟台、扁都口、康乐、梨园堡、肃南、大河、红沙河、丰乐河、新地、冰沟、朱龙关 15 个站点。水文站点的高程范围为 1000 ~ 3400m。由于站点分布稀疏且分布海拔较低，基于站点观测难以得到合理的黑河上游山区高分辨率的降水空间分布，需要其他降水空间分布信息。

8.2.2 卫星遥感观测数据

TRMM、CMORPH、PERSIANN 等卫星数据产品提供了全球尺度的降水空间分布数据。如表 8-1 所示，多数卫星降水数据的空间精度为 0.25°，时间精度为 3h，观测开始年份大多为 2000 年左右。由于卫星降水产品空间精度较低，观测时间短，不能满足黑河上游山区高精度、长序列的生态水文模拟要求；GPM 降水数据具有较高的空间分辨率，但由于其观测年限过短，无法应用于长序列的生态水文模拟。因此，在黑河上游的生态水文模拟研究汇中，卫星降水数据仅作为参考。

表 8-1 常见的卫星降水数据产品

产品名称	空间分辨率	时间分辨率	覆盖范围	观测年限
CMORPH	0.25°	3h	60°S ~ 60°N	2002 年至 2017 年
TMPA RT	0.25°	3h	60°S ~ 60°N	2002 年至 2017 年
PERSIANN	0.25°	3h	60°S ~ 60°N	2000 年至 2017 年
NRL Real Time	0.25°	1h	60°S ~ 60°N	2000 年至 2017 年
GSMap	0.1°	1h	60°S ~ 60°N	1998 年至 2017 年
GPM	0.1°	30min	60°S ~ 60°N	2014 年至 2017 年

8.2.3 区域气候模式的输出数据

在"黑河流域生态–水文过程集成研究"重大计划资助下，Xiong 等（2013）在黑河流域建立了 3km 空间精度的区域气候模式（regional climate model，RCM），模拟了黑河流域过去 30 年及未来 70 年的气候数据。该模式以中国科学院大气物理研究所开发的区域环境集成系统模式 RIEMS 2.0（Xiong et al.，2009）为基础，以美国大气研究中心和美国宾西法尼亚大学研制的中尺度模式 MM5 为非静力动力框架，并耦合了一系列物理过程方案。模式的重要参数利用"黑河流域生态–水文过程集成研究"重大计划提供的高精度观测和遥感数据率定，从而实现模式本地化和高空间精度。模式诸如温度、水汽、风速等边界条件基于国家环境预报中心（National Centers for Environmental Prediction，NCEP）1°空间分辨率的再分析数据（Kalnay et al.，1996），通过指数松弛方案得到。模式模拟区域中心位于 40.30°N、99.50°E，覆盖整个黑河流域。模式输出结果包括降水、气温、风速、比湿等气象要素，其中降水结果基于站点观测数据验证，证明在黑河流域大多数地区具有良好的效果（Xiong et al.，2013），但在山区有明显的高估，不适于直接应用于黑河上游山区的生态水文模拟。

8.2.4 气象数据的空间插值

模型输入的气象要素包括日降水、日气温（包括日平均气温、日最高气温、日最低气温）、日均风速、日均相对湿度以及日照时数。其中风速、相对湿度、日照时数基于国家气象站观测，采用距离方向权重法（angular distance weighting method，ADWM）（Willmott et al.，1985；New et al.，2000；Yang et al.，2004）插值得到。气温数据的插值在 ADW 方法基础上，考虑了气温随高程变化梯度，该梯度根据站点观测数据得到，每月取一值。

降水数据的空间插值采取了一种融合站点观测和 RCM 模拟结果的日降水空间插值方法（Wang et al.，2017）。该方法的主要步骤包括：①建立能够表征多年平均日降水空间分布的日降水气候场；②计算站点位置处的日实际观测降水与日气候降水的比值，进而基于站点处比值进行空间插值，生成日比值场；③将日降水气候场与日比值场相乘，得到日网格降水结果。

1. 建立日降水气候场

站点提供了点尺度的精确降水值；RCM 提供了降水的空间分布关系。因此，日降水气候场即基于站点位置处的日气候降水值，以及 RCM 提供的降水空间分布特征进行估计。

日气候降水即为一年之中每一天的多年平均降水。在站点位置处，计算一年 365d 中每一天的多年平均降水，得到多年平均日降水序列。之后将该序列进行傅里叶滤波平滑处理，平滑结果即为日气候降水。

RCM 模拟结果提供了降水的空间分布关系，此关系表现为月尺度的降水–高程梯度。该梯度估计方法如下。

第一步，将 DEM 重采样为与 RCM 一致的空间精度，然后根据 DEM 数据将整个区域划分为不同的子区域。每一个子区域由相邻的具有相同主朝向的网格组成。为了避免划分的子区域过于零散，在划分子区域之前，首先将 DEM 进行平滑处理。平滑处理方法如式（8-1）所示。

$$\text{ele}_{m,n} = 0.5\text{ele}_{m,n} + 0.125(\text{ele}_{m-1,n} + \text{ele}_{m+1,n} + \text{ele}_{m,n-1} + \text{ele}_{m,n+1}) \tag{8-1}$$

式中，$\text{ele}_{m,n}$ 为行数为 m，列数为 n 的网格的高程。重复式（8-1）多次，直到整个研究区域足够平滑，仅保留主要的地形特征。参考 Daly 等（1994）的研究，分别尝试将地形平滑处理 8 次、16 次、24 次、32 次、40 次，评价不同次数的平滑处理效果，并选取最合适的处理次数。

第二步，在每一个子区域上，基于该子区域上的所有网格的月降水和高程数据，回归得到月的降水–高程梯度。假设一月之中每一天的梯度是一致的，从而计算得到日降水–高程梯度。

第三步，根据站点观测数据校正第二步中得到的降水–高程梯度。基于 RCM 模拟结果得到的降水–高程梯度可能会存在误差，需要基于站点的观测梯度进行校正。校正方法为，分别基于站点或区域气候模式模拟结果计算整个山区的平均降水高程梯度，如基于站点得到的梯度为 Gs，基于 RCM 得到的梯度为 GR，那么 GR 和 Gs 的比值即为所有子区域的统一梯度校正值。

基于站点降水气候值，以及不同区域降水–高程梯度，插值得到降水气候场。插值方法采用距离方向权重法（angular distance method，ADW）（Willmott et al.，1985；New et al.，2000），并在插值过程中考虑降水–高程梯度。在插值每一个网格（m，n）的降水气候值时，选取临界距离 x_0 以内的最近的站点（上限为 8 个）（x_0 为控制空间衰减程度的基于经验的衰减距离，范围为 350~500km）（New et al.，2000），每一个站点 i 的距离权重为

$$w_{0(m,n),i} = (e^{-x/x_0})^t \tag{8-2}$$

式中，x 为插值目标网格（m，n）与站点 i 的距离；x_0 取 500km；t 为校正系数，通常取值为 4（New et al.，2000）。之后，根据各个站点之间的方向关系，对距离权重进行调整。调整系数 $a_{(m,n),i}$ 为

$$a_{(m,n),i} = \frac{\sum_{l=1}^{\text{nos}} w_{0(m,n),l}[1-\cos\theta_{m,n}(i,l)]}{\sum_{l=1}^{\text{nos}} w_{0(m,n),l}}, l \neq i \tag{8-3}$$

式中，$\theta_{m,n}(i,l)$ 为以目标点为中心的站点 i 和 l 的分离角度；$w_{0(m,n),l}$ 为站点 l 的距离权重；nos 为插值目标网格时应用的站点数。最终，修正后的总距离方向权重为

$$w_{(m,n),i} = w_{0(m,n),i}[1+a_{(m,n),i}] \tag{8-4}$$

目标网格的降水气候值 $P_{\text{cli }m,n}$ 计算方法为

$$P_{\text{cli }m,n} = \left\{\sum_{i=1}^{\text{nos}} w_{(m,n),i} \times \left[P_{\text{cli }i} + \overline{S_{(m,n),i}} \times (\text{ele}_{m,n} - \text{ele}_i)\right]\right\} / \sum_{i=1}^{\text{nos}} w_{(m,n),i} \tag{8-5}$$

式中，$P_{\text{cli }i}$ 为第 i 个站点的降水气候值；$\text{ele}_{m,n}$ 为目标网格的高程；ele_i 为第 i 个站点的高程；$\overline{S_{(m,n),i}}$ 为站点与目标网格之间的平均降水–高程关系，计算方法为

$$\overline{S_{(m,n),i}} = \left\{\sum_{j=1}^{\text{nog}-1}\left[\text{grad}_j \times (\text{ele}_{j+1} - \text{ele}_j)\right]\right\} / (\text{ele}_{m,n} - \text{ele}_i) \tag{8-6}$$

式中，nog 为目标网格和站点 i 沿线之间的网格数量；j 为网格序数，取值为 1 表示站点 i 所在网格，取值为 nog 表示目标网格；grad_j 为第 j 个网格所在的子区域的降水高程梯度。

2. 日降水与日气候降水比值场的插值

首先计算站点位置处的日降水与日气候降水的比值，计算方法为

$$\text{ratio}_i = \frac{P_i}{P_{\text{cli } i}} \tag{8-7}$$

式中，P_i 为站点 i 的日观测降水；$P_{\text{cli } i}$ 为站点 i 的日气候降水。之后，将站点的比值插值到整个研究区域中。插值方法仍采用距离方向权重法。

在插值过程中，应考虑高山对降水的阻挡效应。降水往往在迎风坡较多，而在背风坡较小。当插值网格（m，n）时，增加与该网格处于山坡同侧的站点的权重系数：

$$\mu_{(m,n),i} = \beta \times w_{(m,n),i} \tag{8-8}$$

式中，$\mu_{(m,n),i}$ 为考虑山坡对降水的阻挡效应后的权重系数；$w_{(m,n),i}$ 为初始权重系数，根据式（8-4）计算得到；β 为大于 1 的校正系数。β 的取值由交叉验证结果决定。在交叉验证过程中，轮流以每个站点作为验证站点，验证采用除去该站点的所有其余站点的插值效果。不同的 β 取值对应不同的交叉验证结果（R^2），计算每个站点的平均 R^2 值，平均值最大时对应的 β 值即为选用的取值。

校正过权重系数后，每个网格（m，n）的比值 $\text{ratio}_{m,n}$ 插值方法为

$$\text{ratio}_{m,n} = \Big(\sum_{i=1}^{\text{nos}} \mu_{(m,n),i} \times \text{ratio}_i \Big) \Big/ \sum_{i=1}^{\text{nos}} \mu_{(m,n),i} \tag{8-9}$$

式中，nos 为站点数目；ratio_i 为第 i 个站点的比值；$\mu_{(m,n),i}$ 第 i 个站点的权重系数。

距离方向权重插值方法可能会导致降水的误报，因此在插值时应考虑对降水/非降水区域的划分。研究提出了参数 α，每个网格的比值 $\text{ratio}_{m,n}$ 根据下式进行校正：

$$\begin{cases} \text{ratio}'_{m,n} = 0 \big[\text{ratio}_{m,n} < \min_{i=1}^{k}(\alpha \times \text{ratio}_i) \big] \\ \text{ratio}'_{m,n} = \text{ratio}_{m,n} (\text{其他情况}) \end{cases} \tag{8-10}$$

式中，$\text{ratio}'_{m,n}$ 为校正后的比值；k 为参与目标网格的所有站点中，显示有降水的站点数量；ratio_i 为站点比值。参数 α 取值范围为 0~1，具体数值根据插值结果的误报漏报情况决定。

3. 生成日网格降水

最终，日网格降水结果由下式得到：

$$P_{m,n} = P_{\text{cli } m,n} \times \text{ratio}'_{m,n} \tag{8-11}$$

式中，$P_{\text{cli } m,n}$ 为目标网格的降水气候值，由式（8-5）得到；$\text{ratio}'_{m,n}$ 为校正后的比值，由式（8-10）得到。

基于以上方法，Wang 等（2017）在黑河流域生成了一套 1960~2014 年的空间分辨率为 3km 的网格日降水产品。将该产品重采样至 1km 空间精度，作为分布式生态水文模型的气象输入。

8.3 黑河上游分布式生态水文模型构建与验证

8.3.1 黑河上游流域地貌参数化方案

在平面结构上，采用 1km 网格水平二维空间进行离散化，通过 DEM 提取河网，设置最小子流域面积为 10km^2，共获得 461 个子流域（图 8-1）。基于 Horton-Strahler 的河网分级系统，建立河网汇流顺序及子流域间的拓扑关系。基于汇流距离，建立网格与所在子流域河道之间的拓扑关系和水力联系（图 8-2）。

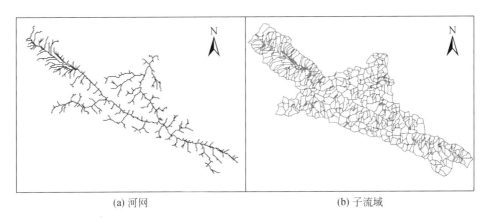

(a) 河网   (b) 子流域

图 8-1 基于 1km DEM 数据提取的河网和划分的子流域

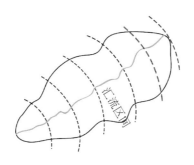

图 8-2 汇流区间与子流域中河道位置示意图

在垂向结构上，模型中假设 1km 网格内的地形相似，由对称的"山坡–沟谷"系统组成。基于 DEM 数据计算山坡的地形参数，包括坡度、坡长和坡向等（图 8-3）。在山坡垂向结构上，划分为地上植被冠层、地下土壤层和基岩。

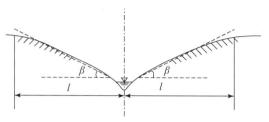

图 8-3 次网格参数化中的"山坡–沟谷"单元

l 为坡长；β 为坡度角

8.3.2 黑河上游分布式生态水文模型参数率定

模型参数主要基于站点实测和遥感数据估计，其中部分水文参数（如地下水导水系数）采用实测流量数据进行率定和验证，采用纳什效率系数（NSE）和相对误差（RE）评价不同参数对模型模拟结果的影响。

8.3.3 黑河上游分布式生态水文模型综合验证

采用构建的分布式生态水文模型（GBEHM）在黑河上游干流进行模拟应用，分别在点、样地、流域等多尺度，对冰川消融、积雪融雪、冻土变化、植被生长、径流等多过程进行综合验证，检验了模型的有效性和准确性。

1. 冰川消融过程的验证

根据我国第一次冰川调查结果，1960 年的冰川储量为 14.5 亿 m³。黑河上游冰川消融过程的模拟结果如图 8-4 所示，受气候变暖影响，冰川储量自 20 世纪 60 年代以来迅速下降，

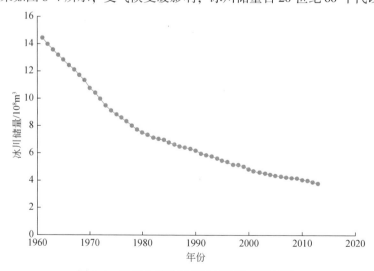

图 8-4 黑河上游冰川消融过程的模拟结果

平均每年减少近 0.2 亿 m³。至 2010 年,黑河上游的冰川总储量约为 5 亿 m³。该结果与我国第 2 次冰川调查结果十分接近,说明模型对冰川消融过程的描述和数值模拟是合理的。

2. 积雪与融雪过程的验证

选择 2014 年整个年度在大冬树垭口站进行积雪模拟单点观测验证。通过对雨雪临界温度、新雪反照率以及雪面粗糙度的验证,表明模型对积雪的聚集–消融过程有很好的模拟精度(图 8-5)。单点所率定的各项参数也用于黑河上游流域尺度积雪消融过程的模拟。

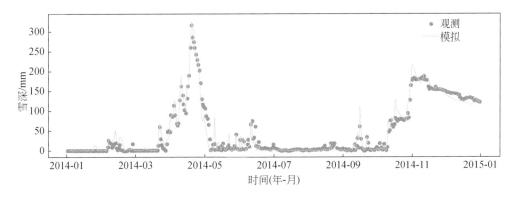

图 8-5 垭口站 2014 年积雪深度实测与模拟的对比

针对积雪模型各项参数存在空间异质性的问题,采用遥感积雪面积对基于能量平衡的积雪模型进行了分布式率定,并与集总式率定的结果进行比较。将积雪参数划分为具有空间异质性的参数与不具有空间异质性的参数,分别包括:雪面粗糙度纠正系数、新雪密度纠正系数、雨雪临界温度,以及新雪反照率(可见光与近红外两个波段)、积雪热传导纠正系数、可见光与近红外穿透系数。选择黑河流域上游典型流域八宝河流域进行率定和分析,结果表明,使用分布式率定的积雪日数与实际更为吻合。针对整个黑河流域上游进行了 2005～2014 年的长时间积雪过程模拟,模型模拟得到的年积雪日数与遥感观测的积雪日数有着较好的空间相似性(图 8-6)。

3. 土壤冻融过程的验证

在土壤冻结深度、土壤温度和土壤水分三方面,采用观测站和钻孔点的数据,验证模型模拟结果。图 8-7 为祁连和野牛沟冻土观测站的 2002～2014 年土壤冻结深度的观测值和模拟值对比。在祁连站,模型模拟结果能较好地符合实测冻深的变化过程;在野牛沟测站,模拟的最大冻深偏小,可能原因是野牛沟站土壤导热、热容参数的估计误差。如图 8-8 所示,对 2004～2015 年祁连冻土观测站季节性冻土在 5cm、10cm、20cm、40cm、80cm、160cm 和 320cm 七个土层深度的土壤温度观测与模拟值进行了比较,结果表明模拟土壤温度的均方根误差随着土层深度增加而减少,在 3.2m 处的均方根误差为 0.9℃。这表明模型很好地描述了土壤温度的变化过程。

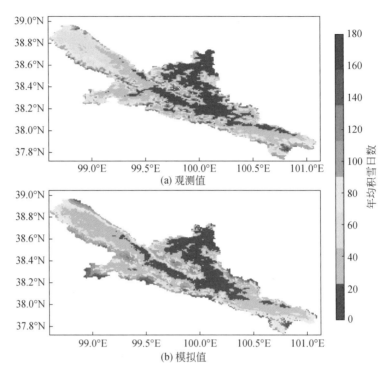

图 8-6　黑河流域上游积雪日数的观测值和模拟值的比较

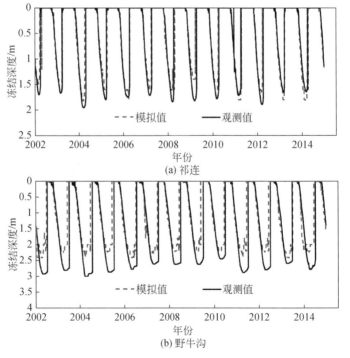

图 8-7　土壤冻结深度的观测与模拟值的比较

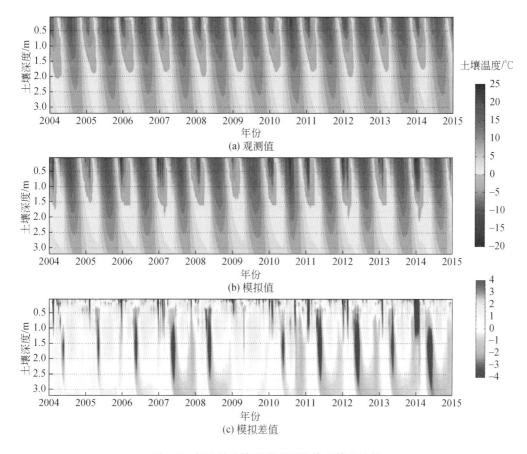

图 8-8 祁连站土壤温度观测和模拟值的比较

图 8-9 为黑河上游西支干流 6 个钻孔点的垂向地温的模拟情况。6 个钻孔点为包括了多年冻土区、季节性冻土区和多年冻土区域向季节性冻土区域的过渡带，能代表不同冻土特征，为冻土分布特征的模拟提供了验证。模型结果很好地反映了钻孔地温随深度的变化过程，也能刻画土壤在 0℃ 附近的温度转变。图 8-10 反映了 2014 年阿柔阳坡站不同深度土壤液态含水量的变化情况。土壤深度为 4～120cm 时，模型结果与观测的冻融过程中的土壤液态水分变化较为接近。在 4cm 处的土壤水分模拟有一定的偏差，这主要受表层土壤性质参数不确定性的影响。

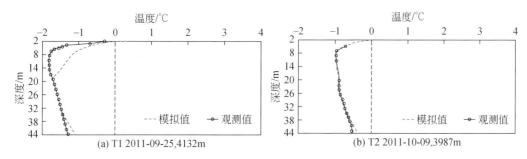

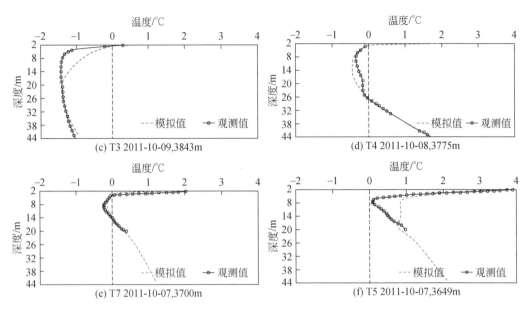

图 8-9　黑河上游钻孔点土壤温度观测和模拟值比较

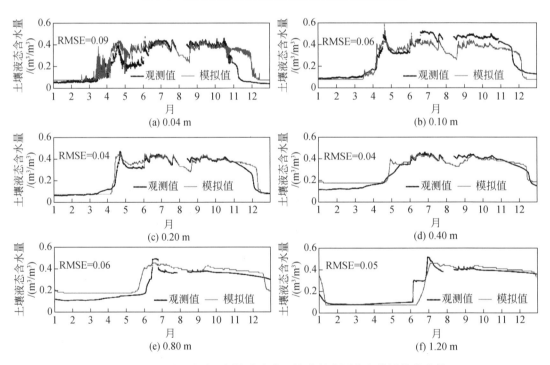

图 8-10　阿柔阳坡站不同深度液态土壤水的实测值和模拟值的比较

4. 植被动态过程的验证

利用黑河流域上游阿柔站的观测资料驱动 GBEHM，模拟高寒草甸碳交换，并用观测的资料对耦合模型进行了验证。图 8-11 显示了 2008~2011 年模型模拟的 GPP/NEE 与涡动相关观测值的比较，可以看出两者的结果具有非常一致的季节变化趋势。GPP 的确定性系数 R^2 为 0.92。模型模拟的 GPP 的逐日最大值是 11.54gC/m²，涡动相关观测得到的 GPP 的逐日最大值是 10.55gC/m²。模型模拟的年平均 GPP 是 982gC/m²，涡动相关获得的年平均 GPP 是 831gC/m²。NEE 模拟结果的确定性系数 R^2 为 0.71。2010 年涡动相关观测的 NEE 在生长季突然降低，可能是 2010 年迁站过程中对观测场内的植被造成了破坏，导致 NEE 突然降低。

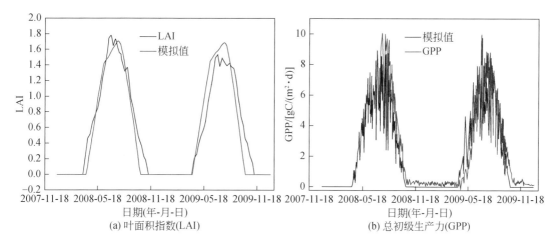

图 8-11　模拟的阿柔站 LAI 和 GPP 与观测值的比较

利用 2009~2011 年关滩站（优势种为青海云杉）的观测资料，对耦合模型也进行了验证（图 8-12）。GPP 的确定性系数 R^2 为 0.7。模型模拟的 GPP 的逐日最大值为 9.3gC/m²，年总量为 1349.3gC/m²；涡动相关观测得到的 GPP 的逐日最大值是 8.9gC/m²，年总量为 1247gC/m²。模拟的 NEE 的确定性系数 R^2 为 0.52。模型模拟的 NEE 的逐日最小值为 -0.9gC/m²，最大值为 5.3gC/m²，年总量为 655.6gC/m²。涡动相关观测的逐日的 NEE 的最小值为 -0.7gC/m²，最大值为 7.1gC/m²，年总量为 755gC/m²。

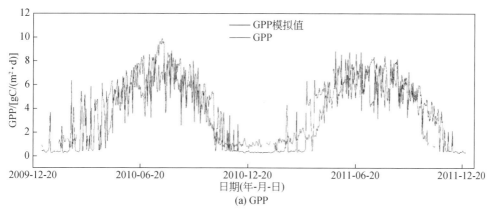

(a) GPP

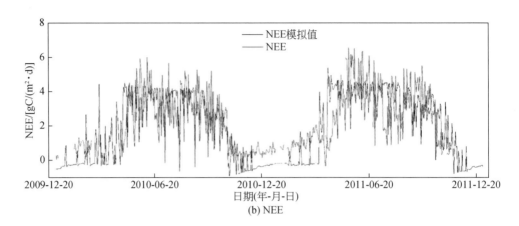

(b) NEE

图 8-12 关滩站模拟的 GPP、NEE 和涡动相关观测的比较

5. 流域水量平衡及径流过程的验证

在流域尺度上，对比模型模拟和遥感模型反演的实际蒸散发过程（图 8-13）表明模拟的蒸散发过程与遥感反演值较为接近。模拟的月蒸散发过程的均方根误差在率定和验证阶段分别为 8mm 和 6.3mm。

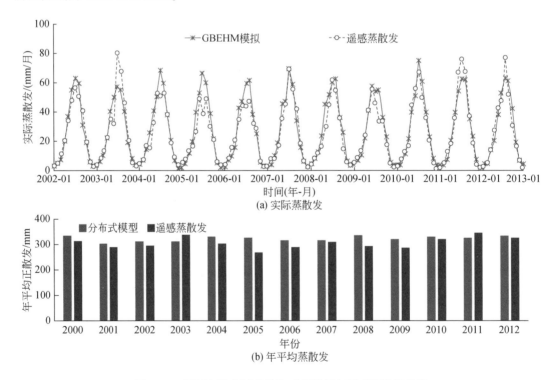

(a) 实际蒸散发

(b) 年平均蒸散发

图 8-13 黑河上游实际蒸散发过程模拟与遥感反演的比较

图 8-14 对比了典型年蒸发值的空间分布，分布式生态水文模型的模拟蒸发与遥感反演的蒸散发在空间分布上具有较好的一致性，而且流域平均值也十分接近。二者的主要差别在于，分布式生态水文模型的模拟结果的空间变异性要小于遥感反演蒸散发的空间变异性。这可能与两种方法的原理以及采用的数据不同有关，生态水文模型对地形参数进行了概化处理，而遥感反演结果与地表粗糙度关系密切，因而遥感反演结果具有更高的空间变异性。

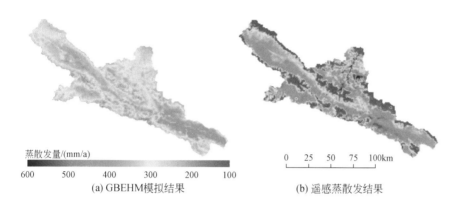

蒸散发量/(mm/a)
600   500   400   300   200   100

(a) GBEHM模拟结果　　　　(b) 遥感蒸散发结果

图 8-14　黑河上游典型年实际蒸散发空间分布模拟与遥感反演的比较

图 8-15 所示为莺落峡、祁连和扎马什克水文站的逐日径流变化过程的模拟与实测值比较。模型对洪峰和基流的模拟效果都很好，尤其能很好地模拟春季径流变化，这是优于其他水文模型之处。模型对三个水文站逐日流量过程的模拟结果纳什效率系数分别为 0.65、0.6 和 0.7，相对误差均在 10% 以内。

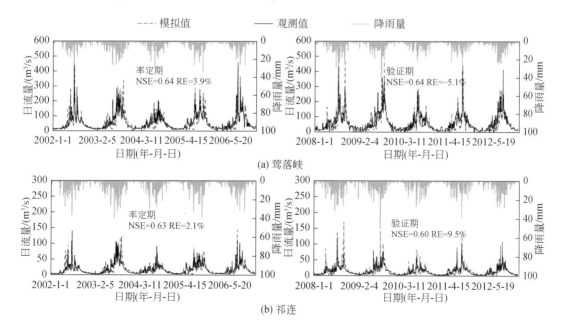

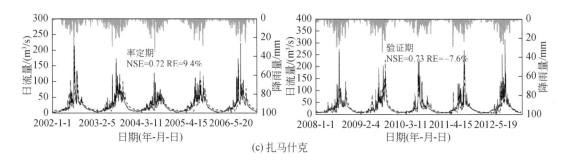

图 8-15 各站点日径流变化过程模拟验证

8.4 黑河上游生态水文过程模拟

8.4.1 采用的历史气候数据

模型采用的气候驱动数据来自于区域及周边国家气象站实测，数据来源于中国气象局气象数据中心（http：//data. cma. cn）。观测数据包括逐日的降水、气温、日照时数、风速、相对湿度。在模型中，逐日的网格降水数据采用考虑气候背景场的方法进行空间插值（Shen，2015）。其他气候数据采用距离方向加权法进行空间插值。逐小时的温度数据基于日最高温度、最低温度采用正弦曲线法进行估算。逐小时的降水数据采用降水时长进行估算，降水时长采用日降雨量数据进行估算。降水开始时间由模型随机生成，逐小时降雨量采用正态分布进行分配。风速和相对湿度假定为日内均一值。

8.4.2 模型初始化

考虑到模型中水文模块达到平衡所需的时间，如土壤水、土壤温度、地下水位等变量达到较稳定变化范围的时间，模型在运行前首先采用 1999 ~ 2000 年的历史数据驱动模型，将所得结果作为模型中参数的初始值，从而完成模型的预热过程。

8.4.3 模拟结果与分析

经过多尺度、多过程的综合验证后，基于历史气候数据和遥感观测的 LAI，采用 GBEHM 对黑河上游生态水文过程进行了模拟。基于模拟结果，分析了 1981 ~ 2010 年黑河上游的生态水文现状及空间格局。1981 ~ 2010 年，黑河上游多年降水量范围为 200 ~ 600mm/a，流域平均年降水量为 475.8mm，总体呈自东南向西北递减趋势（图 8-16）。东支降水量明显高于西支，最低降水量出现在流域出山口地区。流域平均年蒸散发量为

311.8mm，其空间分布和高寒草甸的分布有相似的模态，与生长季表层的土壤水分含量有很强的相关性。流域产流主要由降水决定，同时也受到地形和植被的影响。在植被生长季节，土壤水分较高，根层体积含水率的变化范围为 $0.22 \sim 0.41 \mathrm{m^3/m^3}$。

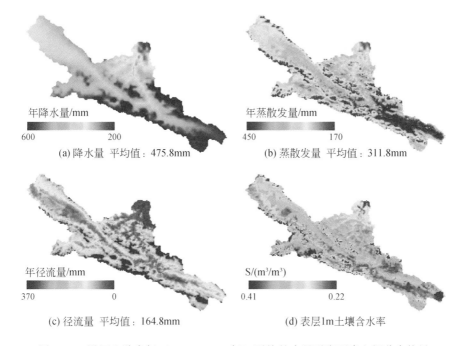

(a) 降水量 平均值：475.8mm

(b) 蒸散发量 平均值：311.8mm

(c) 径流量 平均值：164.8mm

(d) 表层1m土壤含水率

图 8-16 黑河上游多年（1980～2010 年）平均的水量平衡要素空间分布格局

黑河上游东支、西支和全流域多年（1981～2010 年）平均水量平衡如表 8-2 所示。按照高程分析，年降水量、径流量和径流系数均随海拔而增加，径流主要由降水控制。植被沿海拔分布受降水量和气温共同控制，在海拔 3000～3600m 范围内，植被以灌木和高寒草甸为主，在生长季的植被盖度最大，相应地实际蒸散发也达到最大（图 8-17）。

表 8-2 黑河上游多年（1980～2010 年）平均水量平衡

分区	面积/km²	降水量/(mm/a)	蒸散发量/(mm/a)	径流量/(mm/a)	径流系数
东支	2 457	529.8	344.9	186.9	0.35
西支	4 586	485.3	304.8	178.3	0.37
全流域	10 005	479.9	310.8	169.0	0.35

表 8-3 所示为不同植被类型在黑河上游干流区（莺落峡水文站以上的集水区）所占面积的比例、降水、蒸散发、径流深、径流量和对出山径流的贡献率。黑河上游流域高寒草甸、高寒稀疏植被、灌丛的面积比分别为 45.5%、20.1%、16.5%，对出山径流的贡献率分别为 39.4%、36.5%、13.7%，是黑河上游产流的主要植被类型。冰川面积仅占上游面积的 0.8%，但其对出山径流的贡献率达到 4%。

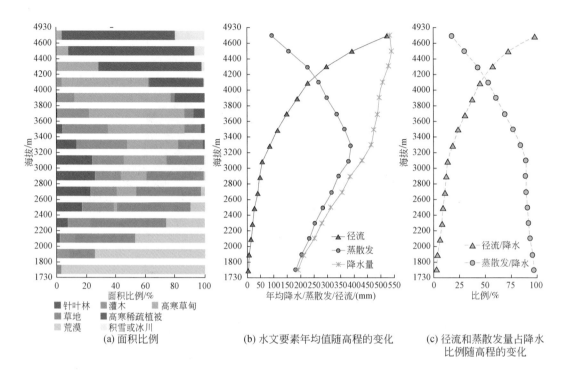

图 8-17　黑河上游植被及水文要素沿海拔变化情况（1981～2010 年）

表 8-3　黑河上游不同植被类型的多年（1981～2010 年）平均水量平衡

植被类型	面积/km²	面积比/%	年降水量/mm	年蒸散发量/mm	年径流深/mm	年径流量/10⁸m³	对出山径流的贡献率/%
荒漠	91	0.9	253.1	238.0	15.1	0.01	0.1
灌丛	1652	16.5	495.9	355.0	140.9	2.33	13.7
草原	1063	10.6	396.7	331.5	65.2	0.69	4.0
云杉	561	5.6	402.1	331.6	70.5	0.40	2.3
高寒草甸	4549	45.5	488.5	348.7	147.8	6.72	39.4
高寒稀疏植被	2009	20.1	547.3	237.2	310.1	6.23	36.5
冰川	80	0.8	586.7	82.7	846.2	0.68	4.0

第9章 ｜ 黑河上游冻土生态水文模拟分析

9.1 过去黑河上游的冻土变化

9.1.1 土壤温度的变化

在黑河上游山区，地表在 11 月开始冻结，在 4 月开始融化（Wang et al., 2015）。自 11 月至翌年 3 月，多年冻土区和季节冻土区地表温度均低于 0℃，而降水量主要集中在 4 ~ 10 月。因此，为方便探究冻土的变化及其水文影响，我们将一年又分为两个阶段，分别为冻结季（11 月至翌年 3 月）和融化季（4 ~ 10 月）。以往研究表明，过去 50 年间黑河上游山区降水和气温在冻结季和融化季均呈现显著增加趋势（Wang et al., 2015）。

图 9-1 显示了冻结季和融化季流域平均土壤温度的变化情况。土壤温度在各个季节均呈现上升趋势。冻结季的土壤温度的上升趋势比融化季更显著。在冻结季 ［图 9-1（a）］，表层土壤温度低于深层土壤温度。表层土壤（0 ~ 0.5m）温度的平均变化趋势为 0.48℃/10a；深层土壤（2.5 ~ 3m）温度变化趋势为 0.34℃/10a。在融化季 ［图 9-1（b）］，表层土壤（0 ~ 0.5m）温度的上升趋势（0.29℃/10a）同样大于深层土壤（2.5 ~ 3m；0.21℃/10a）。表层土壤升温比深层更快是由于地表热通量在穿透土壤时受到热惯性的阻碍。

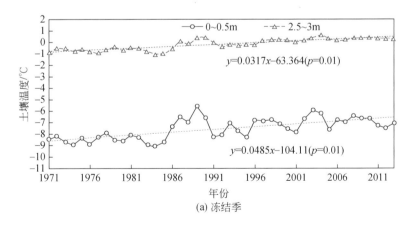

(a) 冻结季

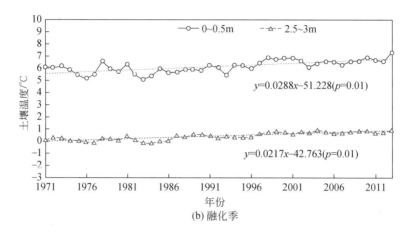

图 9-1 冻结季（11 月至翌年 3 月）和融化季（4~10 月）年平均土壤温度

9.1.2 多年冻土面积的变化

多年冻土区定义为地温至少连续两年在 0℃ 以下的区域（Woo，2012）。本书基于模拟的每个网格的垂直土壤温度剖面，对多年冻土区和季节性冻土区进行了划分。在每一个网格，每年的冻土类型都是根据过去 3 年到当年（共 4 年）的土壤温度剖面来确定的。图 9-2 显示了 1971~2013 年多年冻土区域面积的变化过程。结果表明，多年冻土面积减少了约 9.5%，表明黑河上游山区多年冻土出现显著退化。

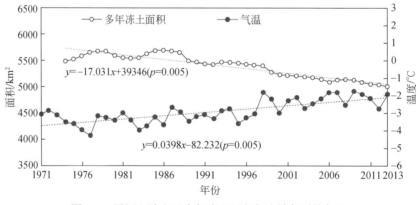

图 9-2 黑河上游山区多年冻土面积与流域年平均气温

图 9-3 显示了 1971~1980 年和 2001~2010 年的冻土分布情况。对比两个时段的冻土类型的空间分布可见，多年冻土向高海拔退缩，季节性冻土面积扩张。在黑河上游的西支流域，位于海拔 3500~3700m 阳坡的多年冻土出现显著退化，而位于阴坡的多年冻土退化速度较小。

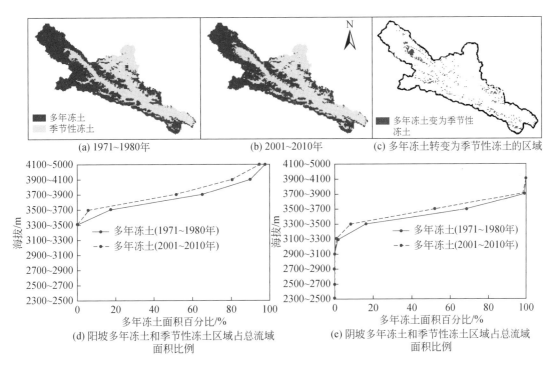

(a) 1971~1980年   (b) 2001~2010年   (c) 多年冻土转变为季节性冻土的区域

图 9-3　多年冻土和季节性冻土的分布

9.1.3　土壤冻结融化深度变化

图 9-4 显示了流域平均季节性冻土最大冻结深度和多年冻土活动层厚度的变化情况。结果表明，流域平均季节性冻土最大冻结深度呈明显的下降趋势（3.2cm/10a）。最大冻结深度与年平均气温呈显著负相关关系（$r=0.73$）。另外，多年冻土活动层厚度呈显著增加趋势（4.3cm/10a），活动层厚度与年平均气温呈显著正相关关系。

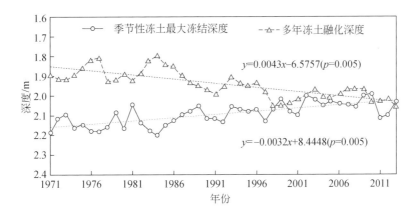

图 9-4　黑河上游山区平均季节性冻土最大冻结深度和多年冻土区最大融化深度

图 9-5 显示了黑河上游山区海拔 3300～3500m 的区域和海拔 3500～3700m 的区域的月平均土壤温度。海拔 3300～3500m 的区域为季节性冻土区，该区域冻土冻结深度减少，深层土壤温度（深度大于 2m）增加。图 9-5（b）显示，高海拔地区（3500～3700m）土壤温度的增加幅度更大。此外，随着土壤温度的升高，该区域多年冻土厚度逐渐减小，在2000 年后多年冻土退化为季节性冻土。

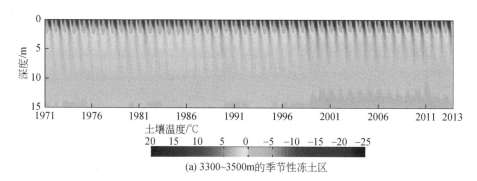

(a) 3300~3500m的季节性冻土区

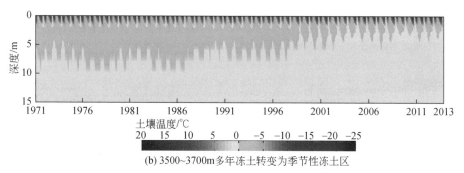

(b) 3500~3700m多年冻土转变为季节性冻土区

图 9-5　1971～2013 年不同高程区间的月均土壤温度变化

9.2　冻土变化对水文过程的影响

9.2.1　水量平衡及径流成分变化

表 9-1 显示了模拟的 1971～2010 年年水量平衡的变化情况。年降水量、年径流量和年径流系数的年代际变化情况相同；年蒸散发量自 20 世纪 70 年代以来总体上呈上升趋势，与气温和土壤温度上升情况一致。虽然实际蒸散发量增加，但由于降水同样增加，径流系数在 40 年间保持稳定。

表 9-1　流域平均年水量平衡和不同季节径流成分变化

时段	降水 /(mm/a)	实际 蒸发 /(mm/a)	模拟 径流 /(mm/a)	实测 径流 /(mm/a)	观测 径流 系数	模拟 径流 系数	径流成分（mm/a）					
							冻结季（11月 到翌年3月）			融化季（4~10月）		
							T	G	S	T	G	S
1971~1980	439.1	280.8	154.5	143.8	0.33	0.35	18.5	0.0	0.0	136.0	3.5	13.5
1981~1990	492.8	300.0	186.2	174.1	0.35	0.38	20.2	0.0	0.0	166.1	3.1	28.2
1991~2000	471.0	306.1	160.1	157.4	0.33	0.34	20.4	0.0	0.0	139.7	3.8	19.2
2001~2010	504.3	317.4	177.9	174.3	0.35	0.35	27.2	0.0	0.0	150.7	3.7	25.8

注：T 表示总径流，G 表示冰川径流，S 表示融雪径流

图 9-6 和表 9-1 显示了不同季节的径流变化（模拟值和观测值）。模型模拟径流和观测径流在冻结季和融化季均呈现出明显的增长趋势。这表明模型模拟准确地再现了观测到的径流长期变化趋势。在冻结季，由于没有冰川融化和积雪融化（表 9-1），径流主要为地下水流（非饱和带的地下水流动和侧向流动）。在融化季，如表 9-1 所示，融雪径流约占总径流的 16%，冰川径流只占总径流的一小部分（约 2.4%）。因此，降雨径流是融化季总径流的主要组成部分，而融化季的径流增加主要是由降雨增加所致。如图 9-6 所示，由于降水增加和土壤升温，这两个季节的实际蒸散发量显著增加，且融化季的实际蒸散发量增长趋势高于冻结季。

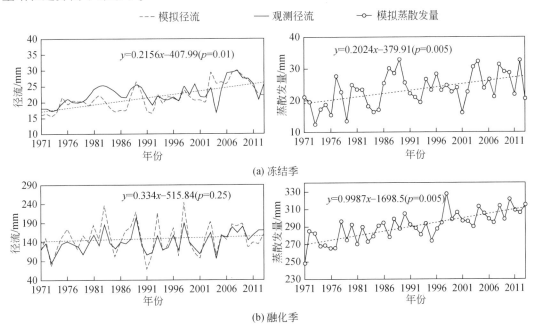

图 9-6　冻结季和融化季的径流和实际蒸散发量的变化

9.2.2　冻土变化对流域蓄水量的影响

图 9-7 显示了流域平均表层（0～3m 土层）的年土壤蓄水量和地下水储量的变化情况。表层（0～3m 土层）年土壤液态水储量呈显著上升趋势。液态水储量的长期变化与冻结季的径流变化趋势相似 [图 9-6（a）]，其相关系数为 0.80。由于冻土变化，表层（0～3m 土层）年土壤含冰量呈显著下降趋势。年地下水储量呈显著增加趋势，近 30 年间更为显著，表明地下水补给量随着冻土退化而增加。

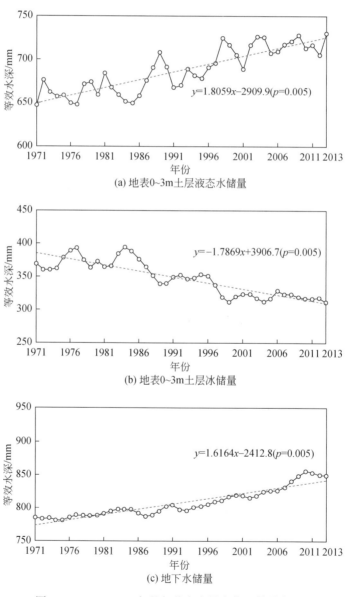

图 9-7　1971～2013 年的年蓄水容量变化（等效水深）

基于模型模拟的逐日土壤水分，图 9-8 给出了 3300～3500m 高程带（季节性冻土区）以及 3500～3700m 高程带（多年冻土转变为季节性冻土）的土壤液态水含量的长期变化。在 3300～3500m 高程带的季节性冻土区，通过与图 9-5（a）所示的土壤温度的对比，我们可以看到土壤液态水含量的增加主要是由冻结深度的减少引起的。在 3500～3700m 高程带的多年冻土退化为季节性冻土区域，深层的土壤液态水含量自 20 世纪 90 年代起有显著的增加趋势，与图 9-5（b）所示的土壤温度的变化一致。因此，该区域的液态土壤水的增加主要是由多年冻土向季节性冻土退化引起的，证明多年冻土退化引起了黑河上游土壤液态水含量的显著增加（包括冻结季和融化季）。

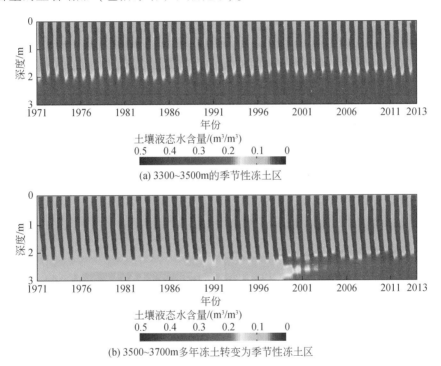

(a) 3300~3500m的季节性冻土区

(b) 3500~3700m多年冻土转变为季节性冻土区

图 9-8　1971～2013 年不同高程区间的月均土壤水分变化

9.2.3　冻土变化对流域产汇流机制的影响

在冻结季，由于地面冻结，径流主要来自于季节性冻土区的地下径流。冻结季的径流与液态土壤水分的相关性最高（$r=0.82$），说明冻土的变化是液态土壤水分增加的主要原因，进而导致冻结季径流的增加。20 世纪 70 年代以来，多年冻土的一部分变成季节性冻土，以及季节性冻土的厚度减少，导致了冻结季深层土壤的液态水含量增加。而液态水的增加也使得土壤导水率增大，从而增加了地下径流。

在融化季（4～10 月），季节性冻土迅速融化完，而多年冻土的融化深度达到最大值。融化季节的径流主要是降雨径流。融化季径流的增加主要是由降水增加导致的。

图9-9 显示了不同季节平均产流量沿海拔的变化。不同季节不同海拔的产流量差异较大。在1970~2000年，冻结季的季节性冻土地区（主要位于3500m以下，图9-3）径流变化相对较小，而海拔3500~3900m的区域径流变化较大。这是由于该高程带存在大量的多年冻土到季节性冻土的转化，尤其是阳坡区域（图9-3）。这一发现说明，对产流量来说，多年冻土向季节性冻土退化的影响比季节性冻土区冻结深度变化的影响更大。在融化季，径流随着海拔高度的增加而增加，原因主要是降水量随高程的增加（Gao et al.，2016）。海拔3100m以下的区域降水量较低，气温较高，该区域的2001~2010年径流量与1971~1980年相比有所减少，这是由于冻土退化后蒸散发增大。

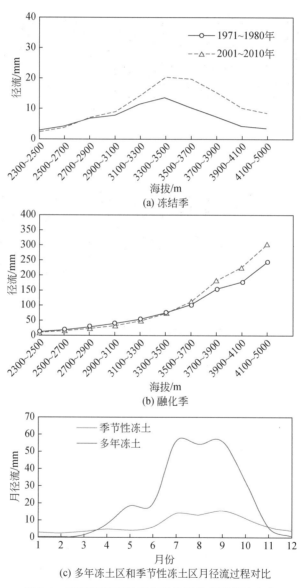

图9-9 不同海拔冻结季和融化季的模拟径流变化

9.3　环境变化对生态水文过程的影响

9.3.1　冻土变化对植被生长过程的影响

基于卫星遥感 1km 叶面积指数（LAI）产品，本研究对黑河流域植被 2000 ~ 2014 年的变化规律进行分析（图 9-10），结果表明自 2000 年以来黑河上游植被总体呈现变好的趋势，59.7% 的流域面积在生长季（5 ~ 10 月）的平均 LAI 在增加，16.0% 的区域的 LAI 以每年 0.0045 的速率显著增加。为了分析冻土退化的生态影响，本研究中还引入 AMSR-E 卫星遥感土壤水产品，在研究区域内分析表层土壤水分（2cm 表层）年际变化与冻土变化的相关性。结果表明，在主要植被生长的两个高程区间（3000 ~ 3400m 和 3400 ~ 3800m）冻土深度的变化趋势与表层土壤水分的变化呈负相关关系，灰色关联度分析的结果证实了

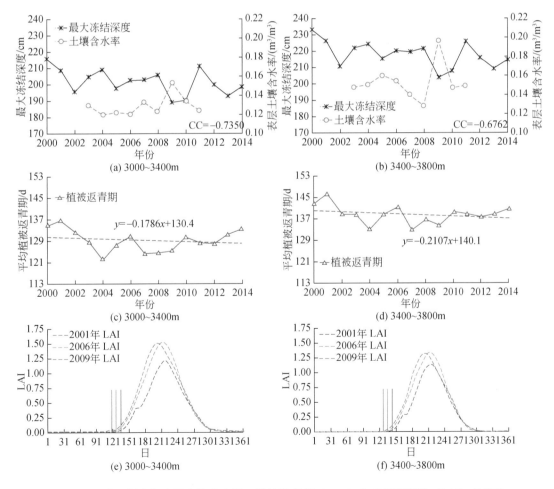

图 9-10　冻土深度与表层土壤含水量、植被返青期（SOS）和叶面积指数（LAI）的变化

冻土深度对于生长季开始时间（SOS）也具有主导影响，进而对于植被的初期生长状况产生了影响。

9.3.2 放牧对生态水文过程的影响

黑河上游地区包括青海省祁连县大部分和甘肃省肃南县部分地区，以牧业为主，人口5.98 万人，耕地面积为 0.51 万 hm²，农田灌溉面积为 0.40 万 hm²，林草灌溉面积为 0.18万 hm²，牲畜 86.45 万头（只），粮食总产量 1.04 万 t，人均粮食产量为 172kg，国内生产总值为 3.53 亿元，人均国内生产总值为 5883 元。

黑河的畜牧条件主要与海拔有关，在海拔 3900 ~ 4400m 的高山上分布有高山寒漠草地，植被低矮、短命、垫状，仅适于牦牛短期放牧。在寒漠下缘 3400 ~ 3800m，分布有高山沼泽和草甸，2600 ~ 3400m 的中高山地分布有灌丛、针叶林和草原。其中草原地区为黑河上游地区的主要牧场，主要种类为薹草（Carex atrata L.）、鹅绒委陵菜（Potentilla anserina L.）、二裂委陵菜（Potentilla bifurca L.）、车前草（Plantago asiatica L.）等。目前黑河上游地区的放牧干扰强度等级为轻度退化等级。

模型通过两种情景设置，评估放牧对生态水文过程的影响。情景 1：以遥感 LAI 驱动模型，认为模拟结果代表实际情况。情景 2：以动态植被模拟的 LAI 驱动模型，认为模拟结果代表无放牧的自然情况。情景 2 与情景 1 的差值可以反映放牧造成的 LAI 变化，以及引起的水量平衡变化。

放牧引起的 LAI 变化如图 9-11 所示，放牧引起的 LAI 变化主要集中在草原地区[图 9-11（c）]，而对森林和灌木地区引起的改变较小 [图 9-11（a）和图 9-11（b）]，每

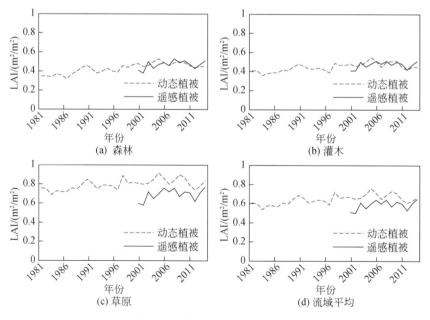

图 9-11　放牧引起的 LAI 变化

年对草原 LAI 的影响大约为 $0.20\text{m}^2/\text{m}^2$，占天然 LAI 的 25% 左右；对整个流域的 LAI 影响大约为 $0.12\text{m}^2/\text{m}^2$，占天然 LAI 的 19% 左右。

　　放牧对水量平衡的影响如图 9-12 所示，从流域平均来看，放牧使得蒸散发减少大约 17mm/a，占天然蒸散发的 6%；与此同时，径流增加大约 16mm/a，占天然径流比例的 8%。

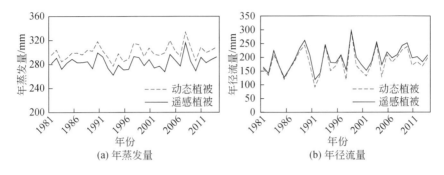

图 9-12　放牧引起的水量平衡变化

　　总体来讲，放牧对生态水文的影响非常显著，可使植被明显退化，径流明显减少，对自然生态系统的发展产生不利影响，需要有所控制。

第 10 章 黑河上游冻土生态水文预测评估

10.1 未来气候情景

未来 50 年（2011～2060 年）气候情景数据选取自耦合模型比较计划 CMIP5 （coupled model intercomparison project phase 5）[①] 中的 47 个大气环流模型 （general circulation model, GCM） 的模拟结果 （Kalnay et al., 1996；Fowler et al., 2007），排放情景采用 RCP4.5。胡 芩等 （2014） 和 Zhang 等 （2016） 在青藏高原评估了 40 余个 GCM 模拟气候情景下的降水 和气温的模拟效果，论文基于上述评价结果选取了 5 个在青藏高原应用效果较好，且空间 精度相对较高的 GCM （表 10-1），分别为 BCC-CSM1.1 （m） （BCC），CSIRO-Mk3.6.0 （CSIRO），IPSL-CM5A-MR （IPSL），CNRM-CM5 （CNRM） 和 MPI-ESM-LR （MPI）。

除降水和气温 （包括日均气温，日最高气温和日最低气温） 数据以外，未来气候情景 数据还包括 GCM 模拟的风速和相对湿度数据等其他气象要素。

表 10-1 本书采用的 GCM 和 RCM 介绍

模式	机构	空间精度 （全球网格数目）
BCC-CSM1.1 （m）	北京市气候中心，中国	320×160
CSIRO-Mk3.6.0	CSIRO in collaboration with Queensland Climate，澳大利亚	192×96
IPSL-CM5A-MR	L'Institut Pierre-Simon Laplace，法国	144×143
CNRM-CM5	Centre National de Recherches Météorologiques/Centre Européen de Recherche et de Formation Avancée en Calcul Scientifique，法国	256×128
MPI-ESM-LR	马克斯普朗克气象学研究所，德国	192×96

通常来说，GCM 的模拟结果与地面站点观测相比有一定误差，若直接将模拟结果应 用于流域水文模型中，必然会导致模拟结果的偏差。因此在应用 GCM 模拟结果前，通常 要对其进行误差校正 （Zhang et al., 2016）。由于未来没有观测数据，未来气候模拟结果 需要根据历史的 GCM 模拟结果与历史实测数据的相对关系去校正 （Wood et al., 2004）。 目前，在气候变化对水文过程影响的研究中，主要有三种气候数据的校正方法，分别为差 值法 （delta method）、同比例缩放法 （un-biasing method） 和频率匹配法 （quantile mapping method） （高冰，2012）。其中，频率匹配法能够更好地反映气候变化下气候要素的波动情

[①] http://cmip pcmdi.llnl.gov/cmip5

况（即方差的变化）（Boé et al.，2007），更适于气候变化对流域水文过程影响的研究（高冰，2012）。

GCM 模拟结果空间精度普遍较低，难以满足山区流域高精度的生态水文模型要求。因此，除对模拟结果进行误差校正之外，还需要对原始低精度 GCM 模拟结果进行空间降尺度（Wood et al.，2002，2004）。降尺度方法主要包括统计降尺度和动力降尺度两大类。其中，在历史观测资料充足时，统计降尺度方法更为简便和适用（高冰，2012）。

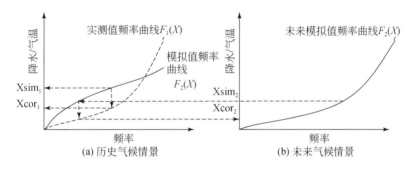

图 10-1　频率匹配法校正方法示意图

本书采用偏差校正和空间降尺度（bias correction and spatial downscaling，BCSD）方法对 GCM 模拟的降水和气温进行误差校正和统计降尺度（Wood et al.，2002，2004）。BCSD 方法包括两个主要步骤：偏差校正和空间降尺度。首先，基于频率匹配法做偏差校正。具体步骤为，对于给定变量（如降水量或气温），将 GCM 历史模拟结果的累积密度函数（CDF）与实际观测数据的 CDF 进行匹配，并基于匹配结果进行误差校正（Boé et al.，2007）。如图 10-1 所示，假设实际观测和 GCM 历史模拟结果的 CDF 分别为 $F_1(X)$ 和 $F_2(X)$。之后，将 GCM 历史模拟结果 $Xsim_1$ 校正为 $Xcor_1 = F_1^{-1}[F_2(Xsim_1)]$。在校正未来数据时，先将未来模拟值 $Xsim_2$ 对应至 GCM 历史模拟结果的 CDF 曲线 $F_2(X)$ 上，再进一步对应到实测值频率曲线上，校正结果仍为 $Xcor_2 = F_1^{-1}[F_2(Xsim_2)]$。

上述基于频率匹配法的误差校正过程在 GCM 模拟结果的空间尺度上进行。下一步则基于校正系数方法对误差校正后的气候情景数据空间降尺度至水文模型需求的空间精度，即与历史气象数据空间精度一致。具体地，将 GCM 输出的网格尺度（粗尺度）的网格 $(m，n)$ 的校正系数定义为 $f_{T(m,n)} = Xcor_{m,n} - \overline{Xobs_{m,n}}$（对于气温）或 $f_{P(m,n)} = Xcor_{m,n} / \overline{Xobs_{m,n}}$（对于降水），其中 $\overline{Xobs_{m,n}}$ 表示历史观测气象数据的多年平均值。进而，使用 ADW 插值方法在空间上对校正系数（f_T 和 f_P）进行空间插值至模型应用的空间尺度（细尺度）。最后，细尺度网格 $(u，v)$ 的气象数据空间降尺度结果即为 $Xcor_{u,v} = \overline{Xobs_{u,v}} + f_{T(u,v)}$（对于气温）和 $Xcor_{u,v} = \overline{Xobs_{u,v}} \cdot f_{P(u,v)}$（对于降水）。

表 10-2 给出了 RCP4.5 排放情景下基于 5 个 GCM 输出结果的黑河上游流域未来 50 年（2011～2060 年）年降水和年均气温的变化趋势（偏差校正和降尺度后）。其中，CSIRO-Mk3.6.0 和 MPI-ESM-LR 模拟的未来气候情景中气温上升速率高于历史气温上升速率

(0.32℃/10a)，而二者未来降水趋势不同，其中，CSIRO-Mk3.6.0 未来年降水呈现显著的增长趋势，而 MPI-ESM-LR 输出的年降水呈现下降趋势。BCC-CSM1.1（m）、IPSL-CM5A-MR 和 CNRM-CM5 模拟的未来气温上升幅度低于（或接近于）历史趋势，其中，IPSL-CM5A-MR 和 CNRM-CM5 模拟的未来年降水量呈现显著增长趋势，而 BCC-CSM1.1（m）模拟的降水呈现轻微下降的趋势。

表 10-2　RCP4.5 排放情景下不同 GCM 输出结果黑河上游流域未来 50 年
（2011～2060 年）年降水和年均气温变化趋势

模式	年降水变化趋势/(mm/10a)	年均气温变化趋势/(mm/10a)
BCC-CSM1.1（m）	−1.1*	0.28
CSIRO-Mk3.6.0	7.4	0.42
IPSL-CM5A-MR	15.0	0.34
CNRM-CM5	12.3	0.27
MPI-ESM-LR	−5.9*	0.40

*表示不满足显著性水平（$\alpha=0.1$）

图 10-2 给出了不同 GCM 输出的气候情景下黑河上游流域未来 50 年（2011～2060 年）年降水变化情况。从 5 个模式平均值来看，总体上未来 50 年黑河上游流域年降水略有上升趋势，平均上升幅度约为 5.9mm/10a。

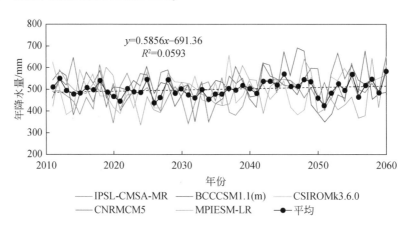

图 10-2　黑河上游流域不同气候情景下未来 50 年（2011～2060 年）年降水变化

图 10-3 给出了黑河上游流域未来 50 年（2011～2060 年）年均气温变化情况。从 5 个模式平均值来看，总体上未来 50 年黑河上游流域年均气温呈显著升高趋势，升温幅度平均为 0.34℃/10a。该平均增长率接近于以往研究中青藏高原东北部 RCP4.5 排放情景下的未来气温增长速率（Su et al., 2016；Zhang et al., 2016）。

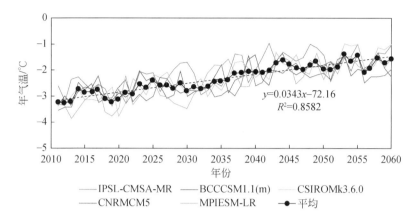

图 10-3　黑河上游流域不同气候情景下未来 50 年（2011～2060 年）年均气温变化

10.2　未来 50 年黑河上游的冻土及水文过程变化

10.2.1　未来 50 年黑河上游的冻土变化

表 10-3 给出了基于模型模拟结果的未来 50 年（2011～2060 年）黑河上游流域冻土变化趋势。结果表明，由于气温的升高，未来多年冻土区的面积比例将进一步减小。在 2051～2060 年，流域平均多年冻土区的面积比例缩小至流域面积的 39%～47%（不同气候情景平均值为 44%），与历史值相比（多年冻土面积约为 5800km²，占流域面积比例约为 57%）减小了 18%～32%（不同气候情景下的平均值为 23%）。

表 10-3　基于不同气候情景模拟的未来 50 年（2011～2060 年）冻土变化趋势

指标	未来值（2011～2060 年）						历史值
	IPSL	BCC	CSIRO	CNRM	MPI	平均	（1981～2010 年）
多年冻土面积比例/%（2051～2060 年平均值）	46	45	43	47	39	44	57
MTSFG 变化/（cm/10a）	-6.7	-4.9	-6.0	-3.0	-6.6	-5.4	-4.3
活动层厚度变化/（cm/10a）	3.4	8.5	7.1	3.5	8.1	6.1	5.4

除多年冻土区的面积减少外，季节性冻土最大冻结深度（MTSFG）的减小和多年冻土活动层的增厚也体现了未来黑河上游流域冻土的显著退化。季节性冻土最大冻结深度呈显著下降趋势，下降幅度约 5.3cm/10a（不同气候情景下为 3.6～6.7cm/10a），多年冻土活动层深度将显著增加，增幅约 6.2cm/10a（不同气候情况下为 3.4～8.5cm/10a）。相比历史值（-4.3cm/10a），未来 50 年的 MTSFG 下降速率以及多年冻土活动层增厚速率更快。

基于5个GCM模拟结果平均的未来50年流域平均多年冻土活动层厚度变化和季节性冻土最大冻结深度变化情况如图10-4所示，图中模拟结果采用5年滑动平均值表示。

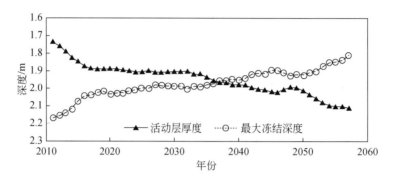

图10-4　流域平均季节性冻土最大冻结深度和多年冻土活动层厚度的变化

10.2.2　未来50年黑河上游水文过程变化

图10-5和图10-6显示了基于不同GCM模拟结果的未来50年黑河上游流域年径流量和年蒸散发量的变化。由于未来气候具有较大的不确定性，结果并非直接用年径流量和蒸散发量来表示，而是采用5年滑动平均值来表示。结果表明，基于不同模拟结果的径流和蒸散发变化趋势有所不同。平均来说，未来50年黑河上游年径流量呈下降趋势，而年蒸散发量呈上升趋势。未来50年平均年径流深减小幅度约为5.2mm/10a。年径流的减少主要发生在2010~2020年和2050年左右，到21世纪50年代末，年径流深预计约为140mm（14亿 m^3），仅占21世纪初年径流的80%。未来50年平均年蒸散发量的增加幅度约为8.9mm/10a，年蒸散发量的增加主要发生在2011~2020年、2031~2040年和2051~2060年，与多年冻土活动层深度的年际波动情况相近（图10-4），因而冻土变化可能对蒸散发变化有重要影响。

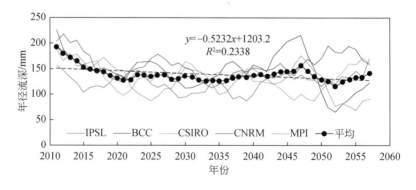

图10-5　不同气候情景下未来50年模拟的年径流的变化

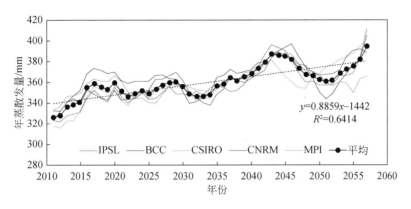

图 10-6　不同气候情景下未来 50 年模拟的年蒸散发量的变化

表 10-4 显示了基于不同 GCM 模拟结果的未来 50 年黑河上游流域多年平均水量平衡与过去 30 年（1981～2010 年）水量平衡情况的对比。结果表明，未来 50 年黑河上游流域的年降水量基于不同的 GCM 为 486～518mm，平均值为 501mm，明显比过去 30 年（476mm）更多。然而，未来的年径流深（基于不同的 GCM 模拟结果为 124～159mm，平均值为 145mm）却比过去（165mm）有所减少。未来更多的降水将通过蒸散发损失。未来年蒸散发量基于不同的 GCM 模拟结果为 357～363mm，平均值为 360mm，比过去年蒸散发量（312mm）更高。此外，未来 50 年平均的径流系数（基于不同的 GCM 模拟结果的平均值为 0.29）比过去（0.35）显著减小，这说明了未来黑河上游流域产流机制有所变化。

表 10-4　未来 50 年（2011～2060 年）平均水量平衡与过去 30 年（1981～2010 年）对比

水量平衡因子	未来值（2011～2060 年）						历史值
	IPSL	BCC	CSIRO	CNRM	MPI	平均	（1981～2010 年）
降水/mm	486	508	492	518	488	498	476
径流深/mm	124	141	135	159	131	138	165
蒸散发/mm	357	363	360	362	361	356	312
径流系数	0.26	0.28	0.27	0.31	0.27	0.28	0.35

10.3　未来 50 年气候变化对黑河上游的出山径流影响

10.3.1　气候变化对黑河上游出山径流的影响

采用气候弹性方法，计算分析了降水、气温的变化对径流变化的影响，关系式为

$$\frac{\Delta R_i}{R} = \varepsilon_{P,R}\frac{\Delta P_i}{P} + \varepsilon_{T,R}\frac{\Delta T_i}{|T|} \tag{10-1}$$

式中，ΔR_i、ΔP_i、ΔT_i 为年径流 R_i、年降水 P_i、年均气温 T_i 与多年平均值 $\overline{R}$、$\overline{P}$、$\overline{T}$ 的差值；$\Delta R_i/\overline{R}$、$\Delta P_i/\overline{P}$、$\Delta T_i/|\overline{T}|$ 是该差值的标准化；$\varepsilon_{P,R}$ 和 $\varepsilon_{T,R}$ 是径流对降水和气温的弹性系数。基于弹性系数的计算，可以推求降水和气温单位变化（如降水变化 10mm，气温变化 1℃）下的径流变化。

表 10-5 显示了未来 50 年（2011～2060 年）径流的降水和气温弹性以及基于平均弹性估算的降水和气温变化对径流变化的影响。结果表明，当年降水量增加一个单位（1mm）时，未来的平均年径流量将增加 0.72mm（基于不同的 GCM 模拟结果为 0.53～0.90mm），该值与历史值基本持平（0.66mm）。当年均气温升高 1℃时，年径流量平均减少 24mm（根据不同 GCM 模拟结果为 14.8～39.9mm）。未来径流对气温弹性的绝对值明显高于过去值（-6.8mm/℃）。这一结果表明，未来径流量的变化对气温升高更加敏感。基于平均弹性计算得到的的未来径流量表明，由于 5 套模式平均未来降水量变化不大，未来年径流量的减少主要是由气温的升高所导致的。

表 10-5　未来 50 年（2011～2060 年）降水、气温变化对年径流量变化的
影响及其与过去 30 年（1981～2010 年）的对比

项目	未来值（2011～2060 年）						历史值（1981～2010 年）
	IPSL	BCC	CSIRO	CNRM	MPI	平均	
降水-径流弹性/（mm/mm）	0.53	0.68	0.83	0.90	0.66	0.72	0.66
气温-径流弹性/（mm/℃）	-14.8	-22.5	-24.8	-39.9	-18.0	-24.0	-6.8
降水变化导致的径流变化/（mm/10a）	10.8	-0.8	5.3	8.9	-4.2	4.0	7.4
气温变化导致的径流变化/（mm/10a）	-8.2	-6.7	-10.1	-6.5	-9.6	-8.2	-2.1

未来的气候变化具有相当大的不确定性。表 10-2 的结果表明，不同模式模拟得到的气候变化趋势具有很大的差异。然而，未来气候将继续变暖是目前研究的普遍共识。因此，了解水文过程对气温上升的响应是非常重要的。根据未来径流的气温弹性和蒸散发的气温弹性的估计结果，可以直接估算不同升温情景下的径流和蒸散发的变化趋势。表 10-6 显示了未来 50 年（2011～2060 年）使用不同排放情景（RCP 2.6、RCP 4.5 和 RCP 8.5）下的气温变化趋势和基于平均弹性系数（表 10-5）估算得到的径流和蒸散发变化趋势，并与过去 30 年进行对比。未来黑河上游流域的平均气温在 RCP 2.6 情景、RCP 4.5 情景和 RCP 8.5 情景下的上升幅度分别为 0.26℃/10a、0.34℃/10a 和 0.40℃/10a（Su et al.，2016；Zhang et al.，2016）。根据径流的气温弹性和蒸散发的气温弹性进行计算，RCP 2.6 情景、RCP 4.5 情景和 RCP 8.5 情景下的年径流将分别以 6.2mm/10a、8.2mm/10a 和 9.6mm/10a 的速率减少；年蒸散发量将分别以 5.6mm/10a、7.3mm/10a 和 8.6mm/10a 的速率增加。

表 10-6　未来 50 年（2011~2060 年）使用不同排放情景下的气温变化趋势
和基于弹性系数估算得到的径流和蒸散发变化趋势

项目	未来值（2011~2060 年）			历史值
	RCP 2.6	RCP 4.5	RCP 8.5	（1981~2010 年）
气温变化趋势/（℃/10a）	0.26	0.34	0.40	0.32
气温影响的径流变化趋势/（mm/10a）	-6.2	-8.2	-9.6	-2.1
气温影响的蒸散发变化趋势/（mm/10a）	5.6	7.3	8.6	3.7

10.3.2　冻土变化对黑河上游出山径流的影响

气温变化导致的径流变化可能来源于潜在蒸散发的变化或冻土的变化。冻土变化对径流变化的影响主要为多年冻土和季节性冻土冻结季的活动层厚度变化，以及多年冻土向季节性冻土的退化。其中，活动层厚度的变化是全流域尺度的，可以采用流域平均活动层深度来量化；多年冻土向季节性冻土的退化是属于部分区域尺度的，难以量化。将气温的影响分解为潜在蒸散发影响和活动层厚度变化影响，式（10-1）变化为

$$\frac{\Delta R_i}{R} = \varepsilon_{P,R} \frac{\Delta P_i}{P} + \varepsilon_{PET,R} \frac{\Delta PET_i}{PET} + \varepsilon_{D,R} \frac{\Delta D_i}{D} \tag{10-2}$$

式中，ΔPET_i 和 ΔD_i 是年潜在蒸散发 PET_i 和活动层厚度 D_i 与其多年平均值 $\overline{PET}$ 和 $\overline{D}$ 的差值；$\varepsilon_{PET,R}$ 和 $\varepsilon_{D,R}$ 分别为径流对潜在蒸散发和活动层厚度的弹性。

表 10-7 给出了未来 50 年（2011~2060 年）潜在蒸散发和多年冻土活动层厚度变化对年径流量变化的影响，并与历史值（1981~2010 年）进行对比。结果表明，在未来 50 年，当潜在蒸散发量增加一个单位（1mm）时，径流量平均减少 0.16mm（基于不同的 GCM 模拟结果为 0.03~0.28mm）。当多年冻土活动层厚度增加一个单位（1cm）时，径流平均减少 1.3mm（基于不同的 GCM 模拟结果为 0.6~2.3mm）。通过与历史弹性值对比发现，未来 50 年潜在蒸散发和多年冻土活动层厚度变化对径流影响都更为显著，这解释了未来 50 年径流的气温弹性的绝对值比过去更大，即未来径流变化对气温上升更加敏感。未来 50 年，潜在蒸散发量变化和多年冻土活动层厚度变化对径流的减少均有贡献，多年冻土活动层厚度变化的贡献明显高于潜在蒸散发量变化的贡献，说明在未来气温升高对径流的影响仍然是通过冻土退化进而影响径流，与 20 世纪 80 年代以来的情况一致。气温升高使多年冻土活动层厚度增加，导致土壤蓄积量增加，改变了产流机制，减少了蓄满产流。而且，基于径流的冻土弹性结果表明，未来径流变化对冻土退化更为敏感。

表 10-7　未来 50 年（2011～2060 年）潜在蒸散发和多年冻土活动层厚度变化对
年径流量变化的影响及其与过去 30 年（1981～2010 年）的对比

项目	未来值（2011～2060 年）						历史值
	IPSL	BCC	CSIRO	CNRM	MPI	平均	（1981～2010 年）
潜在蒸散发–径流弹性/(mm/mm)	−0.03*	−0.18	−0.16	−0.17	−0.28	−0.16	0.01*
多年冻土活动层厚度–径流弹性/(mm/cm)	−1.8	−0.6	−1.2	−2.3	−0.6	−1.3	−0.66
潜在蒸散发变化导致的径流变化/(mm/10a)	−2.0	−1.6	−2.6	−1.7	−2.2	−2.0	0.03
多年冻土活动层厚度变化导致的径流变化/(mm/10a)	−4.5	−11.2	−9.4	−4.6	−10.7	−8.1	−3.6

* 表示不满足显著性水平（$\alpha = 0.1$）

此外，在流域水量平衡分析中得到了黑河上游流域未来的径流系数显著小于历史值。
表 10-8 显示了基于不同 GCM 模拟结果的不同冻土区（即多年冻土区、多年冻土退化区和
季节性冻土区）的径流系数变化趋势（时间尺度为 10a）。结果表明，径流系数在不同冻
土区均呈现下降趋势。其中，多年冻土退化区径流系数下降最为显著，这表明多年冻土到
季节性冻土的退化过程对水文过程的影响最为显著，多年冻土退化导致冻结层消失，增加
了土壤水分的下渗，从而减少了地表径流。多年冻土区径流系数减小同样明显，表明多年
冻土活动层厚度的增加也明显影响了径流系数的变化。季节性冻土区的径流系数变化幅度
最小。这些结论表明冻土退化对径流变化的影响主要发生在多年冻土区和多年冻土退化
区，而季节性冻土区的退化对径流变化的影响较小。

表 10-8　不同高程带径流系数变化趋势

区域	IPSL	BCC	CSIRO	CNRM	MPI
季节性冻土区	−0.004	−0.006	−0.012	−0.008	−0.012
多年冻土退化区	−0.009	−0.021	−0.023	−0.008	−0.025
多年冻土区	−0.007	−0.020	−0.020	−0.007	−0.023

第11章 黑河上游生态水文变化下的流域水资源管理

11.1 关于黑河上游生态水文变化的科学认知

在"黑河流域生态–水文过程集成研究"重大研究计划集成项目"黑河流域上游生态水文过程耦合机理及模型研究"中，科学认识了黑河上游生态水文变化的特征与规律，主要包括以下 8 个方面。

11.1.1 黑河上游植被格局主控因素

针对黑河上游山区植被沿高程变化及其影响因素的分析结果（图 11-1）表明，由于年降水量随海拔高程上升而升高、年均气温随海拔高程上升而降低，海拔高程成为影响黑河上游植被格局的最重要因素。基于生态学模型的模拟结果表明，海拔和坡向是影响高山植被分布的最重要因素，夏季和秋季光谱对植被区分的重要性高于冬季光谱。这一认识为高山植被分布格局模拟的影响因素选择提供了例证。

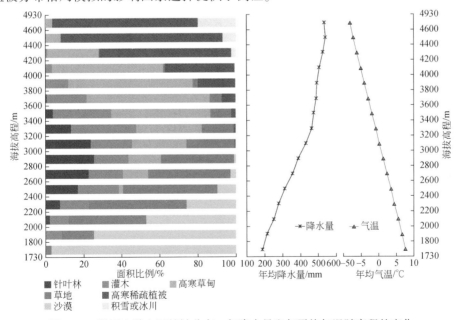

图 11-1 黑河上游山区植被分布、年降水量和年平均气温随高程的变化

11.1.2 黑河上游植被生长季变化

上游山区约70%区域的植被生长季始期提前、生长期长度增加（图 11-2）。在 2000 ~ 2013 年，亚高山灌丛生长季的开始日期提前 3.7 ~ 4.9d/10a，导致生长季长度平均增加 4.5d/10a。亚高山灌丛生长季变化主要受气温（平均和最低气温）影响，与降水相关性不高。该结果提供了气候变化影响生态系统的证据。

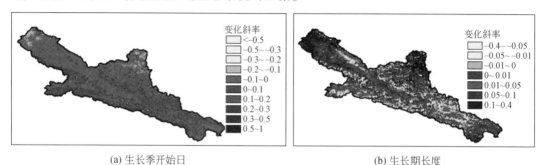

(a) 生长季开始日　　　　　　　　(b) 生长期长度

图 11-2　黑河上游山区植被生长季的开始日和生长期长度的变化

11.1.3 黑河上游山区青海云杉林生长过程及影响因素

在黑河上游山区的排露沟小流域观测（图 11-3）发现，随海拔上升，云杉林总生物量呈先增后降的"单峰"变化，在海拔 2800 ~ 2900m 处生长达到最佳，即生物量和生长速率都达到峰值；分析云杉林生长的长期观测结果后发现，在 1980 年前云杉林生长速率

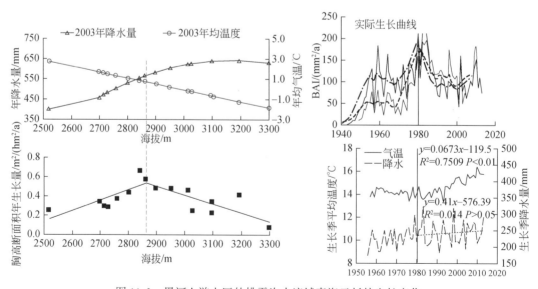

图 11-3　黑河上游山区的排露沟小流域青海云杉林生长变化

呈上升趋势，1980 年后呈下降趋势，并与气温和降水的长期变化密切相关。这不仅提供了气候变化影响黑河上游山区森林生态系统的重要证据，也提供了研究变化环境下森林生态系统演变的重要基础数据。

11.1.4 黑河上游典型植被条件下的水文过程

在黑河上游山区的排露沟小流域观测（图 11-4）发现，青海云杉林植被截留占同期雨量的比例为 20%～30%，总蒸散接近降水量。苔藓层作为云杉林的最重要地被物层，除直接吸持降雨外，还能显著降低土壤水分的空间差异。基于在排露沟的观测，当（小于 0℃ 的）负积温达 -460℃·h 时土壤开始冻结，当（大于 0℃ 的）正积温达 62℃·h 时冻土开始融化；阴坡云杉林内土壤冻融起始时间与阳坡草地基本相同，但其年最大冻结深度更大，冻结持续时间更长。这些对生态水文过程的认识，为构建生态水文模型提供了参数化方案，也为研究祁连山区生态水文规律提供了基础数据。

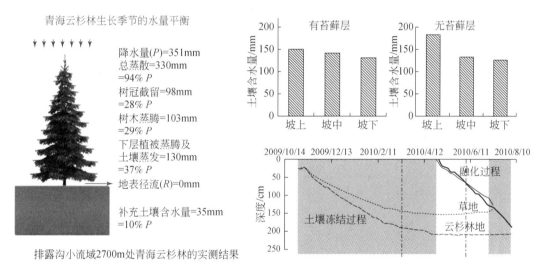

图 11-4 黑河上游山区排露沟小流域青海云杉林的生态水文过程观测结果

11.1.5 黑河上游的气象水文变化特征

对 1960 年以来的气象水文数据分析（图 11-5）发现，黑河上游山区气温平均上升速率高于全球和我国平均水平，其中冬季升幅最大，春季最小；年降水量与夏秋季降水量均显著增长；年径流及各季节径流均上升，其中秋季径流增幅最明显。这些对过去气象水文变化规律的认识，对评估黑河上游水文水资源的未来变化有重要参考价值，也是中下游水资源管理的重要依据。

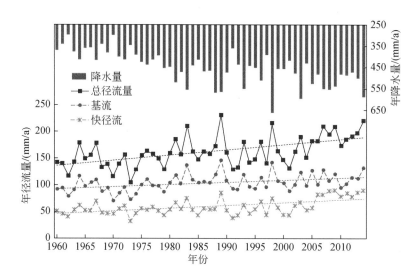

图 11-5　1960 年以来黑河上游山区年降水量、径流量及其成分的变化

11.1.6　黑河上游生态水文的现状格局

黑河上游的分布式生态水文模型模拟结果显示，1981~2010 年的年均降水、蒸发、径流分别为 475.8mm、311.8mm 和 164.8mm。在海拔 3200m 以下，蒸散发和植被生长主要受降水控制，随海拔升高而增加；在 3200~3400m 区，域内蒸发达到最大；在 3400m 以上，植被生长和蒸散发受低温制约，蒸散发随海拔升高而减少。如表 11-1 所示，不同植被类型覆盖区鹰落峡出山口径流的贡献率差异显著，约 90% 的径流源于高山稀疏植被（面积 20%）、高寒草甸（面积 46%）和灌丛（面积 17%），其贡献率分别为 37%、39% 和 14%；草原面积比例约 11%，但对出山径流贡献率仅 4%；冰川面积仅占 0.8%，但对出山径流贡献率高达 4%。这一认识对黑河流域综合治理和水资源可持续利用意义重大。

表 11-1　黑河上游不同植被类型覆盖区对鹰落峡出山口径流的贡献率

植被类型 及其面积比/%		降水 /（mm/a）	蒸发 /（mm/a）	径流深 /（mm/a）	径流量 /（亿 m³/a）	径流系数	径流贡献率 /%
高寒草甸	45.5	488.5	348.7	147.8	6.72	0.30	39.4
稀疏植被	20.1	547.3	237.2	310.1	6.23	0.57	36.5
灌丛	16.5	495.9	355.0	140.9	2.33	0.28	13.7
草原	10.6	396.7	331.5	65.2	0.69	0.16	4.0
冰川	0.8	605.0	129.4	846.2	0.68	1.44	4.0

续表

植被类型 及其面积比/%	降水 /(mm/a)	蒸发 /(mm/a)	径流深 /(mm/a)	径流量 /(亿 m³/a)	径流系数	径流贡献率 /%
云杉 5.6	402.1	331.6	70.5	0.40	0.18	2.3
荒漠 0.9	253.1	238.0	15.1	0.01	0.06	0.1

11.1.7 黑河上游过去 50 年的冻土变化及其生态水文影响

根据对黑河上游 1961～2013 年的模拟结果（图 11-6），多年冻土面积缩小了 9.5%（约 600km²），且主要发生在 3500～3900m 高程范围内。季节性冻土的最大冻结深度以 4.1cm/10a 的速率减小，而多年冻土的活动层厚度则以 2.2cm/10a 的速率增加。土壤温度上升导致土壤液态含水量增加，使得冻结季（11 月～3 月）径流显著增加，尤其在多年冻土转化为季节性冻土的区域，径流增加尤为显著。降水增加导致年径流增加，冻土退化导致基流增加，降水增加和土壤温度上升共同导致实际蒸散发显著增加。地下水储量呈现上升趋势，这表明由于多年冻土退化导致了地下水补给增强。多年冻土退化区域（高程范围 3500～3900m）的主要植被为高寒草甸，随着多年冻土退化，部分高寒草甸退化为草原，蒸散发量增加、径流系数减少，影响山区产流的稳定性。

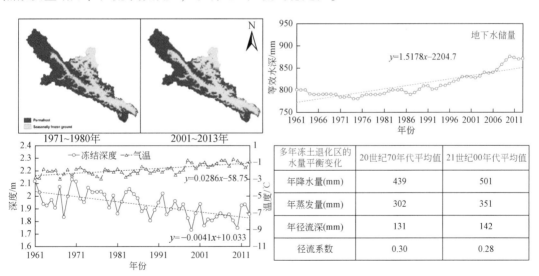

图 11-6 黑河上游山区 1961～2013 年冻土水文变化

11.1.8 高寒山地分布式流域生态水文模型的特色与创新

在流域内生态过程与水文过程之间存在着复杂而紧密的相互作用，这些过程在干旱而寒冷的青藏高原独具特色，只有准确刻画这些过程才能预测未来气候变化下高寒山地流域的生态水文响应。传统的分布式水文模型不考虑植被生长过程，因此难以模拟气候变化下的植被动态水文影响；传统陆面过程模型对流域河网结构的刻画和流域水文过程的描述都十分简单，无法准确模拟河流水义通量。针对以上问题，本项目发展的模型在结构设计上突出考虑了生态过程、陆面过程和水文过程的耦合关系；基于光合作用、水量平衡和能量平衡等基本原理，在不同尺度上描述水分与能量交换、植被生长及产汇流等生态水文过程；针对高寒山地特征，耦合了冰川消融、积雪、融雪、土壤冻融等过程，进而构建了适合高寒山地的分布式流域生态水文模型（GBEHM）（图11-7），提高了流域牛态水文变化的模拟和预测能力。

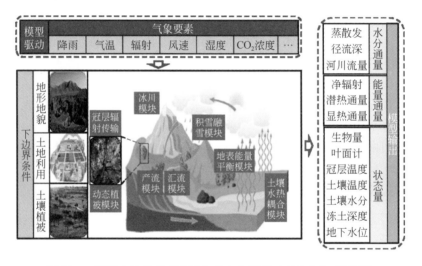

图 11-7　高寒山地分布式流域生态水文模型（GBEHM）结构图

黑河上游的生态水文模拟和预测结果不仅给出了出山径流的变化过程，还全面输出了流域下垫面状态变量的时空变化过程，为理解气候–生态–水文相互作用机理与规律提供了数据。与 SWAT 模型的模拟结果比较，GBEHM 模型的模拟结果更好地反映了土壤温度、水分及冻土的时空变化过程；与 CLM 模型的模拟结果比较，GBEHM 模型的模拟结果更好地反映了出山径流过程，从而可更好地服务于流域生态、水文、水资源等综合管理。

11.2　上游生态水文变化对流域水资源管理的影响

11.2.1　过去 50 年生态水文变化及其对流域水资源的影响

研究结果表明，在过去 50 年（1960～2014 年）部分高寒草甸随多年冻土退化而转为草原，导致蒸散增加、产流减少；径流成分的分析表明，黑河上游的地表快径流的比例在降低，基流呈增加趋势。如表 11-2 所示，黑河上游各个子流域降雨量的增加远高于总径流量的增加。这是由于在气温升高、冻土退化的背景下，土壤的表层含水量增加，加之植被生长活动的增强，使得增加的降水大部分转化为了实际蒸散发。

表 11-2 黑河上游各子流域气温、冻土深度、降水量、总径流、基流的平均值及趋势

子流域 （面积）	气温		季节冻土最大冻深		降水量		总径流		基流	
	平均值 /℃	趋势 /（℃/10a）	平均值 /cm	趋势 /（cm/10a）	平均值 /mm	趋势 /（mm/10a）	平均值 /mm	趋势 /（mm/10a）	平均值 /mm	趋势 /（mm/10a）
冰沟 （6 942km²）	−2.40	+0.343*	241	−7.70*	255	+26.3*	90	−1.4	70	−1.0
新地 （1 579km²）	−0.87	+0.343*	221	−5.97*	294	+29.1*	156	+3.8	77	+4.9*
丰乐河 （570km²）	−1.47	+0.342*	223	−6.37*	309	+31.6*	162	+4.7*	85	+4.7*
梨园堡 （1 672km²）	−0.35	+0.333*	215	−7.86*	341	+23.7*	134	+5.6*	66	+2.2
莺落峡 （10 009km²）	−1.77	+0.326*	216	−9.33*	453	+33.4*	162	+9.7*	104	+4.3*
扎马什克 （4 586km²）	−3.01	+0.331*	228	−10.07*	432	+40.1*	163	+8.9*	106	+5.3*
祁连 （2 452km²）	−2.27	+0.323*	212	−9.98*	532	+32.8*	189	+8.8*	125	+7.7*

注：统计时间为 1960～2014 年；加 * 数字表示该趋势为显著变化，显著性水平 $p<0.05$

1. 降水、气温变化对径流和蒸散发变化的影响

根据观测数据的统计回归分析，给出了降水、气温变化对径流和蒸散发变化的影响，如表 11-3 所示。从表中径流的气候变化弹性系数（降水-径流弹性、气温-径流弹性）可见，当降水量增加 1mm 时，径流量增加 0.66mm，而蒸散发增加 0.14mm；当气温上升 1℃ 时，径流减少 6.8mm，而蒸散发增加 11.8mm。在过去 30 年（1981～2010 年），黑河上游径流增加主要是来源于降水的增加，降水增加导致径流以 7.4mm/10a 的速率上升；气温上升导致了径流下降，气温升高导致的径流下降速率为 2.1mm/10a。降水和气温变化对径流变化叠加影响为 5.3mm/10a，这与模型模拟的径流变化趋势（3.9mm/10a）比较接近。蒸散发的增加主要是由于气温的升高导致的，过去 30 年降水增加和气温升高分别导致蒸散发变化趋势为 1.6mm/10a 和 3.7mm/10a，加和为 5.3mm/10a，与模拟的蒸散发变化趋势（6.5mm/10a）相近。统计分析结果与数值模拟结果之间的差异可能是由于除降水和气温以外的其他要素变化导致或者是数值计算的误差导致，尽管如此，研究结果足以证明降水、气温变化对径流和蒸散发具有重要影响。

表 11-3 1981 ~ 2010 年降水和气温变化对径流和蒸散发的影响

对径流的影响	数值	对蒸散发的影响	数值
降水–径流弹性/(mm/mm)	0.66	降水–蒸散发弹性/(mm/mm)	0.14
气温–径流弹性/(mm/℃)	−6.8	气温–蒸散发弹性/(mm/℃)	11.8
降水变化导致的径流变化/(mm/10a)	7.4	降水变化导致的蒸散发变化/(mm/10a)	1.6
气温变化导致的径流变化/(mm/10a)	−2.1	气温变化导致的蒸散发变化/(mm/10a)	3.7

2. 冻土变化对径流和蒸散发变化的影响

在黑河上游，由于降水和径流主要分布在高海拔的多年冻土区，采用多年冻土活动层厚度变化来表示冻土变化，进而分析其对径流的影响。表 11-4 给出了潜在蒸散发变化和冻土变化对径流和蒸散发变化的影响。结果表明，潜在蒸散发变化对径流和蒸散发的影响均不显著；相比而言，冻土变化对径流和蒸散发有着显著的影响。冻土活动层每增厚 1cm 时，径流会减少约 0.7mm，而蒸散发会增加约 1mm。由此可见，气温变化对径流变化以及蒸散发变化的影响主要是通过气温变化导致的冻土退化，进而影响径流和蒸散发量。上述结果表明，多年冻土活动层厚度的变化对径流和蒸散发变化具有显著影响。其影响机理为冻土活动层增厚导致流域蓄水容量的增加，从而改变了产流机制，减少了蓄满产流，增加了蒸散发。

表 11-4 1981 ~ 2010 年潜在蒸散发和冻土变化对径流和蒸散发的影响

对径流的影响	数值	对蒸散发的影响	数值
潜在蒸散发–径流弹性/(mm/mm)	0.01*	潜在蒸散发–蒸散发弹性/(mm/mm)	0.01*
冻土–径流弹性/(mm/cm)	−0.66	冻土–蒸散发弹性/(mm/cm)	1.00
潜在蒸散发变化导致的径流变化/(mm/10a)	0.03	潜在蒸散发变化导致的蒸散发变化/(mm/10a)	0.03
冻土变化导致的径流变化/(mm/10a)	−3.6	冻土变化导致的蒸散发变化/(mm/10a)	5.5

注：* 表示不满足显著性水平（$\alpha = 0.1$）

11.2.2 未来 50 年生态水文变化及其对流域水资源的影响

1. 降水、气温变化对径流和蒸散发变化的影响

表 11-5 给出了未来 50 年（2011 ~ 2060 年）径流的降水和气温弹性以及基于平均弹性估算的降水和气温变化对径流变化的影响。结果表明，当年降水量增加 1mm 时，未来的平均年径流量将增加 0.72mm（基于不同的 GCM 模拟结果为 0.53 ~ 0.90mm），该值比历史值基本持平（0.66mm）。当年均气温升高 1℃时，年径流量平均减少约 24mm（根据不同 GCM 模拟结果为 15 ~ 40mm），未来径流量的变化对气温升高更加敏感，未来年径流量的减少主要是由于气温的升高所导致的。

表 11-5　2011～2060 年降水、气温变化对年径流量变化的影响

项目	未来值（2011～2060 年）						历史值
	IPSL	BCC	CSIRO	CNRM	MPI	平均	(1981～2010 年)
降水–径流弹性/(mm/mm)	0.53	0.68	0.83	0.90	0.66	0.72	0.66
气温–径流弹性/(mm/℃)	−14.8	−22.5	−24.8	−39.9	−18.0	−24.0	−6.8
降水变化导致的径流变化/(mm/10a)	10.8	−0.8	5.3	8.9	−4.2	4.0	7.4
气温变化导致的径流变化/(mm/10a)	−8.2	−6.7	−10.1	−6.5	−9.6	−8.2	−2.1

　　表 11-6 给出了未来 50 年（2011～2060 年）蒸散发的降水和气温弹性以及基于平均弹性估算的降水和气温变化对蒸散发变化的影响。结果表明，当年降水量增加 1mm 时，未来的平均年蒸散发量将增加 0.18mm（基于不同的 GCM 模拟结果为 0.06～0.27mm），与历史值（0.14mm）相近。当年均气温升高 1℃ 时，年蒸散发量蒸散量平均增加 21.4mm（根据不同 GCM 模拟结果为 15.1～32.4mm），显著高于历史值（11.8mm/℃），表明未来蒸散发对气温升高同样更为敏感，未来年蒸散发量的增加同样主要是由于气温的升高。

表 11-6　2011～2060 年降水、气温变化对年蒸散发量变化的影响

项目	未来值（2011～2060 年）						历史值
	IPSL	BCC	CSIRO	CNRM	MPI	平均	(1981～2010 年)
降水–蒸散发弹性/(mm/mm)	0.27	0.23	0.10	0.06	0.22	0.18	0.14
气温–蒸散发弹性/(mm/℃)	17.1	18.3	23.9	32.4	15.1	21.4	11.8
降水变化导致的蒸散发变化/(mm/10a)	2.6	−0.2	1.3	2.2	−1.0	1.0	1.6
气温变化导致的蒸散发变化/(mm/10a)	7.3	6.0	9.0	5.8	8.5	7.3	3.7

　　根据未来径流的气温弹性和蒸散发的气温弹性的估计结果，可以直接估算不同升温情景下的径流和蒸散发的变化趋势。表 11-7 给出了未来 50 年不同排放情景（RCP 2.6、RCP 4.5 和 RCP 8.5）下的气温变化趋势并估算得到了径流和蒸散发变化趋势。未来黑河流域上游了流域的平均气温在 RCP 2.6 情景、RCP 4.5 情景和 RCP 8.5 情景下的上升幅度分别约为 0.26℃/10a、0.34℃/10a 和 0.40℃/10a（Su et al.，2016；Zhang et al.，2016）。根据径流的气温弹性和蒸散发的气温弹性进行计算，RCP 2.6 情景、RCP 4.5 情景和 RCP 8.5 情景下的年径流将分别以 6.2mm/10a、8.2mm/10a 和 9.6mm/10a 的速率减少；年蒸散发量将分别以 5.6mm/10a、7.3mm/10a 和 8.6mm/10a 的速率增加。

表 11-7　2011～2060 年使用不同排放情景下的
气温变化趋势和基于弹性系数估算得到的径流和蒸散发变化趋势

项目	未来值（2011～2060 年）			历史值
	RCP 2.6	RCP 4.5	RCP 8.5	(1981～2010 年)
气温变化趋势/(℃/10a)	0.26	0.34	0.40	0.32

项目	未来值（2011~2060年）			历史值
	RCP 2.6	RCP 4.5	RCP 8.5	（1981~2010年）
气温影响的径流变化趋势/（mm/10a）	−6.2	−8.2	−9.6	−2.1
气温影响的蒸散发变化趋势/（mm/10a）	5.6	7.3	8.6	3.7

2. 冻土变化对径流和蒸散发变化的影响

表11-8给出了未来50年潜在蒸散发和冻土变化对年径流量变化的影响。结果表明，在未来50年，当潜在蒸发量增加1mm时，径流量平均减少约0.16mm（基于不同的GCM模拟结果为0.03~0.28mm）。当多年冻土活动层深度增加1cm时，径流平均减少约1.3mm（基于不同的GCM模拟结果为0.6~2.3mm）。未来50年，潜在蒸发量变化和多年冻土活动层厚度变化对径流的减少均有贡献，活动层厚度变化的贡献明显高于潜在蒸发量变化的贡献，说明在未来气温升高对径流的影响仍然是通过冻土退化进而影响径流，而且未来径流变化对冻土退化更为敏感。

表11-8　2011~2060年潜在蒸散发和冻土变化对年径流量变化的影响

项目	未来值（2011~2060年）						历史值
	IPSL	BCC	CSIRO	CNRM	MPI	平均	（1981~2010年）
潜在蒸散发–径流弹性/（mm/mm）	−0.03 *	−0.18	−0.16	−0.17	−0.28	−0.16	0.01 *
冻土–径流弹性/（mm/cm）	−1.8	−0.6	−1.2	−2.3	−0.6	−1.3	−0.66
潜在蒸散发变化导致的径流变化/（mm/10a）	−2.0	−1.6	−2.6	−1.7	−2.2	−2.0	0.03
冻土变化导致的径流变化/（mm/10a）	−4.5	−11.2	−9.4	−4.6	−10.7	−8.1	−3.6

* 表示不满足显著性水平（α=0.1）

表11-9给出了未来50年潜在蒸散发和冻土变化对年蒸散发量变化的影响。结果表明，未来50年，当潜在蒸散发量增加1mm时，蒸散量平均增加约0.3mm（基于不同的GCM模拟结果为0.14~0.51mm）。当多年冻土活动层深度增加1cm时，蒸散量平均增加约0.9mm（基于不同的GCM模拟结果为0.1~1.4mm）。未来50年潜在蒸发量变化和活动层深度变化对蒸散发的增加也均有贡献，活动层深度变化的贡献仍略高于潜在蒸发量变化的贡献。

表11-9　2011~2060年潜在蒸散发和冻土变化对年蒸散发量变化的影响

项目	未来值（2011~2060年）						历史值
	IPSL	BCC	CSIRO	CNRM	MPI	平均	（1981~2010年）
潜在蒸散发–蒸散发弹性/（mm/mm）	0.15	0.34	0.14	0.35	0.51	0.30	0.01 *
冻土–蒸散发弹性/（mm/cm）	1.7	0.3	1.1	1.4	0.1 *	0.9	1.0
潜在蒸散发变化导致的蒸散发变化/（mm/10a）	3.8	3.1	4.9	3.1	4.1	3.8	0.03

续表

项目	未来值 (2011~2060 年)						历史值 (1981~2010 年)
	IPSL	BCC	CSIRO	CNRM	MPI	平均	
冻土变化导致的蒸散发变化/ (mm/10a)	3.1	7.7	6.4	3.2	7.3	5.5	5.5

* 表示不满足显著性水平 ($\alpha = 0.1$)

表 11-10 给出了基于不同 GCM 模拟结果的不同冻土区（即多年冻土区、多年冻土退化区和季节性冻土区）的径流系数变化。结果表明，多年冻土退化区径流系数下降最为显著，多年冻土区径流系数减小同样明显，季节性冻土区的径流系数变化幅度最小。未来气候变化情景下，上游山区冻土将加速退化，因此出山径流将进一步减少。

表 11-10 不同高程带径流系数变化趋势

高程/m	区域	IPSL	BCC	CSIRO	CNRM	MPI
<3600	季节性冻土区	−0.004	−0.006	−0.012	−0.008	−0.012
3600~3900	多年冻土退化区域	−0.009	−0.021	−0.023	−0.008	−0.025
>3900	多年冻土区	−0.007	−0.020	−0.020	−0.007	−0.023

11.3 适应上游生态水文变化的流域水资源管理的启示与建议

基于历史气象和未来情景模拟输出的 1km 分辨率的逐日降水、蒸散、径流、土壤水分与温度、出山径流等数据，为理解和评估上游生态水文变化、中下游水资源管理提供了重要基础数据（图 11-8）。

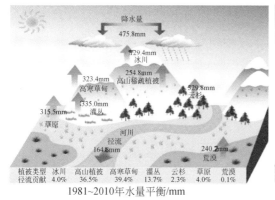
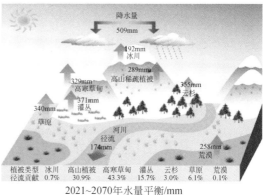

图 11-8 黑河上游山区水量平衡示意

不同植被类型覆盖区的出山口径流贡献率差异显著，约 90% 的径流源于高山稀疏植被（面积 20%）、高寒草甸（面积 46%）和灌丛（面积 17%），其贡献率分别为 36.7%、39.4% 和 13.7%；草原面积比例约 11%，但对出山径流贡献率仅 4%；冰川面积仅占

0.8%，但对出山径流贡献率高达4%。未来30～50年，由于气温升高导致冰川消融殆尽，冰川径流将不复存在，积雪融化形成的径流也将进一步减少，这将减少出山径流的基流成分，降低径流的稳定性，对中下游地区的水资源供给带来不利影响。

多年冻土退化区域（高程范围3500～3900m）的主要植被为高寒草甸，随着多年冻土退化，部分高寒草甸退化为草原，蒸散发量增加、径流系数减少，将不利于山区产流稳定，并将对黑河中下游水资源安全形势产生不利影响。

21世纪00年代至21世纪60年代，多年冻土退化所在区域的主要植被类型为高寒草甸，该区域的径流系数从0.28下降至0.22。未来随着气温升高，黑河上游多年冻土将加速退化，同时蒸散发增强，径流系数减少。由此导致的上游出山径流量下降将使黑河中下游缺水问题更加严峻。这一认识对未来黑河流域综合治理和水资源可持续利用具有重要意义。

11.4 高寒山区生态水文过程耦合机理与模拟的认识及未来展望

11.4.1 高寒山区生态水文过程耦合机理的认识

冻土变化与生态水文过程的互馈机制是认识冻土变化对寒区水文水资源影响的基础。以往基于相关分析和推理分析方法的寒区水文研究，未能定量描述冻土变化与径流变化之间的关系。基于观测数据和数值模拟，本项目建立了冻土参数（冻结深度、活动层厚度、土壤温度等）与下垫面水文参数（土壤蓄水容量、土壤下渗能力、深层地下水渗漏能力等）之间的函数关系，以及下垫面水文参数与径流成分（地表径流、壤中流和地下径流）之间的函数关系。这样不仅可以定量解析冻土变化对产流机制的影响，还可以定量评估冻土变化对径流的影响程度，从而发展了冻土水文学理论与方法。

土壤-植被-大气系统中的水分和能量交换不仅控制着土壤冻融过程和生态水文过程，并且将生态和水文过程紧密耦合在一起。基于对植被格局、植被结构动态和水文过程的耦合机理的深入认识，提出了基于能量-水分-碳耦合的动态植被描述方法，从而实现从定性认识到定量描述的突破。

11.4.2 高寒山区生态水文过程耦合模拟方法的发展

以往的研究大多集中于冻土水文过程和生态水文过程，针对冻土-生态-水文过程的耦合研究和模拟能力不足。本项目基于对高寒山区生态水文过程耦合机理的认识，发展了寒区分布式冻土-生态-水文耦合模型。一方面，改进了冰川消融、积雪与融雪、土壤冻融过程模拟，进一步通过完善冻土上下边界的参数化方案，提高对土壤冻融过程及多年冻土上限和下限变化的模拟能力；另一方面，通过冻土-生态-水文过程耦合模拟，提高气候变化驱动下冻土-生态-水文过程耦合演变的预测能力，为评估和预测气候变化背景下高原河流源区水文水资源变化提供有效工具。

针对下垫面空间异质性极强、生态与水文过程耦合作用紧密、包含了地球上最全面和复杂的水文过程的高寒山区，本项目建立的冻土-生态-水文过程耦合模型具有里程碑意义，创新了多尺度、多过程（水分与能量交换、冰川消融、积雪与融雪、土壤冻融、地表水与地下水交换、植被生长、产流与汇流等）耦合模拟方法，实现高寒山区流域生态水文耦合模拟方法的新突破，发展了分布式流域生态水文模型。

11.4.3　高寒山区生态水文研究的未来展望

1）以往的研究表明，植被覆盖对冻土具有保护作用，同时由于冻土退化导致表层土壤水分降低影响植被生长，但是其物理机制尚不是十分清楚。冻土过程与生态水文过程的相互作用不仅是认识气候变化下冻土演变的基础，也是认识冻土变化对产流机制影响的前提。植被格局、植被结构动态过程和水文过程具有不同的时空尺度。目前，关于植被格局变化的研究大多针对全球和大陆尺度，对区域尺度的植被格局定量刻画不足，缺乏流域尺度的植被格局模拟方法。发展流域/区域尺度的植被格局模型，构建植被格局、植被结构动态过程和水文过程三者耦合的分布式生态水文模型是未来的发展趋势。

2）虽然通过钻孔观测可以较好地了解高寒山区的冻土分布，但是受限于钻孔数量和取样方法，现有研究存在时间和空间不连续的局限性，不能很好反映冻土退化的时空特征。在黄河源区，许多地温钻孔观测已经揭示出多年冻土垂向埋深的加深，融区广泛的存在，径流对冻土退化异常敏感，且变化快、区域分异强烈、不确定性大。生态水文过程受流域内诸多水文要素高度空间异质性的影响，刻画复杂下垫面条件下的冰雪冻土过程、动态植被过程及产汇流过程不仅依赖于更加精细化的下垫面观测数据，还受限于现有模型的各种适用条件。进一步深入探讨刻画流域下垫面空间异质性及其与植被格局和水文特征之间联系的分布式模型结构，量化不同生态和水文过程之间的动态耦合和反馈机制，是未来高寒山区流域生态水文模型研究的发展趋势。

3）以往的研究大多关注于冻土变化与径流变化的相关关系，缺少对产汇流机制改变的深入研究，对冻土变化与生态过程、水文过程的相互影响的机理认识不足，特别是对于年内尺度上冻土的季节变化与生态水文过程的互馈机制仍然不明晰，这将是未来高寒山区生态水文研究的关键科学问题之一。

参 考 文 献

别强,强文丽,王超,等.2013.1960~2010年黑河流域冰川变化的遥感监测.冰川冻土,35(3):574-582.

曹斌.2018.黑河上游祁连山区多年冻土状态与动态研究.兰州:兰州大学博士学位论文.

曹玲,窦永祥,张德玉.2003.气候变化对黑河流域生态环境的影响.干旱气象,21(4):45-49.

车涛,李新.2005.1993—2002年中国积雪水资源时空分布与变化特征.冰川冻土,27:64-67.

陈昌毓.1989.祁连山北坡的气候与植被分布.甘肃祁连山国家级自然保护区建设发展研讨会专集.兰州:甘肃省林业厅.

陈仁升,康尔泗,吉喜斌,等.2007.黑河源区高山草甸带冻土及水文过程初步研究.冰川冻土,29(3):3872-3961.

陈仁升,康尔泗,杨建平,等.2010.内陆河流域分布式水文模型——以黑河干流山区建模为例.中国沙漠,24(4):416-424.

陈仁升,吕世华,康尔泗,等.2006.内陆河高寒山区流域分布式水热耦合模型(Ⅰ):模型原理.地球科学进展,21(08):806-818.

陈肖柏,刘建坤,刘鸿绪,等.2006.土的冻结作用与地基.北京:科学出版社.

陈效逑,王林海.2009.遥感物候学研究进展.地理科学进展,28:33-40.

程根伟,范继辉,彭立.2017.高原山地土壤冻融对径流形成的影响研究进展.地球科学进展,32(10):1020-1029.

程国栋,金会军.2013.青藏高原多年冻土区地下水及其变化.水文地质工程地质,40(1):1-11.

程国栋,肖洪浪,陈亚宁,等.2010.中国西部典型内陆河生态-水文研究.北京:气象出版社.

程国栋,肖洪浪,傅伯杰,等.2014.黑河流域生态-水文过程集成研究进展.地球科学进展,(4):431-437.

丁宏伟,张举,吕智,等.2006.河西走廊水资源特征及其循环转化规律.干旱区研究,23(2):241-247.

丁松爽,苏培玺.2010.黑河上游祁连山区植物群落随海拔生境的变化特征.冰川冻土,32(4):829-836.

方潇雨,李忠勤,Bernd W,等.2015.冰川物质平衡模式及其对比研究——以祁连山黑河流域十一冰川研究为例.冰川冻土,37(2):336-350.

冯婧.2014.气候变化对黑河流域水资源系统的影响及综合应对.上海:东华大学博士学位论文.

冯起,苏永红,司建华,等.2013.黑河流域生态水文样带调查.地球科学进展,(2):187-196.

高冰.2012.长江流域的陆气耦合模拟及径流变化分析.北京:清华大学博士学位论文.

高峰,李建平,王黎黎,等.2009.土壤水运动理论研究综述.湖北农业科学,48(4):982-986.

巩杰,谢余初,贾珍珍,等.2014.黑河流域土地利用/土地覆被变化研究新进展.兰州大学学报(自然科学版),50:390-397.

郭生练,熊立华,杨井,等.2000.基于DEM的分布式流域水文物理模型.武汉水利电力大学学报,33(6):1-5.

韩涛.2002.用TM资料对祁连山部分地区进行针叶林、灌木林分类研究.遥感技术与应用,(17):317-321.

胡芩,姜大膀,范广洲.2014.CMIP5全球气候模式对青藏高原地区气候模拟能力评估.大气科学,38(5):924-938.

胡孟春,马荣华.2003.黑河流域生态功能区划遥感制图方法.干旱区资源与环境,17(1):49-53.

胡兴林.2003.黑河流域径流演变规律及区域性水资源优化配置分析.水文,23(1):32-36.

怀保娟,李忠勤,孙美平,等.2014.近50年黑河流域的冰川变化遥感分析.地理学报,69(3):365-377.

黄昌勇.2000.土壤学.北京:中国农业出版社.

黄平,赵吉国.1997.流域分布型水文数学模型的研究及应用前景展望.水文,5:5-9.

贾文雄.2010.祁连山气候的空间差异与地理位置和地形的关系.干旱区研究,27(4):607-615.

贾仰文,王浩,仇亚琴,等.2006.基于流域水循环模型的广义水资源评价(Ⅱ)——黄河流域应用.水利学报,37(10):1181-1187.

贾仰文,王浩,王建华,等.2005.黄河流域分布式水文模型开发和验证.自然资源学报,20(2):300-308.

贾仰文,王浩,严登华.2006.黑河流域水循环系统的分布式模拟(I)——模型开发与验证.水利学报,37(5):534-542.

康尔泗,Ohmura A.1994.天山冰川消融参数化能量平衡模型.地理学报,61(5):467-476.

康尔泗,陈仁升,张智慧,等.2006.内陆河流域山区水文与生态研究.地球科学进展,23(7):675-680.

寇程,严薇,赵春阳,等.2015.基于卫星高度计的冰川物质平衡测量.测绘与空间地理信息,12:46-48.

蓝永超,丁宏伟,胡兴林,等.2015.黑河山区气温与降水的季节变化特征及其区域差异.山地学报,33(3):294-302.

蓝永超,胡兴林,肖洪浪,等.2008.全球变暖情景下黑河山区水循环要素变化研究.地球科学进展,23(7):739-746.

雷志栋,胡和平,杨诗秀.1999.土壤水研究进展与评述.水科学进展,10(3):311-318.

李海燕,王可丽,江灏,等.2009.黑河流域降水的研究进展与展望.冰川冻土,31(2):334-341.

李弘毅,王建.2008.SRM融雪径流模型在黑河流域上游的模拟研究.冰川冻土,30(5):769-775.

李兰,钟名军.2003.基于GIS的LL-Ⅱ分布式降雨径流模型的结构.水电能源科学,21(4):35-38.

李林,王振宇,汪青春.2006.黑河上游地区气候变化对径流量的影响研究.地理科学,26(1):40-46.

李新,车涛.2007.积雪被动微波遥感研究进展.冰川冻土,29(3):487-496.

李新,程国栋,康尔泗,等.2010.数字黑河的思考与实践3:模型集成.地球科学进展,25(8):939-953.

李治国.2012.近50a气候变化背景下青藏高原冰川和湖泊变化.自然资源学报,27(8):1431-1443.

林三益,缪韧,易立群.1999.中国西南地区河流水文特性.山地学报,17(3):49-52,240-243.

刘昌明,夏军,郭生练,等.2004.黄河流域分布式水文模型初步研究与进展.水科学进展,15(4):495-500.

刘景时,魏文寿,黄玉英,等.2006.天山玛纳斯河冬季径流对暖冬和冻土退化的响应.冰川冻土,28(5):656-662.

刘时银,姚晓军,郭万钦,等.2015.基于第二次冰川编目的中国冰川现状.地理学报,70(1):3-16.

刘时银等.2012.冰川观测与研究方法.北京:科学出版社.

刘贤德,李效雄,张学龙,等.2009.干旱半干旱区山地森林类型的土壤水文特征.干旱区地理,32(5):691-697.

刘雪明,聂学敏.2012.围栏封育对高寒草地植被数量特征的影响.草业科学,29(1):112-116.

陆胤昊,叶柏生,李翀.2013.冻土退化对海拉尔河流域水文过程的影响.水科学进展,24(3):319-325.

罗贤,季漩,李运刚,等.2017.怒江流域中上游地表冻融特征及时空分布.山地学报,35(3):266-273.

莫杰,彭娜娜.2018.世界冰川消融与海平面上升.科学,70(5):48-51.

倪健.2002.BIOME系列模型:主要原理与应用.植物生态学报,26:481-488.

聂雪花.2009.祁连山灌木林水源涵养功能的研究.兰州:甘肃农业大学博士学位论文.

宁宝英,何元庆,和献中,等.2008.黑河流域水资源研究进展.中国沙漠,28(6):1180-1185.

牛国跃,洪钟祥,孙菽芬.1997.陆面过程研究的现状与发展趋势.地球科学进展,12(1):20-25.

牛丽,叶柏生,李静,等.2011.中国西北地区典型流域冻土退化对水文过程的影响.中国科学:地球科学,41(1):85-92.

牛云,张宏斌,刘贤德,等.2002.祁连山主要植被下土壤水的时空动态变化特征.山地学报,20(6):723-726.

蒲健辰,姚檀栋,段克勤.2005.祁连山七一冰川物质平衡的最新观测结果.冰川冻土,27(2):199-204.

卿文武,陈仁升,刘时银.2008.冰川水文模型研究进展.水科学进展,19(6):893-902.

任立良,刘新仁.2000.基于DEM的水文物理过程模拟.地理研究,19(4):369-376.

芮孝芳,石朋.2002.基于地貌扩散和水动力扩散的流域瞬时单位线研究.水科学进展,13(4):439-444.

沈永平,刘时银,甄丽丽,等.2001.祁连山北坡流域冰川物质平衡波动及其对河西水资源的影响.冰川冻土,23(3):244-250.

苏凤阁,郝振纯.2001.陆面水文过程研究综述.地球科学进展,16(6):795-801.

孙俊,胡泽勇,荀学义,等.2011.黑河中上游不同下垫面反照率特征及其影响因子分析.高原气象,30(3):607-613.

孙美平,刘时银,姚晓军,等.2015.近50年来祁连山冰川变化——基于中国第一、二次冰川编目数据.地理学报,70(9):1402-1414.

孙建文,李英年,宋成刚,等.2010.高寒矮嵩草草甸地上生物量和叶面积指数的季节动态模拟.中国农业气象,31(2):230-234.

孙菽芬.2002.陆面过程研究的进展.新疆气象,25(6):1-6.

孙燕华,黄晓东,王玮,等.2014.2003~2010年青藏高原积雪及雪水当量的时空变化.冰川冻土,36(6):1337-1344.

汤懋苍.1985.祁连山区降水的地理分布特征.地理学报,40(4):323-332.

唐莉华,张思聪.2002.小流域产汇流及产输沙分布式模型的初步研究.水力发电学报,(z1):119-127.

田连恕.植被制图.西安:地图出版社,1993.

王建,李硕.2005.气候变化对中国内陆干旱区山区融雪径流的影响.中国科学,35(7):664-670.

王建,李文君.1999.中国西部大尺度流域建立分带式融雪径流模拟模型.冰川冻土,21(3):264-268.

王建,沈永平,鲁安新,等.2001.气候变化对中国西北地区山区融雪径流的影响.冰川冻土,23(1):28-33.

王金叶,于澎涛,王彦辉.2004.森林生态水文过程研究——以甘肃祁连山水源涵养林为例.北京:科学出版社.

王金叶,常宗强,金博文,等.2001.祁连山林区积雪分布规律调查.西北林学院学报,16(z1):14-16.

王娟,倪健.2006.植物种分布的模拟研究进展.植物生态学报,30(4):1040-1053.

王钧,蒙吉军.2008.黑河流域近60年来径流变化及影响因素.地理科学,28(1):83-88.

王宁练,贺建桥,蒋熹,等.2009.祁连山中段北坡最大降水高度带观测与研究.冰川冻土,31(3):395-403.

王璞玉,李忠勤,高闻宇,等.2011.气候变化背景下近50年来黑河流域冰川资源变化特征分析.资源科学,33(3):399-407.

王庆峰,张廷军,吴吉春,等.2013.祁连山区黑河上游多年冻土分布考察.冰川冻土,35(1):19-29.

王顺利,王金叶,张学龙,等.2006.祁连山青海云杉林苔藓枯落物分布与水文特性.水土保持研究,13(5):156-159.

王维真,徐自为,刘绍民,等.2009.黑河流域不同下垫面水热通量特征分析.地球科学进展,24(7):714-722.

王兴.2008.基于卫星遥感的祁连山区积雪特征研究.北京:中国气象科学研究院硕士学位论文.

王旭升.2016.祁连山北部流域水文相似性与出山径流总量的估计.北京师范大学学报(自然科学版),52(3):328-332.

王彦辉,于澎涛,徐德应,等.1998.林冠截留降雨模型转化和参数规律的初步研究.北京林业大学学报,20(6):25-30.

王祎婷,陈秀万,柏延臣,等.2010.多源DEM和多时相遥感影像监测冰川体积变化——以青藏高原那木纳尼峰地区为例.冰川冻土,32(1):126-132.

王宇涵,杨大文,雷慧闽,等.2015.冰冻圈水文过程对黑河上游径流的影响分析.水利学报,46(9):
　　1064-1071.

王占印,于澎涛,王双贵,等.2011.宁夏六盘山区辽东栎林的空间分布及林分特征.林业科学研究,24(1):
　　97-102.

王宗太,刘潮海,尤根祥,等.1981.中国冰川目录 I 祁连山区.兰州:中国科学院兰州冰川冻土研究所.

吴吉春,盛煜,吴青柏,等.2009.青藏高原多年冻土退化过程及方式.中国科学(D辑:地球科学),39(11):
　　1570-1578.

吴凯,刘彩棠,王广德.1983.长江河源地区河流水文特性分析.地理研究,(2):72-81.

吴立宗.2004.中国冰川编目信息系统.中国科学院寒区旱区环境与工程研究所.

吴征镒.1995.中国植被.北京:科学出版社.

夏传福,李静,柳钦火.2013.植被物候遥感监测研究进展.遥感学报,17(1):1-16.

夏军,王纲胜,吕爱锋,等.2003.分布式时变增益流域水循环模拟.地理学报,58(5):789-796.

夏军,王纲胜,谈戈,等.2004.水文非线性系统与分布式时变增益模型.中国科学:地球科学,34(11):
　　1062-1071.

夏军,左其亭.2006.国际水文科学研究的新进展.地球科学进展,21(3):256-261.

夏卫生,雷廷武,潘英华,等.2002.土壤水分动力学参数研究与评价.灌溉排水,21(1):72-75.

向毓意,张永勤,刘文泉,等.1999.气候变化对长江三角洲工业和生活用水影响的统计模型.南京气象学
　　院学报,22(S1):523-528.

谢应钦,张金生.1988.雪层内太阳的穿透辐射.冰川冻土,10(2):1-35.

熊立华,郭生练.2004.分布式流域水文模型.北京:中国水利水电出版社.

熊怡,李秀云,张家桢.1982.青藏高原的水文特性.水文,(3):48-55,10.

徐敩祖,王家澄,张立新.2010.冻土物理学.北京:科学出版社.

徐兴奎,田国良.2000.中国地表积雪动态分布及反照率的变化.遥感学报.4(3):178-182.

徐雨晴,陆佩玲,于强.2004.气候变化对植物物候影响的研究进展.资源科学,26:129-136.

阳勇,陈仁升.2011.冻土水文研究进展.地球科学进展,26(7):711-723.

杨大庆,施雅风,康尔泗,等.1990.乌鲁木齐河源高山区固态降水对比测量的主要结果.科学通报,
　　35(22):1734-1734.

杨大文,雷慧闽,丛振涛.2010.流域水文过程与植被相互作用研究现状评述.水利学报,41(10):
　　1142-1149.

杨井,郭生练,王金星,等.2002.基于GIS的分布式月水量平衡模型及其应用.武汉大学学报(工学版),
　　35(4):22-26.

杨明金,张勃.2010.黑河莺落峡站径流变化的影响因素分析.地理科学进展,29(2):166-172.

杨文娟.2018.祁连山青海云杉林空间分布和结构特征及蒸散研究.北京:中国林业科学研究院博士学位
　　论文.

杨修群,张琳娜.2001.1988—1998年北半球积雪时空变化特征分析.大气科学,25(6):757-766.

杨永民,冯兆东,周剑.2008.基于SEBS模型的黑河流域蒸散发.兰州大学学报,44(8):1-6.

杨针娘,刘新仁,曾群柱,等.2000.中国寒区水文.北京:科学出版社.

姚檀栋,秦大河,沈永平,等.2013.青藏高原冰冻圈变化及其对区域水循环和生态条件的影响.自然杂志,
　　35(3):179-186.

姚檀栋,施雅风.1988.乌鲁木齐河气候、冰川、径流变化及未来趋势.中国科学(B辑),6:657-666.

姚檀栋,姚治君.2010.青藏高原冰川退缩对河水径流的影响.自然杂志,32(1):4-8.

尤联元,杨景春.2013.中国地貌.北京:科学出版社.

于丰源,秦洁,靳宇曦,等.2018.韩梦琪,王舒新,康静,韩国栋.放牧强度对草甸草原植物群落特征的影响.草原与草业,30(2):31-37.

俞鑫颖,刘新仁.2002.分布式冰雪融水雨水混合水文模型.河海大学学报(自然科学版),30(5):23-27.

曾群柱,张顺英,金德洪.1985.祁连山积雪卫星监测与河西地区河流融雪径流特征分析.冰川冻土,7(4):295-304.

张虎,温娅丽,马力,等.2001.祁连山北坡中部气候特征及垂直气候带的划分.山地学报,19(6):497-502.

张杰,李栋梁.2004.祁连山及黑河流域降雨量的分布特征分析.高原气象,(1):81-88.

张立杰,赵文智.2008.黑河流域日降水格局及其时间变化.中国沙漠,28(4):741-746.

张瑞江,赵福岳,方洪宾,等.2010.青藏高原近30年现代雪线遥感调查.国土资源遥感,(z1):59-63.

张顺英,曾群柱,陈贤章,等.1980.利用诺阿-5号卫星影像研究积雪和融雪径流.科学通报,25(15):700-702.

张顺英,曾群柱.1986.卫星雪盖资料在祁连山黑河流域融雪径流模式中的应用.冰川冻土,8(2):119-130.

张廷军.2012.全球多年冻土与气候变化研究进展.第四纪研究,(32)1:27-38.

张勇,刘时银.2006.度日模型在冰川与积雪研究中的应用进展.冰川冻土,1:101-107.

张钰,刘桂民,马海燕,等.2004.黑河流域土地利用与覆被变化特征.冰川冻土,26(6):740-746.

张中琼,吴青柏.2012.气候变化情景下青藏高原多年冻土活动层厚度变化预测.冰川冻土,34(3):505-511.

赵哈林,张铜会,赵学勇,等.2004.放牧对沙质草地生态系统组分的影响.应用生态学报,15(3):420-424.

赵军,任皓晨,赵传燕,等.2009.黑河流域土壤含水量遥感反演及不同地类土壤水分效应分析.干旱区资源与环境,23(8):139-144.

中国科学院中国植被图编辑委员会.2007.中华人民共和国植被图(1∶1 000 000).北京:地质出版社.

周广胜,王玉辉.2003.全球生态学.北京:气象出版社.

周剑,王根绪,李新,等.2008.高寒冻土地区草甸草地生态系统的能量-水分平衡分析.冰川冻土,30(3):398-407.

周幼吾,郭东信,邱国庆,等.2000.中国冻土.北京:科学出版社.

Akritas M G,Murphy S A,Lavalley M P. 1995. The Theil- Sen estimator with doubly censored- data and applications to astronomy. Journal of the american statistical association,90:170-177.

Alippi C,Anastasi G,Galperti C,et al. 2007. Adaptive sampling for energy conservation in wireless sensor networks for snow monitoring applications. 2007 Ieee International Conference on Mobile Ad- Hoc and Sensor Systems,Vols 1-3:789-794.

Allard M,Wang B,Pilon J A. 1995. Recent cooling along the southern shore of Hudson Strait,Quebec,Canada, documented from permafrost temperature measurements. Arctic and Alpine Research,27(2):157-166.

Alves L F,Vieira S A,Scaranello M A,et al. 2010. Forest structure and live aboveground biomass variation along an elevational gradient of tropical Atlantic moist forest(Brazil). Forest Ecology and Management,260(5):679-691.

Anderson E A. 1976. A point energy and mass balance model of a snow cover. NWS Technical Report. The National Oceanic and Atmospheric Administration. http://www. agu. org/pubs/crossref/2009/2009JD011949. shtml[2019-7-15].

Anderson E A. 1976. A point energy and mass balance model of a snow cover. Silver Spring:NOAA Technical Report NWS 19,Office of Hydrology,National Weather Service.

Anderson E A. 1973. National weather service river forecast system-snow accumulation and ablation model. Silver Spring:NOAA Technical Memorandum.

Aoki T,Kuchiki K,Niwano M,et al. 2011. Physically based snow albedo model for calculating broadband albedos and the solar heating profile in snowpack for general circulation models. Journal of Geophysical Research:Atmospheres. 116(D11):595-614.

Avis C A,Weaver A J,Meissner K J. 2011. Reduction in areal extent of high-latitude wetlands in response to permafrost thaw. Nature Geoscience 4. 7:444-448.

Bachofen H,Zingg A. 2001. Effectiveness of structure improvement thinning on stand structure in subalpine Norway spruce(*Picea abies*(L.) Karst.) stands. Forest Ecology and Management,145(1):137-149.

Baldocchi D,Kelliher F,Black T,et al. 2000. Climate and vegetation controls on boreal zone energy exchange. Glob. Change Biol. 6(Suppl. 1):69-83.

Bales R C,Davis R E,Williams M W. 1993. Tracer release in melting snow-diurnal and seasonal patterns. Hydrological Processes,7(4):389-401.

Bannari A,Morin D,Bonn F,et al. 1995. A review of vegetation indices. Remote sensing reviews 13:95-120.

Barnett T P,Adam J C,Lettenmaier D P. 2005. Potential impacts of a warming climate on water availability in snow-dominated regions. Nature(London),438(7066):303-309.

Bartelt P,Lehning M,et al. 2002. A physical Snowpack model for the Swiss avalanche warning Part I:numerical model. Cold Regions Science and Technology,35(3):123-145.

Bense V F,Kooi H,Ferguson G,et al. 2012. Permafrost degradation as a control on hydrogeological regime shifts in a warming climate. Journal of Geophysical Research:Earth Surface,117(F3):1-18.

Betts A,Ball J. 1997. Albedo over the boreal forest. J. Geophys. Res. 102(D24):28901-28909.

Beven K. 2002. Towards an alternative blueprint for a physically based digitally simulated hydrologic response modelling system. Hydrological processes,16(2):189-206.

Bloschl G. 1999. Scaling issues in snow hydrology. Hydrological Processes,13(14-15):2149-2175.

Bonan G. 1996. A land surface model(LSM version 1.0) for ecological,hydrological,and atmospheric studies: Technical description and user's guide. NCAR Technical NoteNCAR/TN-417+ STR. Colorado,Boulder:National Center for Atmospheric Research.

Botzan T M,Mariño M A,Necula A I. 1998. Modified de Martonne aridity index:application to the Napa Basin, California. Physical Geography 19:55-70.

Boucoyous G. 1915. Effect of temperature on the movement of water vapor and capillary moisture in soils. Journal of agricultural research,5:141-172.

Bowling L C,Pomeroy J W,Lettenmaier D P. 2004. Parameterization of blowing-snow sublimation in a macroscale hydrology model. Journal of Hydrometeorology,5(5):745-762.

Boé J,Terray L,Habets F,et al. 2007. Statistical and dynamical downscaling of the Seine basin climate for hydrometeorological studies. International Journal of Climatology,27(12):1643-1655.

Breiman L,Friedman J,Stone C J,et al. 1984. Classification and Regression Trees. New York:CRC Press.

Briegleb B,Minnis P,Ramanathan V,et al. 1986. Comparison of regional clear-sky albedos inferred from satellite observations and model computations. Journal of Applied Meteorology and Climatology,25:214-226.

Brooks R,Corey T. 1964. HYDRAU uc properties of porous media. Hydrology Papers,Fort Collins:Colorado State

University.

Brown C J, O'Connor M I, Poloczanska E S, et al. 2016. Ecological and methodological drivers of species' distribution and phenology responses to climate change. Global Change Biology 22:1548-1560.

Brubaker K L, Rango A. 1996. Response of snowmelt hydrology to climate change. Water Air and Soil Pollution, 90(1-2):335-343.

Brun F, Berthier E, Wagnon P, et al. 2017. A spatially resolved estimate of High Mountain Asia glacier mass balances from 2000 to 2016. Nature Geoscience, 10(9):668-673.

Burai P, Deak B, Valko O, et al. 2015. Classification of Herbaceous Vegetation Using Airborne Hyperspectral Imagery. Remote Sensing 7:2046-2066.

Busby J R. 1991. BIOCLIM- a bioclimate analysis and prediction system. Plant Protection Quarterly Australia, 6(1):8-16.

Cable J M, Ogle K, Bolton W, et al. 2014. Permafrost thaw affects boreal deciduous plant transpiration through increased soil water, deeper thaw, and warmer soils. Ecohydrology, 7(3):982-997.

Cahill A, Parlange M. 1998. On water vapor transport in field soils. Water Resource Research. 34:731-739.

Cawsey E, Austin M, Baker B L. 2002. Regional vegetation mapping in Australia: a case study in the practical use of statistical modelling. Biodiversity & Conservation, 11:2239-2274.

Celia M A, Bouloutas E T, Zarba R L. 1990. A general mass-conservative numerical solution for the unsaturated flow equation. Water Resources Research, 26(7):1483-1496.

Chen S, Liu W, Qin X, et al. 2012. Response characteristics of vegetation and soil environment to permafrost degradation in the upstream regions of the Shule River Basin. Environmental Research Letters, 7(4):189-190.

Cheng G, Jin H. 2013. Permafrost and groundwater on the Qinghai-Tibet Plateau and in northeast China. Hydrogeology Journal. 21(1):5-23.

Cheng G, Wu T. 2007. Responses of permafrost to climate change and their environmental significance, Qinghai-Tibet Plateau. Journal of Geophysical Research, 112(F2):1-10.

Chow V T. 1959. Open-channel hydraulics. New York: McGraw-Hill.

Clapp R B, Hornberger G M. 1978. Empirical Equations for Some Soil Hydraulic-Properties. Water Resources Research, 14(4):601-604.

Clevers J. 1986. The application of a vegetation index in correcting the infrared reflectance for soil background. Remote sensing for ressources development and environmental management. International symposium, 7: 221-226.

Cline D, Elder K, Bales R. 1998a. Scale effects in a distributed snow water equivalence and snowmelt model for mountain basins. Hydrological Processes, 12(10-11):1527-1536.

Cline D W, Bales R C, Dozier J. 1998b. Estimating the spatial distribution of snow in mountain basins using remote sensing and energy balance modeling. Water Resources Research, 34(5):1275-1285.

Cohen W B, Goward S N. 2004. Landsat's role in ecological applications of remote sensing. Bioscience, 54: 535-545.

Collatz G J, Ball J T, Grivet C, et al. 1991. Physiological and environmental regulation of stomatal conductance, photosynthesis and transpiration: a model that includes a laminar boundary layer. Agricultural and Forest Meteorology, 54(2-4):107-136.

Collatz G J, Ribas-Carbo M, Berry J A. 1992. Coupled photosynthesis-stomatal conductance model for leaves of C4 plants. Functional Plant Biology, 19(5):519-538.

Cong N, Wang T, Nan H, et al. 2013. Changes in satellite-derived spring vegetation green-up date and its linkage to climate in China from 1982 to 2010: a multimethod analysis. Global Change Biology, 19:881-891.

Corbane C, Lang S, Pipkins K, et al. 2015. Remote sensing for mapping natural habitats and their conservation status-New opportunities and challenges. International Journal of Applied Earth Observation and Geoinformation, 37:7-16.

Corcoran J M, Knight J F, Gallant A L. 2013. Influence of Multi-Source and Multi-Temporal Remotely Sensed and Ancillary Data on the Accuracy of Random Forest Classification of Wetlands in Northern Minnesota. Remote Sensing, 5:3212-3238.

Cortes C, Vapnik V. 1995. Support-vector networks. Machine learning, 20:273-297.

Crawford N H, Linsley R K. 1966. Digital simulation in hydrology: the Stanford Watershed Simulation Model IV: Technical Report no. 39. Stanford: Department of Civil Engineering, Stanford University.

Crist E P, Laurin R, Cicone R C. 1986. Vegetation and soils information contained in transformed Thematic Mapper data. Proceedings of IGARSS'86 Symposium. Paris: European Space Agency Publications Division.

Csiszar I, Gutman G. 1999. Mapping global land surface albedo from NOAA AVHRR. Journal of Geophysical Research: Atmospheres, 104(D6):6215-6228.

Cuo L, Zhang Y, Bohn T J, et al. 2015. Frozen soil degradation and its effects on surface hydrology in the northern Tibetan Plateau. Journal of Geophysical Research: Atmospheres, 120(16):8276-8298.

Cutler D R, Edwards T C, Beard K H, et al. 2007. Random forests for classification in ecology. Ecology, 88: 2783-2792.

Daly C, Neilson R P, Phillips D L. 1994. A statistical-topographic model for mapping climatological precipitation over mountain terrain. Journal of Applied Meteorology, 33:140-158.

De Vries D. 1963. Thermal properties of soils. Physics of plant environment, 1:57-109.

Dery S J, Sheffield J, Wood E F. 2005. Connectivity between Eurasian snow cover extent and Canadian snow water equivalent and river discharge. Journal of Geophysical Research-Atmospheres, 110(D23106):1-14.

Dewalle D R, Rango A, Dewalle D R, et al. 2008. Principles of Snow Hydrology. Cambridge: Cambridge University Press.

Dickinson R E. 1983. Land surface processes and climate-Surface albedos and energy balance. Advances in Geophysics, 25:305-353.

Dickinson R, Kennedy P, Henderson-Sellers A. 1993. Biosphere-atmosphere transfer scheme(BATS) version 1e as coupled to the NCAR community climate model. NCAR/TN-387+STR. Boulder, USA: National Center for Atmospheric Research, Climate and Global Dynamics Division.

Dobrowski S Z, Safford H D, Cheng Y B, et al. 2008. Mapping mountain vegetation using species distribution modeling, image-based texture analysis, and object-based classification. Applied Vegetation Science, 11: 499-508.

Domaç A, Süzen M. 2006. Integration of environmental variables with satellite images in regional scale vegetation classification. International journal of remote sensing, 27:1329-1350.

Donald J R, Soulis E D, Kouwen N, et al. 1995. A land cover-based snow cover representation for distributed hydrologic-models. Water Resources Research, 31:995-1009.

Du J, He Z, Yang J, et al. 2014. Detecting the effects of climate change on canopy phenology in coniferous forests in semi-arid mountain regions of China. International journal of remote sensing, 35:6490-6507.

Egbert D D. 1977. A Practical Method for Correcting Bidirectional Reflectance Variation. Proc. Machine

Processing Remotely Sensed Data Symposium, West Lafayette: Purdue University.

Egbert D. 1976. Determination of the Optical Bidirectional Reflectance from Shadowing Parameters. Manhattan: Ph. D. Dissertation, Univ. of Kansas.

Essery R, Li L, Pomeroy J. 1999. A distributed model of blowing snow over complex terrain. Hydrological processes, 13(14-15): 2423-2438.

Essery R, Pomeroy J. 2004. Implications of spatial distributions of snow mass and melt rate for snow-cover depletion: theoretical consideration. Annals of Glaciology, 38: 261-265.

Essery R. 2001. Spatial statistics of windflow and blowing-snow fluxes over complex topography. Boundary-layer Meteorology, 100(1): 131-147.

Faber-Langendoen D, Keeler-Wolf T, Meidinger D, et al. 2014. EcoVeg: a new approach to vegetation description and classification. Ecological monographs, 84: 533-561.

FAO-Unesco. 1989. FAO/Unesco Soil Map of the World. Revised Legend. World Resources Report 60, Reprinted as Technical Paper 20, ISRIC, Wageningen. Rome: FAO.

Farouki O. 1981. The thermal properties of soils in cold regions. Cold Regions Science and Technology, 5(1): 67-75.

Farquhar G D, Von C S, Berry J A. 1980. A biochemical model of photosynthetic CO_2 assimilation in leaves of C3 species. Planta, 149: 78-90.

Finsterwalder S, Schunk H. 1887. Der Suldenferner. Zeitschrift des Deutschen und Oesterreichischen Alpenvereins, 18: 72-89.

Flanner M G, Zender C S, Randerson J T, et al. 2007. Present-day climate forcing and response from black carbon in snow. Journal of Geophysical Research-Atmospheres, 112(D11202): 1-17.

Flanner M G, Zender C S. 2005. Snowpack radiative heating: Influence on Tibetan Plateau climate. Geophysical Research Letters. , 32(06501): 1-5.

Flerchinger G, Saxton K. 1989. Simultaneous heat and water model of a freezing snow-residue-soil system I. Theory and development. Trans. ASAE, 32(2): 565-571.

Flerchinger G, Saxton K. 1989. Simultaneous heat and water model of a freezing snow-residue-soil system. II. Field verification. Trans. ASAE, 32(2): 573-578.

Foley J A. 1995. An equilibrium model of the terrestrial carbon budget. Tellus B: Chemical and Physical Meteorology, 47(3): 310-319.

Foster J R, D'Amato A W. 2015. Montane forest ecotones moved downslope in northeastern US in spite of warming between 1984 and 2011. Global Change Biology, 21(12): 4497-4507.

Fowler H J, Blenkinsop S, Tebaldi C. 2007. Linking climate change modelling to impacts studies: recent advances in downscaling techniques for hydrological modelling. International Journal of Climatology, 27(12): 1547-1578.

Franklin J. 1995. Predictive vegetation mapping: Geographic modelling of biospatial patterns in relation to environmental gradients. Ecological monographs, 19: 474-499.

Franklin J. 2010. Mapping Species Distributions: Spatial Inference and Prediction. New York: Cambridge University Press.

Frauenfeld O W, Zhang T J. 2011. An observational 71-year history of seasonally frozen ground changes in the Eurasian high latitudes. Environmental Research Letters 6(044024): 1-8.

Freeze R A, Harlan R L. 1969. Blueprint for a physically-based, digitally-simulated hydrologic response model. Journal of Hydrology, 9(3): 237-258.

Fu Y S, Zhao H F, Piao S L, et al. 2015. Declining global warming effects on the phenology of spring leaf unfolding. Nature, 526:104-207.

Gao B, Qin Y, Wang Y H, et al. 2016. Modeling Ecohydrological Processes and Spatial Patterns in the Upper Heihe Basin in China. Forests, 7:21-30.

Gao B, Yang D, Qin Y, et al. 2018. Change in frozen soils and its effect on regional hydrology, upper Heihe basin, northeastern Qinghai-Tibetan Plateau. The Cryosphere, 12(2):657-673.

Gardner A S, Moholdt G, Cogley J G, et al. 2013. A reconciled estimate of glacier contributions to sea level rise: 2003 to 2009. Science, 340(6134):852-857.

Gascoin S, Ducharne A, Ribstein P, et al. 2009. Sensitivity of bare soil albedo to surface soil moisture on the moraine of the Zongo glacier(Bolivia). Geophysical Research Letters, 36(2):24051-24055.

Gaston K J. 2000. Global patterns in biodiversity. Nature, 405(6783):220-227.

Ge Q S, Wang H J, Rutishauser T, et al. 2015. Phenological response to climate change in China: a meta-analysis. Global Change Biology, 21:265-274.

Giesen R H, Oerlemans J. 2013. Climate-model induced differences in the 21st century global and regional glacier contributions to sea-level rise. Climate Dynamics, 41(11-12):3283-3300.

Gislason P O, Benediktsson J A, Sveinsson J R. 2006. Random Forests for land cover classification. Pattern Recognition Letters, 27:294-300.

Goel N. 1988. Models of vegetation canopy reflectance and their use in estimation of biophysical parameters from reflectance data. Remote Sensing Reviews, 4(1):1-212.

Grenfell T C, Warren S G. 1999. Representation of a nonspherical ice particle by a collection of independent spheres for scattering and absorption of radiation. Journal of Geophysical Research-Atmospheres, 104(D24):31697-31709.

Guan X D, Huang J P, Guo N, et al. 2009. Variability of soil moisture and its relationship with surface albedo and soil thermal parameters over the Loess Plateau. Advances in Atmospheric Sciences, 26(4):692-700.

Hamed K H. 2008. Trend detection in hydrologic data: The Mann-Kendall trend test under the scaling hypothesis. Journal of Hydrology, 349:350-363.

Harlan R. 1973. Analysis of coupled heat-fluid transport in partially frozen soil. Water Resources Research, 9(5):1314-1323.

Hastie T, Tibshirani R, Friedman J, et al. 2003. The elements of statistical learning. Technometrics, 45(3):267-268.

He Z B, Du J, Zhao W Z, Yang J J, et al. 2015. Assessing temperature sensitivity of subalpine shrub phenology in semi-arid mountain regions of China. Agricultural and Forest Meteorology, 213:42-52.

He Z B, Zhao W Z, Liu H, et al. 2012. Effect of forest on annual water yield in the mountains of an arid inland river basin: a case study in the Pailugou catchment on northwestern China's Qilian Mountains. Hydrological Process, 26(4):613-621.

Henderson T C, Grant E, Luthy K, et al. 2004. Snow monitoring with sensor networks. Lcn 2004:29th Annual Ieee International Conference on Local Computer Networks, Proceedings:558-559.

Henderson-Sellers A, Wilson M. 1983. Surface albedo for climate modeling. Reviews of Geophysics, 21:1743-1778.

Hijmans R J, Cameron S E, Parra J L, et al. 2005 Very high resolution interpolated climate surfaces for global land areas. International Journal of Climatology, 25:1965-1978.

Hirota T, Pomeroy J W, Granger R J, et al. 2002. An extension of the force- restore method to estimating soil temperature at depth and evaluation for frozen soils under snow. Journal of Geophysical Research- Atmospheres 107(D24) :1-10.

Hock R, Bliss A, Marzeion B, et al. 2019. GlacierMIP- A model intercomparison of global- scale glacier mass- balance models and projections. Journal of Glaciology, 65(251) :453-467.

Hock R. 2005. Glacier melt: a review of processes and their modelling. Progress in Physical Geography, 29(3) : 362-391.

Holdridge L R. 1947. Determination of World Plant Formations from Simple Climatic Data. Science, 105: 367-368.

Hong J, Kim J. 2008. Simulation of surface radiation balance on the Tibetan Plateau. Geophysical Research Letters, 35(08814) :1-5.

Hou Y T, Moorthi S, Campana K. 2002. Parameterization of solar radiation transfer in the NCEP models. NCEP Office Note 441. Camp Sprins: US Department of Commerce National Oceanic and Atmospheric Administration.

Huete A, Didan K, Miura T, et al. 2002. Overview of the radiometric and biophysical performance of the MODIS vegetation indices. Remote Sensing of Environment, 83 :195-213.

Huete A. 1988. A soil- adjusted vegetation index SAVI. Remote Sensing of Environment, 25 :295-309.

Huss M, Hock R. 2015. A new model for global glacier change and sea- level rise. Frontiers in Earth Science, 3(54) :1-22.

Huss M, Hock R. 2018. Global- scale hydrological response to future glacier mass loss. Nature Climate Change, 8(2) :135-140.

Idso S, Jackson R, Reginato R, et al. 1975. The dependence of bare soil albedo on soil water content. Journal of Applied Meteorology and Climatology. 14 :109-113.

Iijima Y, Ohta T, Kotani A, et al. 2014. Sap flow changes in relation to permafrost degradation under increasing precipitation in an eastern Siberian larch forest. Ecohydrology, 7(2) :177-187.

Immerzeel W W, Rutten M M, Droogers P. 2009. Spatial downscaling of TRMM precipitation using vegetative response on the Iberian Peninsula. Remote Sensing of Environment, 113(2) :362-370.

Immerzeel W W, Van Beek L P H, Bierkens M F P. 2010. Climate change will affect the Asian Water Towers. Science, 328(5984) :1382-1385.

Jackson R, Reginato R, Kimball B, et al. 1974. Diurnal soil- water evaporation: comparison of measured and calculated soil- water fluxes. Soil Sci. Soc. Am. J. , 38 :861-866.

Jackson R. 1973. Diurnal changes in soil water content during drying. In: Bruce, R. R. et al. (Eds.) , Field Soil Water Regime. Special Pub. 5, Soil Sci. Soc. Am. Proc. :37-55.

Jeelani G, Feddema J J, Van der Veen C J, et al. 2012. Role of snow and glacier melt in controlling river hydrology in Liddar watershed (western Himalaya) under current and future climate. Water Resources. Research, 48(12058) :1-16.

Jia S, Zhu W, Lü A, et al. 2011. A Statistical Spatial Downscaling Algorithm of TRMM Precipitation Based On NDVI and DEM in the Qaidam Basin of China. Remote Sensing of Environment, 115(12) :3069-3079.

Jin H, He R, Cheng G, et al. 2009. Changes in frozen ground in the Source Area of the Yellow River on the Qinghai-Tibet Plateau, China, and their eco- environmental impacts. Environmental Research Letters, 4 (4) : 549-567.

Jin H, Luo D, Wang S, et al. 2011. Spatiotemporal variability of permafrost degradation on the Qinghai- Tibet

Plateau. Sciences in Cold and Arid Regions. 3(4):281-305.

Jin R, Li X. 2009. Improving the estimation of hydrothermal state variables in the active layer of frozen ground by assimilating in situ observations and SSM/I data. Science in China Series D: Earth Sciences, 52 (11): 1732-1745.

Jin Z, Zhuang Q, He J, et al. 2013. Phenology shift from 1989 to 2008 on the Tibetan Plateau: an analysis with a process-based soil physical model and remote sensing data. Climatic Change, 119:435-449.

Johansen B E, Karlsen S R, Tømmervik H. 2012. Vegetation mapping of Svalbard utilising Landsat TM/ETM+ data. Polar Record 48:47-63.

Johansen O. 1977. Thermal conductivity of soils. Washington D. C. : DTIC Document.

Jolly W M, Nemani R, Running S W. 2005. A generalized, bioclimatic index to predict foliar phenology in response to climate. Global Change Biology, 11:619-632.

Jonsson P, Eklundh L. 2004. TIMESAT- a program for analyzing time-series of satellite sensor data. Comput. Geosci-uk, 30:833-845.

Jordan R. 1991. A one-dimensional temperature model for a snow cover: Technical documentation for SNTHERM. 89. Portland: U. S. Army Cold Regions Research and Engineering Laboratory.

Julitta T, Cremonese E, Migliavacca M, et al. 2014. Using digital camera images to analyse snowmelt and phenology of a subalpine grassland. Agricultural and Forest Meteorology 198:116-125.

Kala J, Evans J, Pitman A, et al. 2014. Implementation of a soil albedo scheme in the CABLEv1. 4b land surface model and evaluation against MODIS estimates over Australia. Geoscientific Model Development, 7 (5): 2121-2140.

Kalnay E, Kanamitsu M, Kistler R, et al. 1996. The Ncep/Ncar 40- Year Reanalysis Project. Bulletin of the American Meteorological Society, 77(3):437-472.

Kane D L, Hinzman L D, Benson C S, et al. 1991. Snow hydrology of a headwater Arctic basin:1. Physical measurements and process studies. Water Resources Research, 27(6):1099-1109.

Kaufman Y J, Tanre D 1992. Atmospherically resistant vegetation index arvi for eos-modis. IEEE Geoscience and Remote Sensing Letters, 30:261-270.

Kavvas M L. 1999. On the coarse-graining of hydrologic processes with increasing scales. Journal of Hydrology, 217(3-4):191-202.

Kay B, Fukuda M, Izuta H, et al. 1981. The importance of water migration in the measurement of the thermal conductivity of unsaturated frozen soils. Cold Regions Science and Technology, 5(2):95-106.

Keenan T F, Richardson A D. 2015. The timing of autumn senescence is affected by the timing of spring phenology: implications for predictive models. Global Change Biology. 21:2634-2641.

Kind R J. 1992. One-dimensional aeolian suspension above beds of loose particles—A new concentration-profile equation. Atmospheric Environment. Part A. General Topics, 26(5):927-931.

Kira T. 1991. Forest ecosystems of east and southeast Asia in a global perspective. Ecological Research, 6: 185-200.

Klene A, Nelson F, Shiklomanov N, et al. 2001. The n-factor in natural landscapes: variability of air and soil-surface temperatures, Kuparuk River Basin, Alaska, USA. Arctic, Antarctic, and Alpine Research, 33 (2): 140-148.

Kutilek M. 2004. Soil hydraulic properties as related to soil structure. Soil and Tillage Research, 79:175-184.

Kuzmin A I, Shaffer G V, Shaffer Y G, et al. 1960. Materials of complex Geophysical observations in Yakutsk for

July 1959.

Küchler A,Zonneveld I S. 1988. Vegetation mapping. Handbook of vegetation science, vol. 10. Dordrecht, The Netherlands: Kluwer.

Landis J R, Koch G G. 1977. The measurement of observer agreement for categorical data. Paris: L'Institut Géographique National.

Landmann T, Piiroinen R, Makori D M, et al. 2015. Application of hyperspectral remote sensing for flower mapping in African savannas. Remote sensing of environment, 166: 50-60.

Lara B, Gandini M. 2016. Assessing the performance of smoothing functions to estimate land surface phenology on temperate grassland. International Journal of Remote Sensing, 37: 1801-1813.

Larcher W. 1995. Physiological Plant Ecology. Heidelberg: Springer-Verlag.

Lawrence D M, Koven C D, Swenson S C, et al. 2015. Permafrost thaw and resulting soil moisture changes regulate projected high-latitude CO_2 and CH_4 emissions. Environmental Research Letters, 10(9): (094011)1-26.

Lehning M, Völksch I, Gustafsson D, et al. 2006. ALPINE3D: a detailed model of mountain surface processes and its application to snow hydrology. Hydrological Processes: An International Journal, 20(10): 2111-2128.

Lemke P, Ren J, Alley R B, et al. 2007. Observations: Changes in Snow, Ice and Frozen Ground // IPCC. Climate Change 2007: The Physical Science Basis, Contribution of Working Group I to the Fourth Assessment Report of the Intergovernmental Panel on Climate Change. Cambridge, UK: Cambridge University Press.

Levis S, Wiedinmyer C, Bonan G B, et al. 2003. Simulating biogenic volatile organic compound emissions in the Community Climate System Model. Journal of Geophysical Research, 108(D21): 1-22.

Li H, He Y, Hao X, et al. 2015. Downscaling snow cover fraction data in mountainous regions based on simulated inhomogeneous snow ablation. Remote Sensing, 7(7): 8995-9019.

Li J Z, Liu Y M, Mo C H, et al. 2016. IKONOS Image-Based Extraction of the Distribution Area of Stellera chamaejasme L. in Qilian County of Qinghai Province, China. Remote Sensing, 8: 148.

Li L, Pomeroy J W. 1997a. Estimates of threshold wind speeds for snow transport using meteorological data. Journal of Applied Meteorology, 36(3): 205-213.

Li L, Pomeroy J W. 1997b. Probability of occurrence of blowing snow. Journal of Geophysical Research-atmospheres, 102(D18): 21955-21964.

Li X, Strahler A. 1985. Geometrical-Optical Modeling of a Conifer Forest Canopy. IEEE Transactions on Geoscience and Remote Sensing, GE-23: 705-721.

Li Xin, Cheng Guodong, Ge Yingchun, et al. 2018. Hydrological cycle in the Heihe River Basin and its implication for water resource management in endorheic basins. Journal of Geophysical Research: Atmospheres, 123(2): 890-914.

Li Z, Garand L. 1994. Estimation of surface albedo from space: parameterization for global application. Journal of Geophysical Research, 99: 8335-8350.

Liang S. 2007. Recent developments in estimating land surface biogeophysical variables from optical remote sensing. Progress in Physical Geography, 31: 501-516.

Liang X, Xu M, Gao W, et al. 2005. Development of land surface albedo parameterization based on Moderate Resolution Imaging Spectroradiometer (MODIS) data. Journal of Geophysical Research: Atmospheres. 110(D11107): 1-22.

Liang X, Lettenmaier D P, Wood E F, et al. 1994. A simple hydrologically based model of land surface water and energy fluxes for general circulation models. Journal of Geophysical Research, 99: 14415-14428.

Liston G E, Elder K. 2006. A distributed snow- evolution modeling system (SnowModel). Journal of Hydrometeorology,7(6):1259-1276.

Liston G E, Sturm M. 1998. A snow- transport model for complex terrain. Journal of Glaciology,44(148): 498-516.

Liston G. E. 2004. Representing subgrid snow cover heterogeneities in regional and global models. Journal of Climate,17(6):1381-1397.

Liu S,Guo W,Xu J,et al. 2014. The Second Glacier Inventory Dataset of China(Version 1. 0). Lanzhou:Cold and Arid Regions Science Data Center at Lanzhou.

Liu W,Baret F,Gu X,et al. 2002. Relating soil surface moisture to reflectance. Remote Sensing of Environment, 81:238-246.

Lloyd J,Taylor J A. 1994. On the temperature dependence of soil respiration. Functional ecology,8(3):315-323.

Lobell D, Asner P. 2002. Moisture effects on soil reflectance. Soil Science Society of America Journal,66: 722-727.

Loë R D,Kreutzwiser R,Moraru L. 2001. Adaptation options for the near term:climate change and the Canadian water sector. Global Environmental Change,11(3):231-245.

Luce C H,Tarboton D G,Cooley K R. 1999. Sub-grid parameterization of snow distribution for an energy and mass balance snow cover model. Hydrological Processes,13:1921-1933.

Luce C H,Tarboton D G. 2004. The application of depletion curves for parameterization of subgrid variability of snow. Hydrological Processes,18:1409-1422.

Lundberg A,Koivusalo H. 2003. Estimating winter evaporation in boreal forests with operational snow course data. Hydrological Processes,17(8):1479-1493.

Lundquist J D,Lott F. 2008. Using inexpensive temperature sensors to monitor the duration and heterogeneity of snow-covered areas. http://www. agu. org/pubs/crossref/2008/2008WR007035. shtml[2019-7-15].

LutzA F,Immerzeel W W,Shrestha A B,et al. 2014. Consistent increase in High Asia's runoff due to increasing glacier melt and precipitation. Nature Climate Change,4(7):587-592.

MarcelG,Feike J. 1998. Using neural networks to predictsoil water retention and soil hydraulic conductivity. Soil & Tillage Research. ,47:37-42.

Mark A F, Dickinson K J M, Hofstede R G M. 2000. Alpine vegetation, plant distribution, life forms, and environments in a perhumid New Zealand region:Oceanic and tropical high mountain affinities. Arctic antarctic and alpine research,32:240-254.

Marsett RC, Qi J, Heilman P, et al. 2006. Remote sensing for grassland management in the arid Southwest. Rangeland Ecology & Management,59:530-540.

Martinec J,Rango A. 1999. Snowmelt runoff conceptualization based on tracer and satellite data. Remote Sensing and New Hydrometric Techniques,258:47-55.

Martinec J. 1980. Analysis of hydrological recession curves- a comment. Journal of Hydrology,48:373.

Martinec J. 1982. Runoff modeling from snow covered area. Ieee Transactions on Geoscience and Remote Sensing, 20:259-262.

Martinec J. 1982. Runoff modelling from snow covered area. Ieee Transactions on Geoscience and Remote Sensing,20:259-262.

Maussion F, Butenko A, Champollion N, et al. 2019. The Open Global Glacier Model (OGGM) v1. 1. Geoscientific Model Development,12(3):909-931.

Meiman J R. 1968. Snow accumulation related to elevation, aspect and forest canopy. Snow Hydrology: Proceedings of a Workshop Seminar: 35-47.

Molion L. 1987. Micrometeorology of an Amazonian rain forest // Dickinson R E. 1987. The Geophysiology of Amazonia: Vegetation and Climate Interactions. New York: Wiley-Interscience.

Molotch N P, Margulis S A. 2008. Estimating the distribution of snow water equivalent using remotely sensed snow cover data and a spatially distributed snowmelt model: A multi-resolution, multi-sensor comparison. Advances in Water Resources, 31(11): 1503-1514.

Mualem Y. 1976. New model predicting hydraulic conductivity of unsaturated porous-media. Water Resources Research, 12(3): 513-522.

Muller E, and Décamps H. 2001. Modeling soil moisture- reflectance. Remote Sensing of Environment, 76: 173-180.

Nachtergaele F, Van Velthuizen H, Verelst L, et al. 2009. Harmonized world soil database. Wageningen: ISRIC.

Namgail T, Rawat G S, Mishra C, et al. 2012. Biomass and diversity of dry alpine plant communities along altitudinal gradients in the Himalayas. Journal of Plant Research, 125(1): 93-101.

NataliS M, Schuur E A G, Mauritz M, et al. 2015. Permafrost thaw and resulting soil moisture changes regulate projected high-latitude CO_2 and CH_4 emissions. Jornual of Geophsical Research, 120(3): 525-537.

Neilson RvP, King GvA, Koerper G. 1992. Toward a rule-based biome model. Landscape Ecology, 7: 27-43.

Neumann T A, Albert M R, Lomonaco R, et al. 2008. Experimental determination of snow sublimation rate and stable-isotopic exchange. Annals of Glaciology, 49(1): 1-6.

New M, Hulme M, Jones P. 2000. Representing Twentieth- Century Space- Time Climate Variability. Part II: Development of 1901-96 Monthly Grids of Terrestrial Surface Climate. Journal of Climate, 13(13): 2217-2238.

Newell C L, Leathwick J R. 2005. Mapping Hurunui forest community distribution, using computer models. Washington D. C.: Department of Conservation.

Novak M. 2010. Dynamics of the near-surface evaporation zone and corresponding effects on the surface energy balance of a drying bare soil. Agricultural and Forest Meteorology, 150: 1358-1365.

Novak M. 1981. The moisture and thermal regimes of bare soil in the Lower Fraser Valley during spring. Vancouver: University of British Columbia.

Oberman N G. 2008. Contemporary permafrost degradation of northern European Russia // Kane D L, Hinkel K M. Proceedings of the 9th International Conference on Permafrost. Fairbanks, Alaska: University of Alaska Fairbanks, 2: 1305-1310.

Oerlemans J, Knap W H. 1998. A 1 year record of global radiation and albedo in the ablation zone of Morter-atschgletscher, Switzerland. Journal of Glaciology, 44(147): 231-238.

Ohara N, Kavvas M L, Chen Z Q. 2008. Stochastic upscaling for snow accumulation and melt processes with PDF approach. Journal of Hydrologic Engineering, 13(12): 1103-1118.

Ohmann J L, Gregory M J, Roberts H M. 2014. Scale considerations for integrating forest inventory plot data and satellite image data for regional forest mapping. Remote sensing of environment, 151: 3-15.

Oikawa T, Saeki T. 1977. Light Regime in Relation to Plant Population Geometry. I. A Monte Carlo Simulation of Light Microclimates within a Random Distribution Foliage. Bot. Mag. Tokyo, 90: 1-10.

Oke O A, Thompson K A. 2015. Distribution models for mountain plant species: The value of elevation. Ecological Modelling, 301: 72-77.

Oleson K, Lawrence D, Gordon B, et al. 2010. Technical description of version 4. 0 of the Community Land Model

（CLM）. NCAR Technical Note NCAR/TN 478+STR. Boulder:The National Center for Atmospheric Research
（NCAR）.

Osborne T M,Lawrence D M,Slingo J M,et al. 2004. Influence of vegetation on the local climate and hydrology in
the tropics:sensitivity to soil parameters. Climate Dynamics,23(1):45-61.

Osterkamp T E. 2007. Characteristics of the recent warming of permafrost in Alaska. Journal of Geophysical
Research,112(F02S02):1-10.

Otterman J. 1984. Albedo of a Forest Modeled as a Plane Dense Protrusions. Journal of Applied Meteorology and
Climatology,23:297-307.

Otterman J. 1985. Bidirectional and Hemispheric Reflectivities of a Bright Soil Plane and a Sparse Dark Canopy.
International Journal of Remote Sensing,6:897-902.

Pavlov A V. 1994. Current changes of climate and permafrost in the arctic and sub-arctic of Russia. Permafrost
and Periglacial Processes,5(2):101-110.

Pearson R L,Miller L D. 1972. Remote mapping of standing crop biomass for estimation of the productivity of the
shortgrass prairie. Remote Sensing of Environment. Ann Arbor,Michigan:Environmental Research Institute of
Michigan.

Pedrotti F. 2013. Plant and Vegetation Mapping. Berlin:Springer Science & Business Media.

Pelletier J D,Broxton P D,Hazenberg P,et al. 2016. A gridded global data set of soil,intact regolith,and
sedimentary deposit thicknesses for regional and global land surface modeling. Journal of Advances in Modeling
Earth Systems,8(1):41-65.

Peng X,Zhang T,Cao B,et al. 2016. Changes in freezing-thawing index and soil freeze depth over the Heihe River
Basin,western China. Arctic,Antarctic,and Alpine Research,48(1):161-176.

Peng S Z,Zhao C Y,Xu Z L. 2015. Modeling stem volume growth of Qinghai spruce（*Picea crassifolia* Kom.）in
Qilian Mountains of Northwest China. Scandinavian Journal of Forest Research,30(5):449-457.

Piao S L,Tan J G,Chen A P,et al. 2015. Leaf onset in the northern hemisphere triggered by daytime temperature.
Nature communications,6:6911-6918.

Piao S,Cui M,Chen A,et al. 2011. Altitude and temperature dependence of change in the spring vegetation green-
up date from 1982 to 2006 in the Qinghai-Xizang Plateau. Agricultural and Forest Meteorology,151:1599-1608.

Pomeroy J W, Gray D M, Landine P G. 1993. The prairie blowing snow model:characteristics, validation,
operation,144(1-4):165-192.

Pomeroy J W,Gray D M,Shook K R,et al. 2015. An evaluation of snow accumulation and ablation processes for
land surface modelling. Hydrological Processes,12(15):2339-2367.

Pomeroy J W, Gray D M, Shook K R. 1998. An evaluation of snow processes for land surface modelling.
Hydrological Processes,12(15):2339-2367.

Pomeroy J W, Marsh P, Gray D M. 1997. Application of a distributed blowing snow model to the Arctic.
Hydrological Processes,11(11):1451-1464.

Pomeroy J,Essery R,Toth B. 2004. Implications of spatial distributions of snow mass and melt rate for snow-cover
depletion:observations in a subarctic mountain catchment. Annals of Glaciology,38:195-201.

Pomeroy J W. 1988. wind transport of snow. Agriculture Engineering. Saskatoon:University of Saskatchewan.

Post D,Fimbres A,Matthias A,et al. 2000. Predicting soil albedo from soil color and spectral reflectance data. Soil
Science Society of America Journal,64:1027-1034.

Prentice I C, Cramer W, Harrison S P, et al. 1992. a global biome model based on plant physiology and dominance, soil properties and climate. Journal of Biogeography, 19:117-134.

Price K P, Guo X, Stiles J M. 2002. Optimal Landsat TM band combinations and vegetation indices for discrimination of six grassland types in eastern Kansas. International Journal of Remote Sensing, 23:5031-5042.

Qiu J. 2012. Thawing permafrost reduces river runoff. Nature. DOI:10. 1038/nature. 9749.

Radic V, Hock R. 2010. Regional and global volumes of glaciers derived from statistical upscaling of glacier inventory data. Journal of Geophysical Research: Earth Surface, 115 (F01010):1-10.

Radic V, Hock R. 2014. Glaciers in the Earth's hydrological cycle: assessments of glacier mass and runoff changes on global and regional scales. Surveys in Geophysics, 35(3):813-837.

Rango A, Martinec J, Chang A T C, et al. 1989. Average areal water equivalent of snow in a mountain basin using microwave and visible satellite data. IEEE Transactions on Geoscience and Remote Sensing, 27(6):0-745.

Richardson A D, Anderson R S, Arain M A, et al. 2012. Terrestrial biosphere models need better representation of vegetation phenology: results from the North American Carbon Program Site Synthesis. Global Change Biology, 18:566-584.

Richardson A D, Keenan T F, Migliavacca M, et al. 2013. Climate change, phenology, and phenological control of vegetation feedbacks to the climate system. Agricultural and Forest Meteorology, 169:156-173.

Riseborough D, Shiklomanov N, Etzelmuller B, et al. 2008. Recent advances in permafrost modelling. Permafrost and Periglacial Processes, 19(2):137-156.

Roesch A, Schaaf C, Gao F. 2004. Use of moderate-resolution imaging Spectroradiometer bidirectional reflectance distribution function products to enhance simulated surface albedos. Journal of Geophysical Research: Atmospheres, 109(D12105):1-10.

Romanovsky V E, Smith S L, Christiansen H H. 2010. Permafrost thermal state in the polar Northern Hemisphere during the international polar year 2007—2009: a synthesis. Permafrost and Periglacial Processes, 21 (2): 106-116.

Rondeaux G, Steven M, Baret F. 1996. Optimization of soil-adjusted vegetation indices. Remote sensing of environment, 55:95-107.

Rose C. 1968a. Water transport in soil with a daily temperature wave I. theory and experiment. Australian Journal of Soil Research, 6:31-44.

Rose C. 1968b. Water transport in soil with a daily temperature wave II. analysis. Australian Journal of Soil Research, 6:45-57.

Ross J, and Marshak A. 1988. Calculation of canopy bidirectional reflectance using the Monte Carlo method. Remote Sensing of Environment, 24(2):213-225.

Rouse J W. 1974. Monitoring the vernal advancement and retrogradation green wave effect of natural vegetation. NASA/GSF Type II Progress Report. Greenbelt Maryland: Goddard Space Flight Center.

Ryan M G. 1991. Effects of climate change on plant respiration. Ecological Applications, 1(2):157-167.

Salomonson V V, Appel I. 2004. Estimating fractional snow cover from MODIS using the normalized difference snow index. Remote Sensing of Environment, 89(3):351-360.

Samelson D, Wilks D S. 1993. A simple method for specifying snowpack water equivalent in the Northeastern United-States. Journal of Applied Meteorology, 32:965-974.

Satterlund D R, Haupt H F. 1967. Snow catch by contier crowns. Water Resources Research, 3(4):1035-1039.

Schaaf, C, Gao F, Strahler A, et al. 2002. First operational BRDF, albedo nadir reflectance products from MODIS. Remote Sensing of Environment, 83:135-148.

Schmidt R A, Pomeroy J W. 2011. Bending of a conifer branch at subfreezing temperatures: Implications for Snow Interception. Canadian Journal of Forest Research, 20(8): 1251-1253.

Schmidt R A. 1986. Transport rate of drifting snow and the mean wind speed profile. Boundary- Layer Meteorology, 34(3): 213-241.

Seidel K, Martinec J. 2004. Remote sensing in snow hydrology: runoff modelling, effect of climate change. Springer- Verlag: Berlin Heidelberg New- York.

Seidou O, Fortin V, St- Hilaire A, et al. 2006. Estimating the snow water equivalent on the Gatineau catchment using hierarchical Bayesian modelling. Hydrological Processes, 20: 839-855.

Sellers P J, Berry J A, Collatz, et al. 1992. Canopy reflectance, photosynthesis, and transpiration. III. A reanalysis using improved leaf models and a new canopy integration scheme. Remote Sensing of Environment, 42(3): 187-216.

Sellers P. 1985. Canopy reflectance, photosynthesis and transpiration. International Journal of Remote Sensing, 6: 1335-1372.

Sellers P. 1993. Remote sensing of land surface climatology change, NASA/GSFC International Satellite Land Surface Climatology Project report. Greenbelt: NASA Goddard Space Flight Cent.

Sesnie S E, Gessler P E, Finegan B, et al. 2008. Integrating Landsat TM and SRTM- DEM derived variables with decision trees for habitat classification and change detection in complex neotropical environments. Remote sensing of environment, 112: 2145-2159.

Shangguan W, Dai Y, Liu B, et al. 2013. A China data set of soil properties for land surface modeling. Journal of Advances in Modeling Earth Systems, 5(2): 212-224.

Shen C, Riley W J, Smithgall K R, et al. 2016. The fan of influence of streams and channel feedbacks to simulated land surface water and carbon dynamics. Water Resources Research, 52(2): 880-902.

Shen M G, Piao S L, Dorji T, et al. 2015. Plant phenological responses to climate change on the Tibetan Plateau: research status and challenges. National Science Review, 2: 454-467.

Shen M G, Zhang G X, Cong N, et al. 2014. Increasing altitudinal gradient of spring vegetation phenology during the last decade on the Qinghai-Tibetan Plateau. Agricultural and Forest Meteorology, 189: 71-80.

Shen Y, Xiong A. 2016. Validation and comparison of a new gauge- based precipitation analysis over mainland China. International journal of climatology, 36: 252-265.

Shi Y, Davis K J, Zhang F, et al. 2014. Evaluation of the parameter sensitivities of a coupled land surface hydrologic model at a critical zone observatory. Journal of Hydrometeorology, 15(1): 279-299.

Sitch S, Smith B, Prentice I, et al. 2003. Evaluation of ecosystem dynamics, plant geography and terrestrial carbon cycling in the LPJ dynamic global vegetation model. Global change biology, 9(2): 161-185.

Slangen A B A, Katsman C A, Van de Wal R S W, et al. 2012. Towards regional projections of twenty-first century sea- level change based on IPCC SRES scenarios. Climate Dynamics, 38(5-6): 1191-1209.

Sluiter R. 2005. Mediterranean land cover change: modelling and monitoring natural vegetation using GIS and remote sensing. Utrecht: Utrecht University.

Smith J, Oliver R. 1972. Plant Canopy Models for Simulating Composite Scene Spectroradiance in the 0. 4 to 1. 05 Micrometer Region. Ann. Arbor, University of Michigan: Proc. 8th Symp. Remote Sens.

Smith S L, Romanovsky V E, Lewkowicz A G, et al. 2010. Thermal state of permafrost in North America: a contribution to the international polar year. Permafrost and Periglacial Processes, 21(2): 117-135.

Staylor W, Wilber A. 1990. Global surface albedos estimated from ERBE data. Proceedings of the 7th AMS

Conference on Atmospheric Radiation, San Francisco, California, American Meteorological Society, Boston, Massachusetts: 237-242.

Su F, Zhang L, Ou T, et al. 2016. Hydrological response to future climate changes for the major upstream river basins in the Tibetan Plateau. Global & Planetary Change, 136: 82-95.

Su Z, Zhang T, Ma Y, et al. 2006. Energy and water cycle over the Tibetan Plateau: surface energy balance and turbulent heat fluxes. Advances in earth science. 21(12): 1224-1236.

Sun Q, Wang Z, Li Z, et al. 2017. Evaluation of the global MODIS 30 arc-second spatially and temporally complete snow-free land surface albedo and reflectance anisotropy dataset. International Journal of Applied Earth Observation and Geoinformation, 58: 36-49.

Tarboton D G. 1996. Utah Energy Balance Snow Accumulation and Melt Model(UEB), Computer model technical description and users guide. Ogden: Utah Water Research Laboratory and USDA Forest Service Intermountain Research Station.

Taylor G S, Luthin J N. 1978. A model for coupled heat and moisture transfer during soil freezing. Canadian Geotechnical Journal, 15(3): 548-555.

Toon O B, McKay C P, Ackerman T P, et al. 1989. Rapid calculation of radiative heating rates and photodissociation rates in inhomogeneous multiple-scattering atmospheres. Journal of Geophysical Research-Atmospheres, 94(D13): 16287-16301.

U. S. Corps of Engineers. 1956. Army Corps of Engineers, Snow hydrology: summary report of the snow investigations. Portland: North Pacific Division.

Van Beijma S, Comber A, Lamb A. 2014. Random forest classification of salt marsh vegetation habitats using quad-polarimetric airborne SAR, elevation and optical RS data. Remote Sensing of Environment, 149: 118-129.

Van der Linden S, Rabe A, Held M, et al. 2015 The EnMAP-Box—A Toolbox and Application Programming Interface for EnMAP Data Processing. Remote Sensing, 7(9): 11249-11266.

Van Deventer A P, Ward A D, Gowda P H, et al. 1997. Using thematic mapper data to identify contrasting soil plains and tillage practices. Photogrammetric Engineering and Remote Sensing, 63: 87-93.

Van Genuchten M T. 1980. A Closed-Form Equation for Predicting the Hydraulic Conductivity of Unsaturated Soils. Soil Science Society of America Journal, 44(5): 892-898.

Vivek K A, George J. 2003. A representation of Variable Root Distribution in Dynamic Vegetation Models, Earth Interactions, 7(6): 1-19.

Walvoord M A, Striegl R G. 2007. Increased groundwater to stream discharge from permafrost thawing in the Yukon River basin: Potential impacts on lateral export of carbon and nitrogen. Geophysical Research Letters, 34(12402): 1-6.

Wang G, Hu H, Li T. 2009. The influence of freeze-thaw cycles of active soil layer on surface runoff in a permafrost watershed. Journal of Hydrology, 375(3): 438-449.

Wang G, Liu G, Li C. 2012. Effects of changes in alpine grassland vegetation cover on hillslope hydrological processes in a permafrost watershed. Journal of Hydrology, 444-445(12): 22-33.

Wang K, Liu J, Zhou X, et al. 2004. Validation of the MODIS global land surface albedo product using ground measurements in a semidesert region on the Tibetan Plateau. Journal of Geophysical Research: Atmospheres, 109(D05107): 1-9.

Wang K, Wang P, Liu J, et al. 2005a. Variation of surface albedo and soil thermal parameters with soil moisture content at a semi-desert site on the western Tibetan Plateau. Boundary-Layer Meteorology, 116: 117-129.

Wang L, Koike T, Yang K. 2010. Frozen soil parameterization in a distributed biosphere hydrological model. Hydrology and Earth System Sciences,14(3):557-571.

Wang Q, Zhang T, Peng X, et al. 2015. Changes of soil thermal regimes in the Heihe River Basin over Western China. Arctic, Antarctic, and Alpine research,47(2):231-241.

Wang S, Davidson A. 2007a. Impact of climate variations on surface albedo of a temperate grassland. Agricultural and Forest Meteorology,142(2):133-142.

Wang S, Grant R, Verseghy D, et al. 2002a. Modelling carbon dynamics of boreal forest ecosystems using the Canadian Land Surface Scheme. Climatic Change. 55,451-477.

Wang S, Grant R, Verseghy D, et al. 2002b. Modelling carbon- coupled energy and water dynamics of a boreal aspen forest in a General Circulation Model land surface scheme. International Journal of Climatology, 22: 1249-1265.

Wang S, Grant R, Verseghy D, et al. 2001. Modelling plant carbon and nitrogen dynamics of a boreal aspen forest in class- The Canadian Land Surface Scheme. Ecological Modelling,142(1):135-154.

Wang S, Wang C, Duan J, et al. 2014. Timing and duration of phenological sequences of alpine plants along an elevation gradient on the Tibetan plateau. Agricultural and Forest Meteorology,189:220-228.

Wang S. 2005. Dynamics of land surface albedo for a boreal forest and its simulation. Ecological Modelling,183: 477-494.

Wang Y, Yang H, Yang D, et al. 2017. Spatial Interpolation of Daily Precipitation in a High Mountainous Watershed Based on Gauge Observations and a Regional Climate Model Simulation. Journal of Hydrometeorology,18(3):845-862.

Wang Y, Yu P, Feger K, et al. 2011. Annual Runoff and Evapotranspiration of Forestlands and Non-forestlands in Selected Basins of the Loess Plateau of China. Ecohydrology,4(2):277-287.

Wang Z, Barlage M, Zeng X, et al. 2005b. The solar zenith angle dependence of desert albedo. Geophysical Research Letters,32(L05403):1-4.

Wang Z, Zeng X, and Barlage M. 2007c. Moderate Resolution Imaging Spectroradiometer bidirectional reflectance distribution function- based albedo parameterization for weather and climate models. Journal of Geophysical Research:Atmospheres,112(D02103):1-16.

Wei J F, Liu S Y, Guo W Q, et al. 2014. Surface-area changes of glaciers in the Tibetan Plateau Interior Area since 1970s using recent landsat images and historical maps. Annals of Glaciology,55(6):213.

Weng E S, Luo Y Q. 2008. Soil hydrological properties regulate grassland ecosystem responses to multifactor global change:A modeling analysis. Journal of Geophysical Research,113(G03003):1-16.

Westcot D, and Wierenga P. 1974. Transfer of heat by conduction and vapor movement in a closed soil system. Soil Science Society of America, Proceedings,38:9-14.

Wigmosta M S, Vail L W, Lettenmaier D P, et al. 1994. A distributed hydrology- vegetation model for complex terrain. Water Resources Research,30(6):1665-1679.

Willmott C J, Rowe C M, Philpot W D. 1985. Small- Scale Climate Maps:A Sensitivity Analysis of some Common Assumptions Associated with Grid-Point Interpolation and Contouring. The American Cartographer,12(1):5-16.

Wiscombe W J, Warren S G. 1980. A model for the spectral albedo of snow. 1. pure snow. Journal of the Atmospheric Sciences,37(12):2712-2733.

Wit M D, Stankiewicz J. 2006. Changes in Surface Water Supply Across Africa with Predicted Climate Change. Science,311:1917-1921.

WMO. 1986. Intercomparison of models of snowmelt runoff. Operational Hydrology Report 23. Geneva：WMO.

Woo M，Kane D L，Carey S K，et al. 2008. Progress in permafrost hydrology in the new millennium. Permafrost and Periglacial Processes，19（2）：237-254.

Woo，M. 2012. Permafrost hydrology. Springer Science & Business Media.

Wood A W，Leung L R，Sridhar V，et al. 2004. Hydrologic Implications of Dynamical and Statistical Approaches to Downscaling Climate Model Outputs. Climate Change，62（1-3）：189-216.

Wood A W. 2002. Long- range experimental hydrologic forecasting for the eastern United States. Journal of Geophysical Research，107（D20）：1-6.

Woodward F I. 1987. Climate and Plant Distribution. Cambridge：Cambridge University Press.

Wu C Y，Hou X H，Peng D L，et al. 2016. Land surface phenology of China´s temperate ecosystems over 1999—2013：Spatial-temporal patterns，interaction effects，covariation with climate and implications for productivity. Agricultural and Forest Meteorology，216：177-187.

Wu Q B，Zhang T J. 2010. Changes in active layer thickness over the Qinghai-Tibetan Plateau from 1995 to 2007. Journal of Geophysical Research：Atmospheres，115（D9107）：1-12.

Wu Q，Zhang T. 2008. Recent permafrost warming on the Qinghai- Tibetan Plateau. Journal of Geophysical Research-Atmospheres，113（D13108）：1-22.

Wu Q，Zhang T. 2010. Changes in active layer thickness over the Qinghai- Tibetan Plateau from 1995 to 2007. Journal of Geophysical Research，9（4）：483-491.

Wu T，Zhao L，Li R，et al. 2013. Recent ground surface warming and its effects on permafrost on the central Qinghai-Tibet Plateau. International Journal of Climatology，33（4）：920-930.

Xie Y，Sha Z，Yu M. 2008. Remote sensing imagery in vegetation mapping：a review. Journal of Plant Ecology，1（1）：9-23.

Xin Q C，Broich M，Zhu P，et al. 2015. Modeling grassland spring onset across the Western United States using climate variables and MODIS-derived phenology metrics. Remote Sensing of Environment，161：63-77.

Xiong Z，Fu C，Yan X. 2009. Regional Integrated Environmental Model System and its Simulation of East Asia Summer Monsoon. Chinese Science Bulletin，54（22）：4253-4261.

Xiong Z，Yan X. 2013. Building a High- Resolution Regional Climate Model for the Heihe River Basin and Simulating Precipitation Over this Region. Chinese Science Bulletin，58（36）：4670-4678.

Yang D，Herath S，Musiake K. 1998. Development of a geomorphology- based hydrological model for large catchments. Proceedings of Hydraulic Engineering，42：169-174.

Yang D，Herath S，Musiake K. 2002. A hillslope- based hydrological model using catchment area and width functions. Hydrological Sciences Journal，47（1）：49-65.

Yang D，Gao B，Jiao Y，et al. 2015. A distributed scheme developed for eco- hydrological modeling in the upper Heihe River. Science China Earth Sciences，58（1）：36-45.

Yang D，Herath S，Musiake K. 1998. Development of a Geomorphology- Based Hydrological Model for Large Catchments. Proceedings of Hydraulic Engineering，42：169-174.

Yang D，Li C，Hu H，et al. 2004. Analysis of water resources variability in the Yellow River of China during the last half century using historical data. Water Resources Research，40（06502）：1-16.

Yang D，Musiake K. 2003. A continental scale hydrological model using the distributed approach and its application to Asia. Hydrological Processes，17（14）：2855-2869.

Yang D，Ye B L. Kane D. 2004. Streamflow changes over Siberian Yenisei River Basin. Journal of Hydrology，296

（1-4）:59-80.

Yang F, Mitchell K, Hou Y, et al. 2008. Dependence of land surface albedo on solar zenith angle: Observations and model parameterization. Journal of Applied Meteorology and Climatology, 47:2963-2982.

Yang K, Ye B, Zhou D, et al. 2011. Response of hydrological cycle to recent climate changes in the Tibetan Plateau. Climatic Change, 109(3-4):517-534.

Yang W J, Wang Y H, Ashley A, et al. 2018. Influence of climatic and geographic factors on the spatial distribution of Qinghai spruce forests in the dryland Qilian Mountains of Northwest China. Science of the Total Environment, 612:1007-1017.

Yang W, Wang Y, Wang S, et al. 2017. Spatial distribution of Qinghai spruce forests and the thresholds of influencing factors in a small catchment, Qilian Mountains, northwest China. Scientific Reports, 7(1):5561.

Yang Y, Chen R S, Ji X B. 2007. Variations of glaciers in the Yeniugou Watershed of Heihe River Basin from 1956 to 2003. Journal of Glaciology and Geocryology, 29(1):100-106.

Yang Z L. 2008. Description of recent snow models in snow and climate: physical processes, surface energy exchange and modeling// Armstrong R L, Brun E. Pollar Research. Cambridge: Cambridge University Press.

Yang Z L, Dickinson R E, Robock A, et al. 1997. Validation of the Snow Submodel of the Biosphere- Atmosphere Transfer Scheme with Russian Snow Cover and Meteorological Observational Data. Journal of Climate, 10: 353-373.

Yang Z L, Dickinson R E. 1996. Description of the biosphere- atmosphere transfer scheme (BATS) for the soil moisture workshop and evaluation of its performance. Global and Planetary Change, 13:117-134.

Yao T D, Li Z G, Yang W, et al. 2010. Glacial distribution and mass balance in the Yarlung Zangbo River and its influence on lakes. Chinese Science Bulletin, 55(20):2072-2078.

Yao T D, Thompson L, Yang W, et al. 2012. Different glacier status with atmospheric circulations in Tibetan Plateau and surroundings. Nature Climate Change, 2(9):663-667.

Yasunari T, Kitoh A, Tokioka T. 1991. Local and remote responses to excessive snow mass over Eurasia appearing in the northern spring and summer climate. Journal of the Meteorological Society of Japan. Ser. II. 69(4): 473-487.

Yu P T, Wang Y H, Wu X D, et al. 2010. Water yield reduction due to forestation in arid mountainous regions, northwest China. International Journal of Sediment Research, 25(4):426-430.

Yu X F, Wang Q K, Yan H M, et al. 2014. Forest Phenology Dynamics and Its Responses to Meteorological Variations in Northeast China. Journal of Geographical Sciences, 15(2):239-246.

Zeng X, Decker M. 2009. Improving the numerical solution of soil moisture-based Richards equation for land models with a deep or shallow water table. Journal of Hydrometeorology, 10(1):308-319.

Zeng X D, Zeng X B, Barlage M. 2008. Growing temperate shrubs over arid and semiarid regions in the NCAR Dynamic Global Vegetation Model(CLM-DGVM). Global Biogeochemical Cycles, 22(3):(GB3003)1-14.

Zhang A J, Liu W B, Yin Z L, et al. 2016. How Will Climate Change Affect the Water Availability in the Heihe River Basin, Northwest China? Journal of Hydrometeorology, 17(5):1517-1542.

Zhang G, Zhang Y, Dong J, et al. 2013. Green- up dates in the Tibetan Plateau have continuously advanced from 1982 to 2011. Proceedings of the National Academy of Sciences of the United States of America, 110(11): 4309-4314.

Zhang L, Su F, Yang D, et al. 2013. Discharge regime and simulation for the upstream of major rivers over Tibetan Plateau. Journal of Geophysical Research: Atmospheres, 118(15):8500-8518.

Zhang T, Frauenfeld O, Serreze M, et al. 2005. Spatial and temporal variability in active layer thickness over the Russian Arctic drainage basin. Journal of Geophysical Research: Atmospheres, 110(D16101) :1-14.

Zhang W, Yi Y, Kimball J, et al. 2015. Climatic Controls on Spring Onset of the Tibetan Plateau Grasslands from 1982 to 2008. Remote Sensing, 7(12) :16607-16622.

Zhang Y S, Carey S K, Quinton W L. 2008. Evaluation of the algorithms and parameterizations for ground thawing and freezing simulation in permafrost regions. Journal of Geophysical Research- Atmospheres, 113 (D17116) : 1-18.

Zhang Y, Carey S, Quinton W. 2008. Evaluation of the algorithms and parameterizations for ground thawing and freezing simulation in permafrost regions. Journal of Geophysical Research- Atmospheres, 113(D17116) :1-17.

Zhang Y, Wilmking M. 2010. Divergent growth responses and increasing temperature limitation of Qinghai spruce growth along an elevation gradient at the northeast Tibet Plateau. Forest ecology and management, 260 (6) : 1076-1082.

Zhao C, Nan Z, Cheng G, et al. 2006. GIS- assisted modelling of the spatial distribution of Qinghai spruce Picea crassifolia in the Qilian Mountains, northwestern China based on biophysical parameters. Ecological Modelling, 191 :487-500.

Zhao Q, Ding Y, Wang J, et al. 2019. Projecting climate change impacts on hydrological processes on the Tibetan Plateau with model calibration against the glacier inventory data and observed streamflow. Journal of Hydrology, 573 :60-81.

Zheng G, Yang H, Lei H, et al. 2018. Development of a physically based soil albedo parameterization for the Tibetan Plateau. Vadose Zone Journal, 17(1) :doi:10. 2136/vzj2017. 05. 0102.

Zheng H, Yang Z L. 2016. Effects of soil- type datasets on regional terrestrial water cycle simulations under different climatic regimes. Journal of Geophysical Research: Atmospheres, 121(24) :1-16.

Zheng H, Zhang L, Zhu R, et al. 2009. Responses of streamflow to climate and land surface change in the headwaters of the Yellow River Basin. Water Resources Research, 45(7). DOI:10. 1029/2007WR006665.

Zhong Q, Li Y. 1988. Satellite observation of surface albedo over the Qinghai- Xizang plateau region. Advances in Atmospheric Sciences, 5 :57-65.

Zhou J, Kinzelbach W, Cheng G, et al. 2013. Monitoring and modeling the influence of snow pack and organic soil on a permafrost active layer, Qinghai- Tibetan Plateau of China. Cold Regions Science and Technology, 90- 91 (3) :38-52.

Zhou L, Dickinson R, Tian Y, et al. 2003. Comparison of seasonal and spatial variations of albedos from Moderate- Resolution Imaging Spectroradiometer(MODIS) and common land model. Journal of Geophysical Research: Atmospheres, 108(D15) :1-20.

Zimmermann N E, Kienast F. 1999. Predictive mapping of alpine grasslands in Switzerland: Species versus community approach. Journal of Vegetation Science, 10 :469-482.

Zou D, Zhao L, Sheng Y, et al. 2017. A new map of permafrost distribution on theTibetan Plateau. The Cryosphere, 11(6) :2527-2541.

索　　引